Engineer Interior Architecture

실내건축기사

실기 시공실무

차경석 · 정하정 지음

BM (주)도서출판 성안당

도서 A/S 안내

성안당에서 발행하는 모든 도서는 저자와 출판사, 그리고 독자가 함께 만들어 나갑니다.

좋은 책을 펴내기 위해 많은 노력을 기울이고 있습니다. 혹시라도 내용상의 오류나 오탈자 등이 발견되면 "좋은 책은 나라의 보배"로서 우리 모두가 함께 만들어 간다는 마음으로 연락주시기 바랍니다. 수정 보완하여 더 나은 책이 되도록 최선을 다하겠습니다.

성안당은 늘 독자 여러분들의 소중한 의견을 기다리고 있습니다. 좋은 의견을 보내주시는 분께는 성안당 쇼핑몰의 포인트(3,000포인트)를 적립해 드립니다.

잘못 만들어진 책이나 부록 등이 파손된 경우에는 교환해 드립니다.

저자 문의 e-mail : summerchung@hanmail.net(정하정)

본서 기획자 e-mail : coh@cyber.co.kr(최옥현)

홈페이지 : http://www.cyber.co.kr 전화 : 031) 950-6300

머리말

취업이 쉽지 않은 상황에서 자격증 시험준비를 하느라 불철주야 노력하고 있는 수험자분들에게 도움이 되고자 본 서적을 집필하면서 수험자분들 합격의 영광이 함께 하시기를 진심으로 바랍니다.

필자는 이 서적을 집필하는 데 있어서 실내건축기사 실기 필답형을 준비하는 수험자분들이 짧은 기간에 효율적으로 공부할 수 있도록 1992년부터 2019년까지의 출제문제를 분석하여 동일하거나 유사한 문제를 체계적이고, 정리함으로써 시험 준비를 철저히 할 수 있도록 노력하였고, 시험에 대비하여 시간의 투자에 비해 필답형의 성과는 대단히 높을 것으로 생각합니다. 작업형의 시간은 많은 시간과 경비를 투자하여야 하나, 이에 비해 필답형은 적은 시간과 경비로 점수를 획득할 수 있으므로 최소의 노력으로 최대의 효과를 얻을 방법임에 주의를 기하여야 할 것입니다.

특히. 실기 시험의 점수(필답형은 40점, 작업형은 60점) 배분을 보면, 필답형과 작업형의 비율은 4 : 6으로 필답형의 성적이 합격과 불합격을 결정하는 매우 중요한 부분임을 알고 시험에 대비하여야 할 것으로 사료됩니다.

본 서적의 특징을 보면,

1. 1992년부터 2019년까지 시행된 과년도 출제문제(약 400문항)를 분석하여 동일하거나, 유사한 문제를 통합, 정리하여 출제 빈도를 알 수 있도록 표기하였으며, 이를 바탕으로 하여 수험 준비를 철저히 할 수 있도록 하였다.
2. 구성은 제1편 시공, 제2편 적산, 제3편 공정 및 품질관리로 구성하였고, 각 편에는 단원별로 구성하여 실내건축 시공실무 분야를 이해하기 쉽도록 구성하였다.
3. 해설 및 정답 부분에는 핵심적인 해설과 정답을 기호와 함께 용어를 사용함으로써 문제의 핵심 부분을 이해하는 데 도움이 되도록 구성하였다.
4. 부록 편에는 최근 기출문제를 중심으로 문제와 해설을 추가함으로써 최근의 출제 경향을 이해하는 데 도움이 되도록 구성하였다.

이 책은 수험자 여러분들이 시험에 효과적으로 대비할 수 있도록 집필에 최선을 다하였고, 추후에도 여러분들의 조언과 지도를 받아서 좀 더 완벽을 기하는 책으로 거듭날 수 있도록 노력할 것입니다.

끝으로 본 서적의 출판 기회를 마련해 주신 도서출판 성안당의 이종춘 회장님, 김민수 사장님, 최옥현 전무님과 임직원 여러분께 진심으로 감사의 마음을 전합니다.

2022년 3월 사무실에서
저자 정하정

시험안내

개요

실내공간은 기능적 조건뿐만 아니라, 인간의 예술적, 정서적 욕구의 만족까지 추구해야 하는 것으로, 실내공간을 계획하는 실내건축분야는 환경에 대한 이해와 건축적 이해를 바탕으로 기능적이고 합리적인 계획, 시공 등의 업무를 수행할 수 있는 지식과 기술이 요구된다. 이에 따라 실내건축분야에서 필요로 하는 인력을 양성하고자 한다.

수행직무

건축공간을 기능적, 미적으로 계획하기 위하여 현장분석자료 및 기본개념을 가지고 공간의 기능에 맞게 면적을 배분하여 공간을 계획 및 구성하며, 이러한 구성개념의 표현을 위하여 개념도, 평면도, 천정도, 입면도, 상세도, 투시도 및 재료 마감표를 작성, 완료된 설계도서에 의거하여 현장의 공정 및 시공을 총괄 관리하는 등의 직무를 수행한다.

진로 및 전망

건축설계사무실, 건설회사, 인테리어사업부, 인테리어전문업체, 백화점, 방송국, 모델하우스 전문시공업체, 디스플레이전문업체 등에 취업할 수 있으며, 본인이 직접 개업하거나 프리랜서로 활동이 가능하다. 실내건축은 창의적인 능력과 경험을 토대로 하는 지식산업의 하나로 상당한 부가가치를 창출할 수 있으며, 실내공간의 용도가 전문적이고도 특별한 기능이 요구되는 상업공간, 주거공간, 전시공간, 사무공간, 의료공간, 예식공간, 교육공간, 스포츠 · 레저공간, 호텔, 테마파크 등 업무영역의 확대로 실내건축기사의 인력 수요는 증가할 전망이다. 또한 경쟁도 심화되어 고도의 전문지식 습득 및 서비스정신, 일에 대한 정열은 필수적이다.

취득방법

① 시 행 처 : 한국산업인력공단(http://www.q-net.or.kr)

② 관련학과 : 전문대학 이상의 건축설계, 건축장식, 실내건축 관련학과

③ 시험과목

- 필기 : 1. 실내디자인론 2. 색채학 3. 인간공학 4. 건축재료
  5. 건축일반 6. 실내건축환경
- 실기 : 건축실내의 설계 및 시공 실무

④ 검정방법

- 필기 : 객관식 4지 택일형 과목당 20문항(과목당 30분)
- 실기 : 복합형[필답형(1시간) + 작업형(6시간 정도)]

⑤ 합격기준

- 필기 : 100점을 만점으로 하여 과목당 40점 이상, 전과목 평균 60점 이상
- 실기 : 100점을 만점으로 하여 60점 이상

⑥ 수수료

- 필기 : 19,400원
- 실기 : 28,700원

시험일정

1. 원서접수시간은 원서접수 첫날 10 : 00부터 마지막 날 18 : 00까지 임
2. 필기시험 합격예정자 및 최종합격자 발표시간은 해당 발표일 09 : 00임
3. 주말 및 공휴일, 공단창립기념일(3.18)에는 실기시험 원서 접수 불가

2022 출제기준(실기)

직무분야	건 설	중직무분야	건 축	자격종목	실내건축기사	적용기간	2022.1.1.~2024.12.31.

○ 직무내용 : 기능적, 미적요소를 고려하여 건축 실내공간을 계획하고, 제반 설계도서를 작성하며, 완료된 설계도서에 따라 시공 및 공정관리를 총괄하는 직무이다.

○ 수행준거 : 1. 실내 공간 관계 법령 및 관련 자료에 대한 조사를 통해 전반적인 프로젝트의 성격을 규정할 수 있는 분석결과를 도출할 수 있다.
2. 사용자 요구사항을 파악하고 프로젝트에 대한 전반적인 내용을 파악 검토하고 요구사항에 부응하는 설계 개념을 도출하여 공간 프로그램을 작성할 수 있다.
3. 기본계획을 토대로 실내공간을 구성하고 있는 제반요소에 대해 통합적 공간 계획을 수립하고 세부도면을 작성할 수 있다.
4. 공간의 성격 및 특징을 분석하여 공간 콘셉트를 설정하며 동선 및 조닝 등 실내공간을 계획하고 기본 계획을 수립하며 도면을 작성할 수 있다.
5. 세부 공간계획을 실행하기 위하여 실내디자인 시공에 필요한 내역서, 시방서, 공정표를 작성할 수 있다.
6. 기본 설계 내용을 기초로 실내디자인 시공에 필요한 설계도면, 시방서 등을 작성할 수 있다.
7. 설계업무의 각 과정에서 도출된 의도 및 개념을 포함한 구체화된 결과물을 효율적으로 기획하고 보고서를 작성하여 의뢰인에게 명확하게 전달함으로써 긍정적인 의사결정을 유도할 수 있다.
8. 설계 도서를 바탕으로 공사 계획을 수립하고, 인력, 자재, 예산 및 안전 제반 사항을 관리하며 시공의 전반적 사항을 관리할 수 있다.

실기검정방법	복합형	시험시간	7시간 정도 (필답형 : 1시간, 작업형 : 6시간 정도)

실기 과목명	주요항목	세부항목	세세항목
실내디자인 실무	1. 실내디자인 자료 조사 분석	1. 실내공간 자료 조사하기	1. 해당 공간과 주변의 인문적 환경, 자연적 환경, 물리적 환경을 조사할 수 있다. 2. 해당 공간을 현장 조사할 수 있다. 3. 해당 프로젝트에 적용할 수 있는 유사 사례를 조사할 수 있다. 4. 사용자의 요구조건 충족을 위해 전반적 이론과 구체적 아이디어를 수집할 수 있다.
		2. 관계 법령 분석하기	1. 프로젝트와 관련된 법규를 조사할 수 있다. 2. 프로젝트 관련 인허가 담당부서·유관기관을 파악할 수 있다. 3. 관련 법규를 근거로 인허가 절차, 기간, 협의 조건을 분석할 수 있다.
		3. 관련자료 분석하기	1. 발주자 요구사항을 근거로 프로젝트의 취지, 목적, 성격, 기능, 용도, 업무범위를 분석할 수 있다. 2. 기초조사를 통해 실제 사용자를 위한 결과물의 내용, 소요업무, 소요기간, 업무 세부내용의 요구수준을 분석할 수 있다. 3. 사용자 경험과 행동에 영향을 미치는 요소를 파악하여 공간 개발 전략으로 적용할 수 있다. 4. 수집된 정보를 기반으로 기본 방향을 도출할 수 있다.
	2. 실내디자인 기획	1. 사용자 요구사항 파악하기	1. 사용자 요구사항에 따른 프로젝트의 취지, 목적, 성격, 기능, 용도, 업무범위를 파악할 수 있다. 2. 해당 공간과 주변의 자연환경, 인문환경을 조사할 수 있다. 3. 문헌조사와 인터뷰 조사를 통해 사용자 요구사항을 파악할 수 있다. 4. 관련 디자인 트렌드 조사를 통해 프로젝트를 위한 현황을 파악할 수 있다.

실 기 과목명	주요항목	세부항목	세세항목
실내디자인 실무	2. 실내디자인 기획	2. 설계 개념 설정하기	1. 사용자 요구사항 파악을 통하여 해당 공간의 디자인 지향점을 설정할 수 있다. 2. 도출된 공간의 디자인 방향을 구체화하여 설계 기본개념을 설정할 수 있다. 3. 기본개념을 구체화할 수 있도록 설계의 아이템과 연계한 실행방안을 설정할 수 있다. 4. 프로젝트 분석에서 검토된 내용을 바탕으로 공간 콘셉트를 수립할 수 있다.
		3. 공간 프로그램 적용하기	1. 디자인 콘셉트를 적용한 공간을 시각적으로 구상할 수 있다. 2. 용도, 목적에 따라 공간의 기본 단위를 도출할 수 있다. 3. 기능별 사용 목적과 중요도에 따라 공간의 위계를 수립할 수 있다. 4. 적용된 기능에 따른 공간을 배치할 수 있다.
	3. 실내디자인 세부공간 계획	1. 주거세부공간 계획하기	1. 실내디자인 기본계획을 토대로 주거공간에 대한 통합적인 실내공간을 계획할 수 있다. 2. 실내디자인 기본계획을 토대로 주거공간에 대한 마감재 및 색채계획을 할 수 있다. 3. 실내디자인 기본계획을 토대로 주거공간에 대한 조명, 가구, 장비계획을 할 수 있다. 4. 주거공간에 대한 세부설계 도면을 작성할 수 있다.
		2. 업무세부공간 계획하기	1. 실내디자인 기본계획을 토대로 업무공간에 대한 통합적인 실내공간을 계획할 수 있다. 2. 실내디자인 기본계획을 토대로 업무공간에 대한 마감재 및 색채계획을 할 수 있다. 3. 실내디자인 계획계획을 토대로 업무공간에 대한 조명, 가구, 장비계획을 할 수 있다. 4. 업무공간에 대한 세부설계 도면을 작성할 수 있다.
		3. 상업세부공간 계획하기	1. 실내디자인 기본계획을 토대로 상업공간에 대한 통합적이고 구체적인 실내공간을 계획할 수 있다. 2. 실내디자인 기본계획을 토대로 상업공간에 대한 마감재 및 색채계획을 할 수 있다. 3. 실내디자인 기본계획을 토대로 상업공간에 대한 조명, 가구, 장비계획을 할 수 있다. 4. 상업공간에 대한 세부설계 도면을 작성할 수 있다.
	4. 실내디자인 기본 계획	1. 공간 기본구상하기	1. 공간 프로그램을 바탕으로 주거공간, 업무공간, 상업공간 등의 특징을 파악할 수 있다. 2. 설정된 공간 콘셉트를 바탕으로 동선, 조닝 등 기본적 공간 구상을 할 수 있다. 3. 설정된 공간에 대한 마감재 및 색채, 조명, 가구, 장비계획 등 통합적 공간 기본구상을 할 수 있다.
		2. 공간 기본 계획하기	1. 공간 기본 구상을 바탕으로 주거공간, 업무공간, 상업공간 등 구체적인 실내공간을 계획할 수 있다. 2. 실내공간 계획을 바탕으로 주거공간, 업무공간, 상업공간 등 공간별 마감재 및 색채계획을 할 수 있다. 3. 실내공간 계획을 바탕으로 주거공간, 업무공간, 상업공간 등 공간별 조명, 가구, 장비계획을 할 수 있다. 4. 주거공간, 업무공간, 상업공간 등 공간별 등 공간별 계획에 따른 기본설계 도면을 작성할 수 있다.

출제기준

실 기 과목명	주요항목	세부항목	세세항목
실내디자인 실무	4. 실내디자인 기본 계획	3. 기본 설계도면 작성하기	1. 공간별 기본계획을 바탕으로 평면도, 입면도, 천정도 등 기본 도면을 작성할 수 있다. 2. 공간별 기본계획을 바탕으로 마감재 및 색채계획 설계도서를 작성할 수 있다. 3. 각 도면을 제작한 후 설계도면집을 작성할 수 있다.
	5. 실내디자인 실무도서 작성	1. 내역서 작성하기	1. 실시설계 도면을 파악하여 물량산출서를 작성할 수 있다. 2. 자재의 단가와 개별직종 노임단가를 조사하여 재료비, 노무비, 경비를 파악하고 일위대가를 작성할 수 있다. 3. 세부 공간계획 실행을 위한 공종별 내역서를 작성할 수 있다. 4. 직접 공사비, 간접 공사비, 총 공사비를 포함한 공사의 원가계산서를 작성할 수 있다.
		2. 시방서 작성하기	1. 실시설계 도면을 검토하여 공종별로 표준시방서를 작성할 수 있다. 2. 시공을 위한 일반사항과 공종별 공사에 대해 시방서의 목차를 기술할 수 있다. 3. 공사의 특수성을 감안한 특기시방서를 작성하거나 취합할 수 있다.
		3. 공정표 작성하기	1. 설계의 전반적인 내용을 숙지하고 공사순서에 따라 공종별 내용을 분리 기술할 수 있다. 2. 주요 공정단계별 착수 및 완료 시점을 구분하여 제시할 수 있다. 3. 예정공정에 따라 공사전반의 공정표를 작성할 수 있다. 4. 설계에 따라 각 공정에 필요한 인력, 자재, 장비의 투입 내역을 기록할 수 있다.
	6. 실내디자인 설계도서 작성	1. 실시설계 도서작성 수집하기	1. 기본 설계를 바탕으로 시공을 위한 실시설계 도면 작성을 준비할 수 있다. 2. 설계도면 작성 기준에 따른 실시설계도면 작성을 준비할 수 있다. 3. 협력설계를 통해 도출된 각 공정별 설계변경 내용을 도면에 반영할 수 있다.
		2. 실시설계도면 작성하기	1. 기본 설계를 바탕으로 시공이 가능하도록 실시설계 도면을 작성할 수 있다. 2. 설계도면 작성 기준에 따라 정확하게 설계도면을 작성할 수 있다. 3. 도면을 작성한 후 설계도면집을 완성하여 제시할 수 있다.
		3. 마감재 도서 작성하기	1. 기본 설계를 바탕으로 시공을 위한 실내디자인 마감재 목록도서 작성을 준비할 수 있다. 2. 내역서 작성을 위한 마감재, 조명기기, 하드에어, 위생기기 목록도서를 작성을 할 수 있다. 3. 실시설계 도면에 대한 표기된 마감재 오류표기에 대한 검토를 할 수 있다.
	7. 실내건축설계 프레젠테이션	1. 프레젠테이션 기획하기	1. 설계업무의 각 과정에서 도출된 사항을 파악할 수 있다. 2. 전달하고자 하는 내용을 정확히 파악할 수 있다. 3. 단계별 계획안에 대한 프레젠테이션 시나리오를 작성할 수 있다. 4. 프레젠테이션 주제에 대해 다양한 자료를 조사하여 적용할 수 있다.
		2. 보고서 작성하기	1. 설계도서 및 개념을 논리적 문장과 적절한 도식으로 표현할 수 있다. 2. 각종 표현매체를 활용해 예상 이미지를 구현할 수 있다. 3. 프레젠테이션 기획에 따라 결과물을 제작할 수 있다. 4. 구성요소에 대한 내용을 적절하게 표현할 수 있다.

실 기 과목명	주요항목	세부항목	세세항목
실내디자인 실무	7. 실내건축설계 프레젠테이션	3. 프레젠테이션하기	1. 프레젠테이션을 통해 계약대상자의 합리적인 의사결정을 도출할 수 있다. 2. 설계의도를 정확하게 전달할 수 있다. 3. 계약대상자의 다른 의견에 대하여 대안을 제시할 수 있다.
	8. 실내디자인 시공관리	1. 공정 계획하기	1. 설계의 전반적인 내용을 숙지하고 예정공정에 따라 공사전반의 공정계획서를 작성할 수 있다. 2. 설계에 따라 각 공정에 필요한 인력, 자재, 장비의 투입 시점을 계획할 수 있다. 3. 공사에 소요되는 예산 계획을 수립할 수 있다. 4. 공정계획서의 일정계획과 진도관리에 따라 공사를 완료할 수 있다.
		2. 현장 관리하기	1. 공사계획에 따른 현장의 인력, 자재, 예산을 관리할 수 있다. 2. 현장에서 설계도서에 따른 적정 시공 여부를 확인할 수 있다. 3. 현장에서 위기대응, 현장정리, 진행과정을 기록·보고를 할 수 있다. 4. 공정계획서의 일정계획과 진도관리에 따라 공사를 완료할 수 있다.
		3. 안전 관리하기	1. 시공현장의 재해방지·안전관리 계획을 수립할 수 있다. 2. 시공 작업에 맞추어 공종별 안전관리 체크리스트를 작성할 수 있다. 3. 안전관리를 위한 시설을 설치·관리할 수 있다. 4. 시공과정에 따른 안전관리체계를 지도할 수 있다.
		4. 시공 감리하기	1. 공사에 투입되는 장비와 자재의 품질에 대한 적정성을 판단하여 적용할 수 있다. 2. 공사가 올바르게 시공되었는지 검사하고 판단할 수 있다. 3. 부적합한 사안에 대하여 시정 지시를 하여 감리할 수 있다. 4. 현장 일지 작성을 통해 미비사항에 대한 작업 지시를 할 수 있다.

문항분석

과목명	단원명	2000 이전	2001	2002	2003	2004	2005	2006	2007	2008	2009	2010	2011	2012	2013	2014	2015	2016	2017	2018	2019	2020	2021	총계	단원별 비율	총 비율
시공	가설공사	13		1			1				1		1				1		2				1	21	2.82	2.15
	조적공사	7	2	5	2	4	4	8	7	14	5	4	3	8	7	9	4	11	5	14	9	6	5	143	19.19	14.61
	목공사	45	1	6	3	8	7	5	2	5	1	8	3	5	6	4	5	5	3	2	4	3	5	136	18.26	13.89
	창호 및 유리공사	24	3	2	1	2	3	4	3	2	4	4	1	2	4	4	1	2	3		3	2	3	77	10.34	7.87
	미장공사	22	4	4	3	4	2	3	2	2	3	1	2	1	3	2	3	2	2	2	2	1	1	71	9.53	7.25
	타일공사	5	1	2	2	1	4	1	4	3	2	2	1	1	3	1	2	2	2	3	4	4	1	51	6.85	5.21
	금속공사	12				1	4	1	1	3	5	2	1	1	1	2	1	4	1	2	3	3	2	50	6.71	5.11
	합성수지 공사	14	2	6	1	3	2	3	2	1		1	1	4	2	2	2		2	3	2	1		54	7.25	5.52
	도장공사	31	1	2		3	3	1	3	4	1	3	3	4	3	1	2	3	4	3	1	2		78	10.47	7.97
	내장 및 기타공사	15	2	4	2	4	2	3	3	1	1	2	3	1		3	1	3	3	1	2	5	3	64	8.59	6.54
소계		188	16	32	14	30	32	29	27	35	23	27	19	27	29	28	22	32	27	30	30	27	21	745	100	76.10
적산	총론	1		2			1		3		1	2	1		2		1	1	1			1	1	18	15.65	1.84
	가설공사	10	1	1				1			1		1	2		1	2	1	1				2	24	20.87	2.45
	조적공사	8		1	3	2	2	1	1		2	1	1	2	2	2	1	2	1	1	3	2		38	33.04	3.88
	목공사	6	1	1			1						3				2		3	1		2		20	17.39	2.04
	타일 및 미장공사	4						1					1		1	1	2		3	1		1		15	13.04	1.53
소계		29	2	5	3	2	4	3	4	0	4	3	7	4	5	4	8	4	9	3	3	6	3	115	100	11.75
공정관리	총론	11		3	2	1	2	1	1			2	2			1	2		1		1	1	1	32	29.63	3.27
	공정표 작성	15		1		2	1	3			1		3	2	1		2		1		1	1		34	31.48	3.47
	공기단축	6		1		1		1	3		4	2	3	2	2	3	3	2	2	3	1	2	1	42	38.89	4.29
소계		32	0	5	2	4	3	5	4	0	5	4	8	4	3	4	7	2	4	3	3	4	2	108	100	11.03
품질관리	공사품질관리					1			1				1	2					2					7	63.64	0.72
	재료품질관리				1												1	1					1	4	36.36	0.41
소계		0	0	0	1	1	0	0	1	0	0	0	1	2	0	0	1	1	2	0	0	0	1	11	100	1.12
총계		249	18	42	20	37	39	37	36	35	32	34	35	37	37	36	38	39	42	36	36	37	27	979		100

진도계획표

차시	단원		예정	실시
1차시	시공	가설공사		
2차시		조적공사		
3차시				
4차시				
5차시		목공사		
6차시				
7차시				
8차시		창호 및 유리공사		
9차시				
10차시				
11차시		미장공사		
12차시				
13차시				
14차시		타일공사		
15차시		금속공사		
16차시		합성수지공사		
17차시				
18차시		도장공사		
19차시				
20차시		내장 및 기타공사		
21차시				
22차시	적산	총론		
23차시		가설공사		
24차시		조적공사		
25차시		목공사		
26차시		타일공사 기타공사		
27차시	공정 및 품질관리	총론		
28차시		공정표 작성		
29차시				
30차시		공기 단축		
31차시				
32차시		품질관리		

Contents

핵심 요점 정리

핵심 기출문제 정리

부록 최근 기출문제

핵심
요점 정리

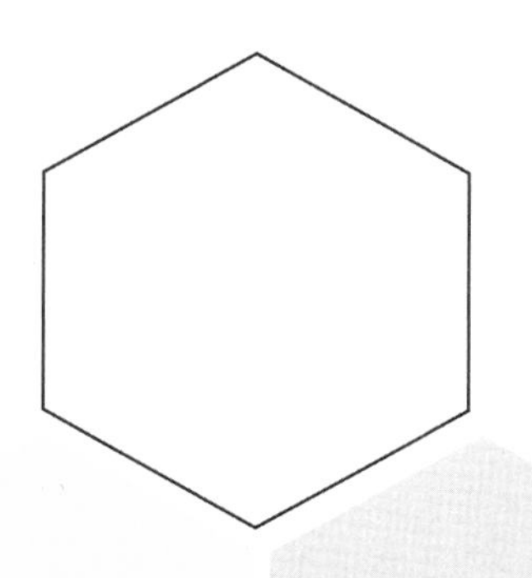

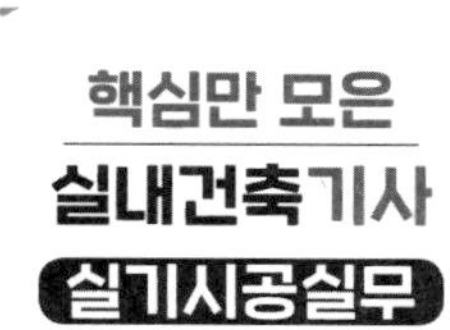

핵심만 모은
실내건축기사
실기시공실무

PART 01 시공
PART 02 적산
PART 03 공정 및 품질 관리

구조야말로 건축가의 모국어이고 구조를 통해서 생각하고
자기를 표현하는 시인이다.

– Auguste Perret –

핵심 요점 정리

PART 01 시공

CHAPTER 01 가설 공사

(99)

001 비계의 종류

① 재료별 분류 : 통나무 비계, 강관 파이프 비계, 강관틀비계 등
② 공법상 분류 : 쌍줄비계, 외줄비계, 겹비계, 틀비계, 달비계 등
③ 용도상 분류 : 외부비계, 내부비계, 수평비계, 말비계 등

(97)

002 비계의 용어

① 쌍줄비계 : 두 개의 기둥을 세우고 두 개의 띠장을 댄 비계이다.
② 겹비계 : 하나의 기둥에 두 개의 띠장을 댄 비계이다.
③ 달비계 : 건축물에 고정된 돌출보 등에서 밧줄로 매달은 비계이다.
④ 안장비계 : 두 개의 같은 모양의 사다리를 상부에서 핀으로 결합시켜 개폐시킬 수 있도록 하여 발판 역할을 하도록 만든 비계이다.

(17, 15, 11, 96, 93)

003 강관틀 비계의 중요 부품과 부속 철물

강관틀 비계의 중요 부품은 수평틀(수평연결대), 수직틀(단위틀), 교차 가새 등이 있고, 부속 철물의 종류에는 베이스(밑받침), 커플링(틀비계의 연결 철물), 이음철물 등이 있고, 베이스는 조절형, 고정형이 있고, 파이프 비계의 종류에는 단관 비계, 강관틀 비계 등이 있다.

(02, 95)

004 강관 비계의 일반 사항

① 가설공사 중에서 강관 비계 기둥의 간격은 1.5~1.8m 이고, 간사이 방향으로 0.9~1.5m로 한다.
② 가새의 수평 간격은 14m 내외로 하고, 각도는 45°로 걸쳐대고, 비계 기둥에 결속한다.
③ 띠장의 간격은 1.5m 내외로 하고, 제1띠장은 2m 이하의 위치에 설치한다.

(05)

005 달비계의 서술

달비계는 높은 곳에서 실시되는 철골의 접합작업, 철근의 조립, 도장 및 미장 작업 등에 사용되는 것으로서 와이어 로프를 매단 권양기에 의해 상하로 이동하는 비계이다.

94

006 통나무 비계의 설치 순서

비계 기둥 → 띠장 → 가새 및 버팀대 → 장선 → 발판의 순이다.

09, 96, 95, 94

007 비계 다리의 일반 사항

너비 900mm 이상, 물매 4/10을 표준으로 하고 각 층마다(층의 구분이 없을 때에는 7m 이내마다) 되돌음 또는 다리참을 두어 여기에서 각 층으로 출입할 수 있도록 연결하고, 높이 75cm의 손스침을 설치하며, 경사도는 30° 이하로 한다.

11

008 가설 비계의 용도

① 본 공사의 원활한 작업과 작업의 용이
② 각종 재료의 운반
③ 작업자의 작업 통로

17

009 가설 비계의 용도

비계의 종류	비계의 용도
외줄비계	설치가 비교적 간단하고, 외부 공사에 사용
쌍줄비계	고층 건물의 외벽에 중량의 마감 공사에 사용
틀비계	45m 이하의 높이로, 현장 조립이 용이
달비계	외벽의 청소 및 마감 공사에 많이 이용
말비계 (발돋음)	이동이 용이하며, 높지 않은 간단한 내부 공사에 사용
수평비계	내부 천장 공사에 많이 사용

97

010 시멘트 창고의 구조, 설치 및 구조 방법

① 목적 : 시멘트의 풍화를 방지하기 위한 방습을 목적으로 한다.
② 구조
   ㉮ 바닥 : 마루널 위에 루핑, 철판 깔기 등이고, 지면으로부터 30cm 이상 높이에 설치함
   ㉯ 지붕 및 외벽 등 : 비가 새지 않는 구조로서 골함석, 골슬레이트 붙임 등
③ 재료 : 루핑, 철판 깔기 등

98

011 실내건축 재료의 선정 및 요구 조건

재 료		재료에 요구되는 성질
구조 재료		① 재질이 균일하고 강도, 내화 및 내구성이 큰 것이어야 한다. ② 가볍고 큰 재료를 얻을 수 있고 가공이 용이한 것이어야 한다.
마무리 재료	지붕 재료	① 재료가 가볍고, 방수·방습·내화·내수성이 큰 것이어야 한다. ② 열전도율이 작고, 외관이 좋은 것이어야 한다.
	벽, 천장 재료	① 열전도율이 작고, 차음성·내화성·내구성이 큰 것이어야 한다. ② 외관이 좋고, 시공이 용이한 것이어야 한다.
	바닥, 마무리 재료	① 탄력성이 있고, 마멸이나 미끄럼이 적으며, 청소가 용이한 것이어야 한다. ② 외관이 좋고, 내화·내구성이 큰 것이어야 한다.
	창호, 수장 재료	① 외관이 좋고, 내화·내구성이 큰 것이어야 한다. ② 변형이 작고, 가공이 용이한 것이어야 한다.

CHAPTER 02 조적 공사

17, 14, 10, 08, 06, 05, 02, 98, 94

001 내력벽, 장막벽 및 중공벽의 서술

① 내력벽 : 수직 하중(위층의 벽, 지붕, 바닥 등)과 수평 하중(풍압력, 지진 하중 등) 및 적재 하중(건축물에 존재하는 물건 등)을 받는 중요한 벽체이다.

② 장막벽(커튼월, 칸막이벽) : 내력벽으로 할 경우 벽의 두께가 두꺼워지고 평면의 모양 변경 시 불편하므로, 이를 편리하게 하기 위하여 상부의 하중(수직, 수평 및 적재 하중 등)을 받지 않고 벽체 자체의 하중만을 받는 벽체이다.

③ 중공벽 : 공간 쌓기와 같은 벽체로서 단열, 방음, 방습 등의 효과가 우수하도록 벽체의 중간에 공간을 두어 이중벽으로 쌓은 벽체이다.

15, 09, 08, 95

002 방습층의 설치 목적, 위치 및 재료에 관한 사항

조적 공사의 방습층은 지반에 접촉되는 부분의 벽에서는 지반 위, 마루 밑의 적당한 위치에 방습층을 수평 줄눈의 위치에 설치한다. 방습층의 재료, 구조 및 공법은 도면 공사시방서에 따르나, 그 정함이 없는 때에는 담당원이 공인하는 시멘트 액체방수제를 혼합한 모르타르로 하고 바름 두께는 10mm로 한다.

① 목적 : 지면에 접하는 벽돌벽은 지중의 습기가 조적 벽체의 상부로 상승하는 것을 방지하기 위하여 설치한다.

② 위치 : 마루 밑 GL(Ground Line)선 윗부분의 적당한 위치, 지반 위 또는 콘크리트 바닥 아랫부분에 설치한다.

③ 재료 : 아스팔트 펠트와 루핑, 비닐, 금속판, 방수 모르타르, 시멘트 액체 등이 있다.

14, 09

003 방습층, 벽량, 백화 현상의 서술

① 방습층 : 지면에 접하는 벽돌벽은 지중의 습기가 조적 벽체의 상부로 상승하는 것을 방지하기 위하여 설치하는 것이다.

② 벽량 : 내력벽의 가로 또는 세로 방향의 길이의 총합계를 그 층의 건물 면적으로 나눈 값. 즉, 단위 면적에 대한 그 면적 내의 내력벽 길이의 비를 말한다.

③ 백화 현상 : 시멘트 모르타르 중 알칼리 성분이 벽돌의 탄산나트륨 등과 반응을 일으켜 발생시키는 현상으로 벽돌 및 블록벽의 표면에 하얀 가루가 나타나는 현상이다.

17, 16, 14, 13, 09, 04, 97

004 백화 현상의 원인과 방지 대책

(가) 백화 현상의 정의

백화(시멘트 · 벽돌 · 타일 및 석재 등에 하얀 가루가 나타나는 현상)현상은 시멘트 중의 산화칼슘이 공기 중의 탄산가스와 반응하여 생기는 현상이다.

(나) 백화 현상의 원인

① 1차 백화 : 줄눈 모르타르의 시멘트 산화칼슘이 물과 공기 중의 이산화탄소와 결합하여 발생하는 백화로서 물청소와 빗물 등에 의해 쉽게 제거된다.

② 2차 백화 : 조적 중 또는 조적 완료 후 조적재에 외부로부터 스며 든 수분에 의해 모르타르의 산화칼슘과 벽돌의 유황분이 화학 반응을 일으켜 나타나는 현상이다.

(다) 백화 현상의 방지 대책

① 양질의 벽돌을 사용하고, 모르타르를 충분히 채우며, 빗물이 스며들지 않게 한다.

② 파라핀 도료를 발라 염류가 나오는 것을 방지한다.

③ 차양이나 루버 등으로 빗물을 차단한다.

16

005 벽돌 및 블록의 압축 강도 산정

① 벽돌의 압축강도=$\frac{\text{최대 하중}}{\text{시험체의 단면적}}$이다.

② 블록의 압축강도

$=\frac{\text{최대 하중}}{\text{시험체의 전단면적(구멍 부분을 포함)}}$이다.

14, 12, 11, 08, 05

006 벽돌 쌓기의 종류

① 영식 쌓기 : 한 켜는 마구리쌓기, 다른 한 켜는 길이쌓기로 하고, 이오토막을 사용한다.

② 네덜란드(화란)식 쌓기 : 길이쌓기 층의 모서리에 칠오토막을 사용한다.

③ 불(프랑스)식 쌓기 : 길이쌓기와 마구리쌓기가 번갈아 나오게 쌓는 방식이다.

④ 미식 쌓기 : 표면에 치장벽돌로 5켜 길이쌓기, 1켜는 마구리쌓기로 쌓는다.

⑤ 켜걸음 들여쌓기 : 벽돌벽의 교차부에 벽돌 한 켜 거름으로 B/4~B/2 정도 들여쌓는 것.

⑥ 층단 떼어쌓기 : 긴 벽돌벽 쌓기 중, 벽 중간의 일부를 쌓지 못하게 될 때 차츰 길이를 줄여오는 방법이다.

⑦ 마구리(옆세워)쌓기 : 벽돌쌓기 시 마구리만 보이게 쌓는 방식이다.

⑧ 길이(길이세워)쌓기 : 벽돌쌓기 시 길이만 보이게 쌓는 방식이다.

17, 10, 07, 06

007 벽돌 공사의 일반 사항

① 현재 사용하고 있는 표준형 벽돌의 규격은 길이 190mm, 나비 90mm, 두께 57mm이며, 벽돌 소요 매수는 줄눈 간격 10mm로 1.0B 쌓기할 때, 정미량으로 벽면적 1m²당 149매이다.

② 벽돌벽은 가급적 건물 전체를 균일한 높이로 쌓고, 하루 쌓기의 높이는 1.2m를 표준으로 하며 최대 1.5m 이하로 한다.

③ 벽돌벽의 내쌓기
벽돌벽의 내쌓기는 벽돌을 벽면에서 부분적으로 내어 쌓는 방식으로, 1단씩 내쌓을 때에는 B/8 정도 내밀고, 2단씩 내쌓을 때에는 B/4 정도씩 내어 쌓으며, 내미는 정도는 2.0B 정도로 한다. 또한, 마루나 방화벽을 설치하고자 할 때에도 사용한다.

④ 벽돌의 규격 및 소요량
현재 사용하고 있는 표준형 벽돌의 규격은 길이 190mm, 나비 90mm, 두께 57mm이며, 벽돌의 소요매수는 줄눈 간격 10mm로 1.0B 쌓기 할 때 정미량으로 벽면적 1m²당 149매이다.

07

008 벽돌의 규격

(단위 : mm)

구분	길이	마구리	높이
기존형 벽돌	210	100	60
표준형 벽돌	190	90	57
내화 벽돌	230	114	65

16, 15, 08, 07, 06, 99, 93

009 벽돌조의 균열 원인 중 계획상, 시공상 결함

(가) 계획상 결함

① 기초의 부동 침하

② 건물의 평면 · 입면의 불균형 및 벽의 불합리 배치

③ 불균형 또는 큰 집중하중 · 횡력 및 충격

④ 벽돌벽의 길이 · 높이 · 두께와 벽돌 벽체의 강도

⑤ 개구(문꼴) 크기의 불합리 · 불균형 배치

(나) 시공상 결함
① 벽돌 및 모르타르의 강도 부족과 신축성
② 벽돌벽의 부분적 시공 결함
③ 이질재와의 접합부
④ 장막벽의 상부
⑤ 모르타르 바름의 들뜨기

16, 15, 08, 07, 06, 99, 93

010 벽돌조의 균열 원인 중 계획상, 시공상 결함

(가) 계획상 결함
① 기초의 부동 침하
② 건물의 평면 · 입면의 불균형 및 벽의 불합리 배치
③ 불균형 또는 큰 집중하중 · 횡력 및 충격
④ 벽돌벽의 길이 · 높이 · 두께와 벽돌 벽체의 강도
⑤ 개구(문꼴) 크기의 불합리 · 불균형 배치
(나) 시공상 결함
① 벽돌 및 모르타르의 강도 부족과 신축성
② 벽돌벽의 부분적 시공 결함
③ 이질재와의 접합부
④ 장막벽의 상부
⑤ 모르타르 바름의 들뜨기

17, 02, 98, 96, 92

011 아치의 모양에 따른 분류

① 반원 아치 ② 결원 아치 ③ 포물선 아치
④ 뾰족 아치 ⑤ 평아치

16, 14, 08, 06, 01, 99, 93

012 아치의 종류

① 본아치 : 주문하여 제작한 벽돌을 사용하여 쌓은 아치이다.
② 막만든아치 : 일반 벽돌을 쐐기 모양으로 다듬어 쓴 아치이다.
③ 거친아치 : 현장에서 일반 벽돌을 사용하고, 줄눈을 쐐기 모양으로 작업한 아치이다.
④ 층두리아치 : 아치 나비가 넓을 때에 반장별로 층을 지어 겹쳐 쌓는 아치이다.

08, 07, 97

013 치장 벽돌의 쌓기 순서

벽돌 및 바탕 청소 → 물축임 → 건비빔 → 세로 규준틀 설치 → 벽돌 나누기 → 규준 쌓기 → 수평실 치기 → 중간부 쌓기 → 줄눈 누름 → 줄눈 파기 → 치장줄눈 → 보양의 순이다.

17, 16, 10, 07, 04, 03, 01, 97

014 치장줄눈의 종류

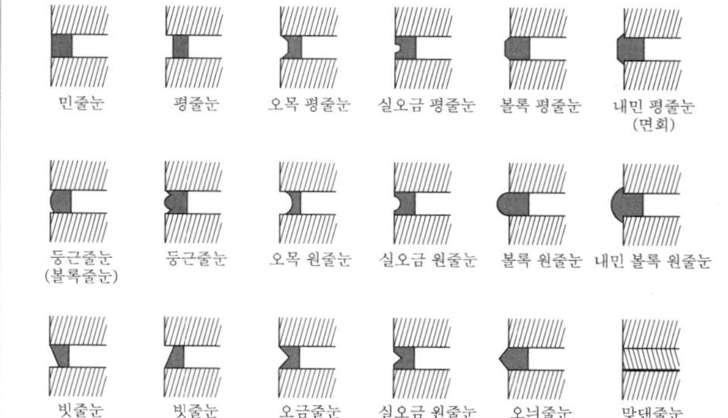

15, 12, 08, 93

015 치장줄눈의 특성

용도	의장성	형태
벽돌의 형태가 고르지 않은 경우	질감이 거침	평 · 빗줄눈
면이 깨끗하고, 반듯한 벽돌	순하고 부드러운 느낌, 여성적 선의 흐름	볼록줄눈
벽면이 고르지 않은 경우	줄눈의 효과를 확실히 함	내민줄눈
면이 깨끗한 벽돌	약한 음영, 여성적 느낌	오목줄눈
형태가 고르고, 깨끗한 벽돌	질감을 깨끗하게 연출하며, 일반적인 형태	민줄눈

05

016 치장줄눈의 공법

치장줄눈은 타일을 붙인 후 3시간 이상 지난 후 헝겊으로 닦아내고 완전히 건조된 후 설치한다. 라텍스, 에멀젼 후에는 2일 이상 지난 후 물로 씻어낸다.

02

017 블록의 시공도의 기입 사항

① 블록의 평면 · 입면 나누기 및 블록의 종류
② 벽 중심 간의 치수
③ 창문틀 및 기타 개구부의 안목치수
④ 철근의 삽입 및 이음위치 · 철근의 지름 및 개수
⑤ 콘크리트의 사춤 개소
⑥ 나무 벽돌 · 앵커 볼트의 위치
⑦ 배수관 · 전기배선관 등의 위치 및 박스의 크기 등이다.

97

018 블록조의 시공 순서

① 청소 및 물축이기 → ② 건비빔 → ③ 세로 규준틀 설치 → ④ 블록 나누기 → ⑤ 규준 블록 쌓기 → ⑥ 수평실 치기 → ⑦ 중간부 쌓기 → ⑧ 줄눈 누르기 → ⑨ 줄눈 파기 → ⑩ 치장줄눈 넣기 → ⑪ 보양의 순이다.

12

019 보강블록조에서 반드시 세로근을 넣어야 하는 위치

① 벽체의 끝 부분
② 벽의 모서리
③ 벽의 교차부
④ 개구부의 주위(문꼴의 갓둘레)

14, 13

020 건식 돌붙임 공법에서 석재를 고정하거나 지탱하는 공법

① 앵커 긴결 공법
② 강제 트러스지지 공법
③ G.P.C 공법

12, 06, 92

021 돌(석)공사의 치장줄눈

① 맞댄줄눈 ② 실줄눈
③ 평줄눈 ④ 빗줄눈
⑤ 둥근줄눈 ⑥ 면회줄눈

(07, 06, 97)

022 돌쌓기 종류

① 바른층쌓기 : 돌쌓기의 1켜는 모두 동일한 것을 쓰고, 수평줄눈이 일직선으로 연결되게 쌓은 것
② 허튼층쌓기 : 면이 네모진 돌을 수평줄눈이 부분적으로만 연속되게 쌓으며, 일부 상하, 세로줄눈이 통하게 한 것
③ 층지어쌓기 : 막돌, 둥근 돌 등을 중간켜에서는 돌의 모양대로 수직, 수평줄눈에 관계없이 흐트려 쌓고, 2~3켜마다 수평줄눈이 일직선으로 연속되게 쌓는 것
④ 메(건)쌓기 : 돌과 돌 사이에 모르타르, 콘크리트를 사춤쳐 넣지 않고 뒤고임돌만 다져 넣은 것으로, 뒤고임돌을 충분히 다져 넣어야 한다.
⑤ 찰쌓기 : 돌과 돌 사이에 모르타르를 다져 넣고, 뒤고임에도 콘크리트를 채워 넣은 것으로 표면 돌쌓기와 동시에 안(흙과 접촉되는 부분)에 잡석 쌓기를 하고, 그 중간에 콘크리트를 채워 넣은 것

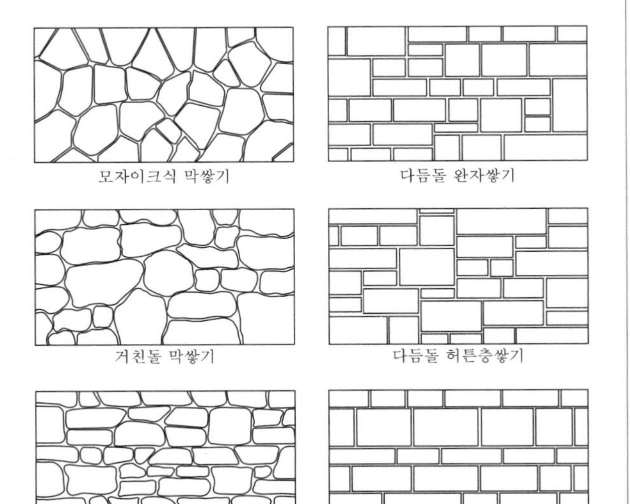

(16, 15, 14, 13, 12, 09, 08)

023 석재의 가공 순서 및 공법

① 혹두기(쇠메) → ② 정다듬(정) → ③ 도드락다듬(도드락 망치) → ④ 잔다듬(양날 망치) → ⑤ 물갈기(숫돌, 기타) 순이다.

(96)

024 석재의 가공법

① 혹두기 : 쇠메 망치로 돌의 면을 대강 다듬는 것
② 정다듬 : 혹두기의 면을 정으로 곱게 쪼아, 표면에 미세하고 조밀한 흔적을 내어 평탄하고 거친 면으로 만드는 것
③ 도드락 다듬 : 도드락 망치로 정다듬한 면을 더욱 평탄하게 다듬는 것
④ 잔다듬 : 양날 망치로 정다듬한 면을 평행 방향으로 정밀하게 곱게 쪼아 표면을 더욱 평탄하게 만드는 것
⑤ 물갈기 : 와이어 톱, 다이아몬드 톱, 글라인더 톱, 원반 톱, 플레이너, 글라인더로 잔다듬한 면에 금강사를 뿌려 철판, 숫돌 등으로 물을 뿌리며 간 다음, 산화 주석을 헝겊에 묻혀서 잘 문지르면 광택이 난다.

즉, 석재의 가공 순서는 혹두기 → 정다듬 → 도드락 다듬 → 잔다듬 → 물갈기의 순이다.

(16, 14, 12, 05, 96)

025 석재의 특수 공법(모래분사법, 버너구이법, 플래너마감법)

① 모래분사법 : 석재의 표면을 곱게 마무리하기 위하여 석재의 표면에 모래를 고압으로 뿜어내는 방법
② 버너구이법 : 톱으로 켜낸 돌면을 산소불로 굽고 찬물을 끼얹어 돌 표면의 엷은 껍질이 벗겨지게 한 면을 마무리재로 사용하는 것
③ 플래너마감법 : 철판을 깎는 기계로 돌 표면을 대패질하듯 훑어서 평탄하게 마무리하는 것

03, 99

026 석재의 모치기

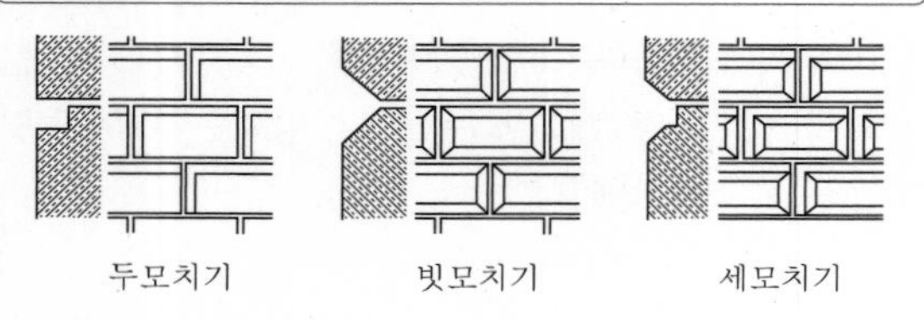

10, 08, 02

027 인조석 표면의 가공 방법

① **인조석 갈기** : 인조석 바름의 경화 정도를 보아 갈기를 한다.
② **인조석 잔다듬** : 인조석 바름이 충분히 경화된 다음, 정 · 도드락다듬 · 날망치 등으로 다듬는다.
③ **인조석 씻어내기** : 주로 외벽의 마무리에 사용하며, 안료와 시멘트는 건비빔을 하여 섞어두고 시멘트 : 종석=1 : 1로 배합하여 물반죽을 한다.

10

028 석재 공사 시 가공 및 시공상 주의사항

① 크기의 제한, 운반상의 제한 등을 고려하여 최대치수를 정한다.
② 석재를 다듬어 쓸 경우에는 그 질이 균일한 것을 써야 한다.
③ 내화가 필요한 곳에서는 열에 강한 석재를 사용한다.
④ 휨, 인장강도가 약하므로 압축력을 받는 장소에 사용한다.
⑤ 중량이 큰 석재는 아랫부분에, 작은 석재는 윗부분에 사용한다.

16, 10

029 석재의 접합 철물

① **촉** : 맞댄 면의 양쪽에 구멍을 파서 철재의 촉을 꽂고 그 둘레에 납, 황 또는 좋은 모르타르를 넣어 채워 고정시킨다.
② **꺽쇠와 은장** : 이음에서 꺽쇠 또는 은장을 끼울 자리를 파고, 그 둘레에 납, 황 또는 좋은 모르타르를 넣어 채워 고정시킨다.

06

030 석재의 특성

① **대리석** : 석회석이 변화되어 결정화된 것. 강도는 높지만 내화성이 낮고, 풍화되기 쉬우며 산에 약하기 때문에 실외용으로 적합하지 않다.
② **사암** : 수성암의 일종으로, 함유 광물의 성분에 따라 암석의 질, 내구성, 강도에 현저한 차이가 있다.
③ **안산암** : 강도, 경도, 비중이 크고 내화력도 우수하여 구조용 석재로 쓰이지만, 조직 및 색조가 균일하지 않고 석리가 있기 때문에 채석 및 가공이 용이함에도 대재를 얻기 어렵다.

17

031 석재의 흡수율과 강도

석재명	평균 압축 강도 (ka/cm^2)	비중	흡수율 (%)
화강암	1,450~2,000	2.62~2.69	0.33~0.5
황화석	25	1.3	26.2
안산암	1,050~1,150	2.53~2.59	1.83~3.2
응회암	90~370	2~2.4	13.5~18.2
사암	360	2.5	13.2
대리석	1,000~1,800	2.7~2.72	0.09~0.12
사문석	970	2.76	0.37
슬레이트	1,890	2.75	0.24

① 흡수율이 큰 것부터 작은 것의 순으로 나열하면, 응회암 → 사암 → 안산암 → 화강암 → 대리석의 순이다.
② 강도가 큰 것부터 작은 것의 순으로 나열하면, 화강암 → 대리석 → 안산암 → 사암 → 응회암의 순이다.

92

032 Hard roll지, Art Mosaic tile

① 하드롤(Hard roll)지: 모자이크 타일을 시공한 후 보양(보호와 양생)용으로 사용하기 위하여 타일 뒷면에 붙이는 종이
② 아트 모자이크 타일(Art mosaic tile): 흡수성이 거의 없는 자기질의 극히 작은 타일로서 무늬, 글자, 회화 등을 나타내기 위한 타일이다.

08

033 조적 공사의 용어

① 세워(길이 세워)쌓기 : 세로줄눈이 일직선이 되도록 개체를 길이로 세워 쌓는 방법
② 인방 블록 : 창문틀 위에 쌓고 철근과 콘크리트를 다져 넣어 보강하는 U자형 블록

13

034 조적 공사의 일반 사항

벽돌조 조적 공사 시 창호 상부에 설치하는 인방보는 좌우 벽면에 20cm 이상 겹치도록 한다.

13

035 조적조 공간 쌓기

공간 쌓기는 중공벽과 같은 벽체로서 단열, 방음, 방습 등의 효과가 우수하도록 벽체의 중간에 공간을 두어 이중벽으로 쌓은 벽체이다.

14, 13, 11, 09, 08

036 테두리보의 설치 이유

① 횡력에 대한 벽면의 직각 방향 이동으로 발생하는 수직 균열을 방지하기 위하여 강력한 테두리보를 설치한다.
② 세로철근의 끝을 정착할 필요가 있다.
③ 분산된 벽체를 일체로 연결하여 하중을 균등히 분산시킨다.
④ 집중하중을 받는 조적재를 보강한다.

16, 08, 04, 00, 99, 97, 96

037 테라초 현장 갈기의 순서

① 황동 줄눈대 대기 → ② 테라초 종석 바름 → ③ 양생과 경화 → ④ 초벌 갈기 → ⑤ 시멘트 풀먹임 → ⑥ 정벌 갈기 → ⑦ 왁스칠의 순이다.

98

038 테라코타의 정의와 용도

테라코타는 석재 조각물 대신에 사용되는 장식용 공동의 대형 점토 제품으로서, 속을 비게 하여 가볍게 만들고 건축물의 패러핏, 버팀벽, 주두, 난간벽, 창대, 돌림띠 등의 장식에 사용한다. 특성은 일반 석재보다 가볍고, 압축 강도는 80~90 MPa로 화강암의 1/2 정도이며, 화강암보다 내화력이 강하고 대리석보다 풍화에 강하므로 외장에 적당하다. 1개의 크기는 제조 및 취급상 0.5m³ 또는 0.3m³ 이하로 하는 것이 좋고, 단순한 제품의 경우 압축 성형 및 압출 성형 등의 방법을 사용한다.

CHAPTER 03

목공사

02

001 목재의 구분

구 분		나무의 명칭
외장수	침엽수	소나무, 전나무, 잣나무, 낙엽송, 측백나무, 편백나무, 가문비나무 등
	활엽수	노송나무, 떡갈나무, 참나무, 느티나무, 오동나무, 밤나무, 사시나무, 벚나무 등
내장수		대나무, 야자수 등

14

002 1층 마루의 시공 순서

① 납작 마루 : 호박돌 또는 땅바닥 → 장선 → 마루널 또는 호박돌 또는 땅바닥 → 멍에 → 장선 → 마루널의 순이다.

② 동바리 마루 : 동바리돌 → 동바리 → 멍에 → 장선 → 마루널의 순이다.

92

003 목공용 기계

① 톱 : 양날톱, 등대기톱, 장부켜기톱, 붕어톱, 쥐꼬리톱, 활톱, 실톱 등

② 끌 : 구멍파기끌, 깎기끌 등

③ 대패 : 평대패, 턱만들기대패, 홈대패, 둥근대패, 배대패, 남경대패 등

④ 망치 : 나무망치, 쇠망치 등

⑤ 드릴 : 수동 및 자동 드릴 등

15

004 목공사의 시공 순서

건조처리 → 먹매김 → 마름질 → 바심질의 순이다.

13, 10

005 가새, 버팀대, 귀잡이의 서술

① 가새 : 목재 뼈대는 대개 사각형으로 부재를 짜게 되므로, 네모구조의 대각선 방향으로 가새를 대어 세모구조로 하면 모양이 일그러짐을 방지할 수 있다. 목조 벽체를 수평력에 견디게 하고 안정한 구조로 하기 위한 부재이다.

② 버팀대 : 가새보다는 약하고 방의 쓸모 또는 가새를 댈 수 없는 곳에 유리한 부재로, 수평재(보, 도리 등)와 수직재(기둥)를 연결하는 부재이다.

③ 귀잡이 : 수평재(보, 도리, 토대 등)가 서로 수평으로 맞추어지는 귀를 안정한 세로구조로 하기 위하여 빗방향 수평으로 대는 부재이다.

05

006 강화 목재의 서술

강화 목재(라미네이트 마루)는 목재 가루를 압축한 바탕재 위에 고압력으로 강화시킨 여러 층의 표면판을 적층하여 접착시킨 복합재 마루로서, 실용적이고, 내마모성, 내압인성, 내수성 및 단열성이 우수하고 표면의 경도가 높으나, 접착제의 경화 시간이 필요하다.

17, 16, 10, 14, 13, 12, 08, 06, 05, 04, 03, 02, 00, 96, 95, 94

007 목재의 용어

① 마름질 : 목재를 소요의 형과 치수로 먹물넣기에 따라 자르거나 오려내는 것으로, 끝손질 치수보다 약간 크게 하여야 한다. 또한, 목재를 크기에 따라 각 부재의 소요 길이로 잘라 내는 일이다.

② 바심질 : 목재, 석재 등을 치수 금에 맞추어 깎고 다듬는 일 또는 목재의 구멍뚫기 · 홈파기 · 자르기 · 면접기 · 대패질 · 기타 다듬질을 하는 것이다.

③ 연귀 맞춤 : 연귀(두 부재의 끝맞춤에 있어서 나무 마구리가 보이지 않게 귀를 45°로 접어서 맞추는 것)에 의한 맞춤 또는 모서리 구석 등에 표면

마구리가 보이지 않도록 45°각도로 빗잘라 대는 맞춤이다.

④ 모접기 : 나무나 석재의 면을 깎아 밀어서 두드러지거나 오목하게 하여 모양지게 하는 것.

⑤ 이음 : 부재의 길이 방향으로 두 부재를 길게 접하는 것 또는 그 자리이다.

⑥ 맞춤 : 두 부재가 직각 또는 경사로 물려 짜이는 것 또는 그 자리이다.

⑦ 쪽매 : 좁은 폭의 널을 옆으로 붙여 그 폭을 넓게 하는 것 또는 재를 섬유방향과 평행방향으로 옆 대어 넓게 붙이는 것이다.

⑧ 깔도리 : 기둥머리를 고정하고, 지붕틀을 받아 기둥에 전달하는 부재이자, 상층 기둥 위에 가로대어 지붕보 또는 양식 지붕틀의 평보를 받는 도리이다.

⑨ 처마도리 : 깔도리 위에 지붕틀을 걸고, 지붕틀 평보 위에 깔도리와 같은 방향으로 걸친 것으로, 변두리 기둥에 얹고 처마 서까래를 받는 도리이다.

⑩ 징두리 판벽 : 내부 벽 하부(징두리)에서 높이 1~1.5m 정도를 판벽으로 처리한 것.

⑪ 양판 : 걸레받이와 두겁대 사이에 틀을 짜 댄 사이의 넓은 널이다.

⑫ 코펜하겐 리브 : 보통은 두께 5 cm, 너비 10 cm 정도의 긴 판이며, 표면은 자유 곡선으로 깎아 수직 평행선이 되게 리브를 만든 것으로, 면적이 넓은 강당, 영화관, 극장 등의 안벽에 붙이면 음향 조절 효과와 장식 효과가 있다. 주로 벽과 천장 수장재로 사용한다.

(02, 96)

008 목재의 모접기

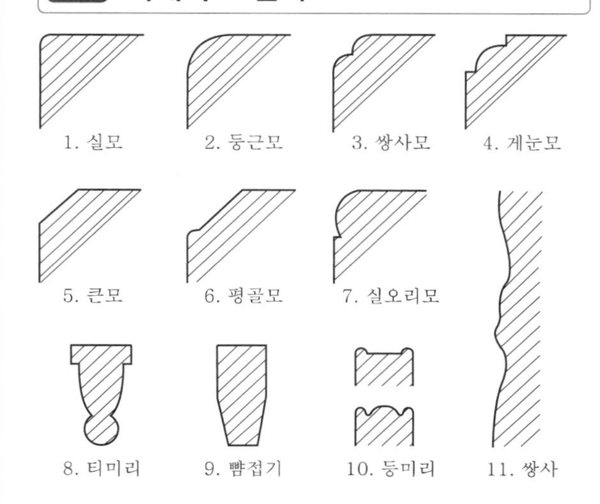

(10)

009 목공사의 위치별 이음의 종류

이음은 그 밑에 있는 재의 중심에서 잇는 것과 그 한 쪽의 옆에 내는 것이 있다.

① 심(한반)이음 : 밑에 있는 재의 중심에서 잇는 것

② 내이음 : 밑에 있는 재의 중심에서 내밀어서 잇는 것

③ 베개이음 : 밑에 다른 가로받침재를 대고 그 위에서 잇는 것

(15)

010 이음과 맞춤의 사용처

① 엇빗이음 : 반자틀, 반자살대 등에 쓰인다.

② 빗이음 : 서까래, 지붕널 등에 쓰인다.

③ 걸침턱 맞춤 : 지붕보와 도리, 층보와 장선 등의 맞춤에 쓰인다.

④ 안장 맞춤 : 평보와 ㅅ자보에 쓰인다.

02, 95

011 목재의 이음과 맞춤의 사용처

① **엇빗이음** : 반자틀, 반자살대 등에 쓰인다.
② **걸침턱** : 지붕보와 도리, 층보와 장선 등의 맞춤에 쓰인다.
③ **빗이음** : 서까래, 지붕널 등에 쓰인다.
④ **안장 맞춤** : 평보와 ㅅ자보에 쓰인다.
⑤ **턱장부 맞춤** : 토대나 창호 등의 모서리 맞춤에 쓰인다.
⑥ **주먹장부 맞춤** : 토대의 T형 부분이나 토대와 멍에의 맞춤, 달대공의 맞춤에 쓰인다.

13, 10, 04, 97, 94

012 연귀맞춤의 종류

① **반연귀** : 연귀를 반만 덧대고 안쪽 또는 바깥쪽은 직각으로 잘라대는 연귀이다.
② **안촉연귀** : 연귀의 안쪽에 촉을 내어 다른 재에 구멍을 파서 꿰뚫어 넣고, 바깥쪽은 연귀로 대는 것이다.
③ **밖촉연귀** : 연귀의 바깥쪽에 촉을 내어 다른 재에 구멍을 파서 꿰뚫어 넣고, 안쪽은 연귀로 대는 것이다.
④ **안팎촉연귀** : 연귀의 안쪽과 바깥쪽에 서로 촉과 구멍을 파서 꿰뚫어 넣고 나무 마구리가 감추어지게 되는 연귀 맞춤이다.
⑤ **사개연귀** : 안쪽에 여러 개의 주먹장을 내고 바깥은 연귀로 맞대어지는 맞춤이다.

17, 16, 10, 09, 06, 05, 04

013 목재의 접합철물

① **듀벨** : 듀벨은 전단력에, 볼트는 인장력에 작용시켜 접합재(목재와 목재) 상호간의 변위를 막는 강한 이음을 얻는 데 사용하는 것으로, 큰 간사이의 구조, 포갬보 등에 쓰인다.
② **감잡이쇠** : 평보를 대공에 달아 맬 때 평보를 감아 대공에 긴결시키는 보강철물
③ **ㄱ자쇠** : 가로재와 세로재가 교차하는 모서리 부분에 각이 변하지 않도록 보강하는 철물
④ **안장쇠** : 큰 보를 따내지 않고 작은 보를 걸쳐 받게 하는 보강철물
⑤ **주걱볼트** : 기둥과 보, 도리(깔도리, 처마도리)의 긴결에 사용한다.
⑥ **못** : 못의 길이는 널 두께의 2.5~3.0배, 재의 마구리 등에 박는 것은 3~3.5배로 한다.

01, 99, 97, 95, 94

014 목재의 접합 시 주의 사항

① 재는 가급적 적게 깎아내어 부재가 약해지지 않도록 한다.
② 될 수 있는 대로 응력이 적은 곳에서 접합하도록 한다.
③ 복잡한 형태를 피하고 되도록 간단한 방법을 쓴다.
④ 접합되는 부재의 접촉면 및 따낸 면은 잘 다듬어서 틈이 생기지 않고, 응력이 고르게 작용하도록 한다.
⑤ 이음 및 맞춤의 단면은 응력의 방향에 직각되게 하여야 한다.
⑥ 국부적으로 큰 응력이 작용하지 않도록 적당한 철물을 써서 충분히 보강한다.

13, 08

015 목구조의 일반 사항

① 바닥에서 1m 정도 높이의 하부벽을 **징두리벽**이라 한다.
② 상층 기둥 위에 가로대어 지붕보 또는 양식 지붕틀의 평보를 받는 도리를 **깔도리**라 한다.
③ 변두리 기둥에 얹히고 처마 서까래를 받는 도리를 **처마도리**라 한다.

(16, 12, 05, 02)

016 목구조의 횡력에 대한 변형 방지법

① **가새** : 목재 뼈대는 대개 사각형으로 부재를 짜게 되므로, 네모구조의 대각선 방향으로 가새를 대어 세모구조로 하면 모양이 일그러짐을 방지할 수 있다. 목조 벽체를 수평력에 견디게 하고 안정한 구조로 하기 위한 부재이다.
② **버팀대** : 가새보다는 약하고 방의 쓸모 또는 가새를 댈 수 없는 곳에 유리한 부재로, 수평재(보, 도리 등)와 수직재(기둥)를 연결하는 부재이다.
③ **귀잡이** : 수평재(보, 도리, 토대 등)가 서로 수평으로 맞추어지는 귀를 안정한 세로구조로 하기 위하여 빗방향 수평으로 대는 부재이다.

(06)

017 목재 방부제의 요구 사항

① 목재를 손상시키지 않고, 사람, 가축 등에 피해가 없어야 한다.
② 방부 처리가 용이하고, 인화성과 흡수성이 적어야 한다.
③ 가격이 저렴하고, 방부 효과가 강하며, 지속적이어야 한다.
④ 목재에 침투가 잘 되고, 방부 처리를 한 후 페인트를 칠할 수 있어야 한다.

(15, 06, 05, 02, 00, 95)

018 목재 제품의 종류

① **합판** : 3장 이상의 단판을 3, 5, 7 등 홀수로 섬유방향에 직교하도록 접착한 것으로서 나무를 둥글게 또는 평으로 켜서 직교하여 교착시킨 것.
② **탄화코르크** : 참나무 껍질을 부순 잔 알들을 압축 성형하여 고온에서 탄화시킨 것.
③ **석고판** : 소석고에 톱밥 등을 가하여 물반죽한 후, 질긴 종이 사이에 끼어 성형, 건조시킨 것.
④ **텍스** : 식물 섬유, 종이, 펄프 등에 접착제를 가하여 압축한 섬유판
⑤ **집성재** : 제재판재 또는 소각재 등의 부재를 서로 섬유방향에 평행하게 하여 길이, 나비 및 두께 방향으로 접착한 것.
⑥ **파티클 보드** : 목재 및 기타 식물의 섬유질 소편에 합성수지 접착제를 도포, 가열, 압착 성형한 판상의 재료 또는 목재의 부스러기를 합성수지와 접착제를 섞어 가열, 압착한 판재이다.
⑦ **코르크판** : 표면은 평평하고, 유공질 판이어서 단열판, 열절연재로 사용하는 것.

(13, 10, 98, 93)

019 목재의 흠의 종류

① **갈래** : 수목이 성장할 때 심재부의 나무 섬유 세포가 죽으면 점차 함수량이 줄어들어 수축하게 되는데, 심재부의 갈라짐을 심재 갈래라 하며, 심재와 변재의 경계선 부분이 갈라지는 것을 원형 갈래라 하고 변재가 건조, 수축하면 변재 부분이 겉껍질로 심재를 향하여 방사상의 갈래가 되는 것을 변재 갈래라고 한다.
② **옹이** : 수목이 성장하는 도중에 줄기에서 가지가 생기게 될 경우 나뭇가지와 줄기가 붙은 곳에 줄기 세포와 가지 세포가 교차되어 생기는 결함으로, 산옹이, 죽은옹이, 썩은옹이, 옹이구멍 등이 있다.
㉮ **산옹이** : 벌목할 때까지 붙어 살아있던 가지의 흔적으로, 다른 목질부에 비하여 약간 굳고 단단한 부분이 되어 가공이 불편하고 미관상 좋지 않으나, 목재로 사용하는 데에는 별로 지장이 없다.
㉯ **죽은옹이** : 수목이 성장 도중에 가지를 잘라 버린 자국으로, 용재로 사용하기 적당하지 않다.
㉰ **썩은옹이** : 죽은 가지의 자국이 썩어서 생긴 부분이다.
㉱ **옹이구멍** : 옹이가 썩거나 빠져서 구멍이 된 부분이다.
③ **상처** : 벌목 시 타박상을 입거나, 원목 운반 시

섬유가 상한 부분이다.
④ 껍질박이(입피) : 수목이 성장하는 도중에 나무껍질이 상한 상태로 있다가 상처가 아물 때 그 일부가 목질부 속으로 말려들어간 것이다.
⑤ 썩정이 : 부패균이 목재의 내부에 침입하여 섬유를 파괴시켜 갈색이나 흰색으로 변색, 부패되어 무게, 강도 등이 감소된 것이다.
⑥ 지선 : 소나무에서 많이 보이며, 목재를 건조한 후에도 수지가 마르지 않고 사용 중에도 계속 나온다.

(93)

020 목재의 제재목의 무늬

① 곧은결 : 연륜(나이테)에 직각되는 방향의 면으로, 나뭇결이 마구리면의 수심을 통하여 나이테에 직각 방향이 되면, 자른 종단면의 위에는 곧은 평행선 나이테 무늬가 나타나는 것이다.
② 널결 : 연륜(나이테)에 평행한 방향의 면으로, 나무켜기에 있어 나이테에 평행 방향으로 켠 목재면에 나타난 곡선형의 나뭇결이다.
③ 엇결 : 제재목의 결이 심하게 경사진 면이다.
④ 무늿결 : 나뭇결이 마구리면의 나이테에 접선 방향이 되었을 때 자른 종단면 위에 물결 모양의 나이테 무늬가 나타나는 것이다.

(04)

021 목재의 강도 순서

목재의 강도를 큰 것부터 작은 것의 순서대로 늘어놓으면 인장 강도 → 휨 강도 → 압축 강도 →전단 강도의 순이고, 섬유 평행 방향의 인장 강도→섬유 평행 방향의 압축 강도→섬유 직각 방향의 인장 강도→섬유 직각 방향의 압축 강도의 순이다.

(93)

022 비강도와 경제강도

① 비강도= $\frac{강도}{비중}$ 이다.

② 경제 강도= $\frac{파괴\ 강도}{허용\ 강도}$ 이다.

(16, 03)

023 목재의 건조법 중 훈연법의 서술

훈연법은 연소가마를 건조실내에 장치하여 짚, 나무 부스러기, 톱밥 등을 태워서 연기가 나게 하여 목재를 건조시키는 방법 또는 짚, 나무 부스러기, 톱밥 등을 태운 연기를 건조실에 도입하여 목재를 건조시키는 방법이 있으며, 실내의 온도 조절이 어렵고 화재가 일어나기 쉽다는 단점이 있다.

(02)

024 구조용 목재의 조건

① 재질이 균일하고 강도가 큰 목재이어야 한다.
② 내화 및 내구성이 큰 것이어야 한다.
③ 가볍고 큰 재료를 얻을 수 있고 가공이 용이한 것이어야 한다.

(15, 00, 95)

025 목재의 검수 사항

① 목재의 건조 정도, 단면 치수, 길이 및 개수를 확인하여야 한다.
② 목재의 흠(갈래, 옹이, 껍질박이, 상처, 썩정이 등)이 있는지를 확인하여야 한다.

(12,10)

026 목재의 부식 조건

적당한 온도, 습도(수분), 양분 및 공기(산소)는 목재의 부식에 필수적인 조건으로, 그 중에 하나만 결여되더라도 부패균이 번식할 수 없다.

① **온도** : 대부분의 부패균은 25~35℃ 사이에서 가장 활동이 왕성하고, 4℃ 이하에서는 발육할 수 없으며, 부패균은 55℃ 이상에서 30분 이상이면 거의 사멸된다.

② **습도** : 습도는 90% 이상으로 목재의 함수율이 30~60%일 때 균의 발육이 적당하므로, 충분히 건조되거나 아주 젖어있는 생나무는 잘 부식하지 않는다.

③ **공기** : 완전히 수중에 잠긴 목재는 부패하지 않는데, 이는 공기가 없기 때문이다.

④ **양분** : 목재 속의 리그닌의 역할이다.

(15)

027 방부제의 종류

① **유용성 방부제** : 크레오소트, 콜타르, 아스팔트, 페인트 및 펜타클로로페놀 등

② **수용성 방부제** : 황산구리 용액, 염화아연 용액, 염화제이수은 용액, 플루오르화나트륨 용액 등

(14, 11, 05, 04, 97)

028 목재의 방부제 처리법

① **도포법** : 가장 간단한 방법. 방부 처리 전에 목재를 충분히 건조시킨 다음, 균열이나 이음부 등에 주의하여 솔 등으로 바르는 방법이다.

② **침지법** : 상온의 크레오소트 오일 등에 목재를 몇 시간 또는 며칠 간 담그는 것으로, 액을 가열하면 15mm 정도까지 침투한다.

③ **상압 주입법** : 침지법과 유사하고, 80~120℃의 크레오소트 오일액 중에 3~6시간 담근 뒤 다시 찬액에 5~6시간 담그면 15mm까지 침투한다.

④ **가압 주입법** : 원통 안에서 방부제를 넣고 7~31kg/㎠(0.7~3.1MPa)정도로 가압하여 주입하는 것으로, 70℃의 크레오소트 오일액을 쓴다.

⑤ **생리적 주입법** : 벌목 전에 나무뿌리에 약액을 주입하여 나무줄기로 이동시키는 방법이나, 별로 효과가 없는 것으로 알려져 있다.

(00)

029 목재의 방화제

목재의 방화제에는 방화 페인트 외 무기 염류제와 유기 염류제의 방화제가 있다.

① 무기 염류 : 황산염, 인산염, 염화염, 붕산염, 중크롬산염, 텅스텐산염, 규산염 등

② 유기 염류 : 초산염, 수산염, 유기질(사탕, 당밀, 단백질, 전분 등)

(13, 08, 04, 98, 96)

030 목재의 인공 건조법

인공 건조법은 건조실에 제재품을 쌓아 넣은 후 처음에는 저온, 다습의 열기를 통과시키다가 점차 고온, 저습으로 조절하여 건조시키는 방법으로, 증기법, 열기법, 훈연법 및 진공법 등이 있다.

① **증기법** : 건조실을 증기로 가열하여 건조시키는 방법

② **열기법** : 건조실 내의 공기를 가열하거나 가열 공기를 넣어 건조시키는 방법

③ **훈연법** : 짚이나 톱밥 등을 태운 연기를 건조실에 도입하여 건조시키는 방법

④ **진공법** : 원통형의 탱크 속에 목재를 넣고 밀폐하여 고온, 저압 상태에서 수분을 빼내는 방법

(11, 92)

031 목재의 함수율

목재의 함수율(%)$=\dfrac{\text{함수량}}{\text{절건 중량}}\times 100(\%)$

$=\dfrac{W_1-W_2}{W_2}\times 100(\%)$이다.

여기서, W_1 : 함수율을 구하고자 하는 목재편의 중량

W_2 : 100~105℃의 온도에서 일정량이 될 때까지 건조시켰을 때의 절건 중량

그런데, 목재의 절건 중량(W_2)

=목재의 절건 비중×목재의 부피

$=0.5\times(0.1\times0.1\times2)=0.01m^3=10kg$

$W_1=15kg,\ W_2=10kg$ 이다.

그러므로, 목재의 함수율$=\dfrac{W_1-W_2}{W_2}\times 100(\%)$

$=\dfrac{15-10}{10}\times 100=50\%$

(94)

032 목재의 보관시 주의 사항

① 부패의 방지를 위하여 습기가 닿지 않도록 지면으로부터 일정거리 이상 띄워 보관한다.
② 목재의 건조 수축에 의한 변형을 방지하기 위하여 직사광선을 피해 보관한다.
③ 목재의 단면의 크기, 길이, 용도, 형태 등에 따라 구분하여 보관한다.
④ 목재의 표면이 오염되지 않도록 보관한다.

(99)

033 목재의 분류(길이에 따른 분류)

① 정척물 : 일정한 길이로 된 목재로서 1.8m, 2.7m, 3.6m 등이 있다.
② 장척물 : 정척물보다 큰 것으로 보통 0.9m씩 길어지는 목재이다.
③ 단척물 : 1.8m 이하의 목재로서 1.8m를 기준으로 30cm씩 짧거나 긴 목재이다.
④ 난척물 : 정척물이 아닌 목재로서 1.8m를 기준으로 30cm씩 짧거나 긴 목재이다.

(95)

034 입주 상량 등의 서술

① 입주 상량 : 집을 지을 때 기둥에 보를 얹고 그 위에 처마도리, 깔도리 등을 걸고 최종 마룻대를 올리는 일이다.
② 듀벨 : 듀벨은 전단력에, 볼트는 인장력에 작용시켜 접합재(목재와 목재) 상호간의 변위를 막는 강한 이음을 얻는 데 사용하는 것으로 큰 간사이의 구조, 포갬보 등에 쓰인다.
③ 바심질 : 목재, 석재 등을 치수 금에 맞추어 깎고 다듬는 일 또는 목재의 구멍뚫기 · 홈파기 · 자르기 · 면접기 · 대패질 · 기타 다듬질을 하는 것이다.

(99, 94)

035 징두리 판벽, 양판 및 코펜하겐 리브의 서술

① 징두리 판벽 : 내부 벽 하부(징두리)에서 높이 1~1.5m 정도를 판벽으로 처리한 것
② 양판 : 걸레받이와 두겁대 사이에 틀을 짜 대고 그 사이에 넓은 널을 끼운 판이다.
③ 코펜하겐 리브 : 보통은 두께 5 cm, 너비 10 cm 정도의 길이에 표면은 자유 곡선으로 깎아 수직 평행선이 되게 리브를 만든 것으로, 면적이 넓은 강당, 영화관, 극장 등의 안벽에 붙이면 음향 조절 효과와 장식 효과가 있다. 주로 벽과 천장 수장재로 사용한다.

94

036 짠마루, 막만든 아치, 거친 아치 서술

① 짠마루 : 큰 보위에 작은 보를 걸고 그 위에 장선을 대고 마루널을 깐 마루로서 스팬이 클 때 사용(6.4m 이상)하고, 큰 보+작은 보+장선+마루널의 순의 구성이다.
② 막만든 아치 : 벽돌을 쐐기 모양으로 다듬어 사용한 아치이다.
③ 거친 아치 : 벽돌은 그대로 사용하고, 줄눈을 쐐기 모양으로 만들어 사용한 아치이다.

98, 95

037 본아치, 보마루, 홑마루 서술

① 본아치 : 특별히 아치 벽돌을 주문 제작하여 사용한 아치이다.
② 보마루 : 보를 걸어 장선을 받게 하고 그 위에 마루널을 깐 것으로 간사이가 2.5m 정도일 때 사용하며, 보의 간격은 2.0m 정도로 한다.
③ 홑(장선)마루 : 복도 또는 간사이가 작을 때 보를 사용하지 않고, 층도리와 간막이 도리에 직접 장선을 약 50cm 사이로 걸쳐대고 그 위에 널을 깐 것이다.

17, 16, 12, 11, 10, 07, 04, 03, 00, 97, 94

038 쪽매의 명칭

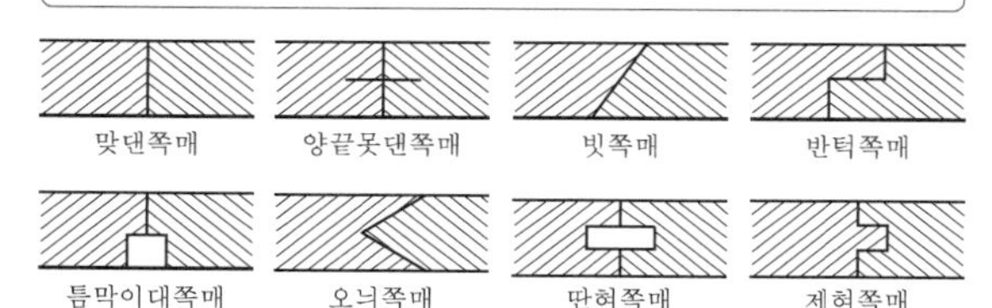

95

039 플로어링판의 설치

플로어링판을 장선에 직접 붙여 깔 때의 장선의 간격은 450mm 내외를 표준으로 하고, 장선의 상단은 두드러짐이나 벌어짐이 없고 알매진 바탕으로 하며, 2중 바닥깔기의 경우에는 짠마루 바닥깔기에 따른다.

03

040 마루널 이중 깔기의 순서

동바리 → 멍에 → 장선 → 밑창널 깔기 → 방수지 깔기 → 마루널 깔기의 순이다.

93

041 양식 목조 지붕틀

목조 양식 구조에서는 깔도리 위에 지붕틀을 얹고 지붕틀 위에 평보를 얹으며, 깔도리와 같은 방향으로 처마도리를 깐다.

05

042 파티클 보드의 특성

① 두께는 비교적 자유롭게 선택할 수 있고, 큰 면적의 판을 얻을 수 있다.
② 표면이 평활하고 경도가 크며, 방충, 방부성이 크다.
③ 균질한 판을 대량으로 제조할 수 있다.
④ 강도에 방향성이 없고, 가공성이 비교적 양호하다.
⑤ 못, 나사못의 지지력은 목재와 거의 같다.

(00)

043 목조 계단의 설치 순서

1층 멍에, 계단참, 2층 받이보 → 계단 옆판, 난간 어미기둥 → 디딤판 → 난간 동자 → 난간 두겁의 순이다.

CHAPTER 04 창호 및 유리 공사

(05)

001 강재 창호의 설치 순서

현장 반입 → 변형 바로 잡기 → 녹막이 칠 → 먹매김 → 구멍 파기, 따내기 → 가설치 및 검사 → 묻음발 고정 → 창문틀 주위 모르타르 사춤 → 보양의 순이다.

(06, 96)

002 미서기창의 창호철물

① 레일: 창호에 쓰이는 철물로서 창호의 틀에 수평으로 설치된다.

② 호차(바퀴): 창문 밑에 대어 레일 위를 굴러 다니게 하는 바퀴이다.

③ 꽂이쇠: 미서기, 미닫이 창호의 안팎의 여밈대를 꿰뚫어 꽂아서 밖에서 열 수 없도록 하는 문걸쇠이다.

④ 오목 손걸이: 창호의 울거미에 파 넣어 미서기, 미닫이 등을 여닫게 손에 걸리도록 오목하게 들어간 창호철물이다.

(08)

003 살창의 정의와 종류

① 살창의 정의 : 일종의 격자창으로 가는 살을 짜서 만든 창

② 살창의 종류 : ㉠ 아자창, ㉡ 완자창

(07)

004 알루미늄 창호 설치시 주의 사항

① 강제 창호에 비해 강도가 약하므로 취급 시 주의하여야 한다.

② 알루미늄은 알칼리성에 약하므로 모르타르, 콘크리트 및 회반죽과의 접촉을 피해야 한다.

③ 이질 금속과 접촉하면 부식이 발생하므로 사용하는 철물을 동질의 재료를 사용하여야 한다.

(13, 10, 09, 06, 05)

005 알루미늄 창호의 장점

① 알루미늄의 비중은 철의 약 1/3 정도로 가볍다.

② 공작이 자유롭고 기밀성이 우수하다.

③ 녹슬지 않아 유지관리가 쉽고, 사용 연한이 길다.

④ 여닫음이 경쾌하다.

(97, 94)

006 유리 끼움재의 종류

① 퍼티류(반죽 퍼티, 나무 퍼티, 고무 퍼티 등)대기

② 클립

③ 누름대 대기

(03)

007 퍼티의 종류

① 반죽 퍼티 : 유리홈에 깔퍼티를 바르고, 목재 창호에는 3각못을 유리의 한 변에 2개소 이상 누르고 중간에 40cm마다 박아댄 후 퍼티를 바른다.
② 나무 퍼티 : 깔퍼티를 생략하고 직접 나무 퍼티를 퍼티 못으로 박아대는 퍼티이다.
③ 고무 퍼티(가스켓) : 알루미늄 새시의 유리홈 등에 끼워 고정하는 재료로서 나무 퍼티와 반죽 퍼티를 대신하여 사용하는 퍼티이다.

(14, 09)

008 여닫이 문의 종류 표시 기호

① 외여닫이문: 외여닫이(창문 한짝으로 된 여닫이로 90°의 개폐가 가능한 문)로 된 문
② 쌍여닫이문: 쌍여닫이(창문 두 짝으로 된 여닫이로 90°의 개폐가 가능한 문)로 된 문
③ 외자재여닫이문: 외자재여닫이(창문 한짝으로 된 여닫이로 안팎(180°)으로 개폐가 가능한 문)로 된 문
④ 쌍자재여닫이문: 외자재여닫이(창문 두 짝으로 된 여닫이로 안팎(180°)으로 개폐가 가능한 문)로 된 문

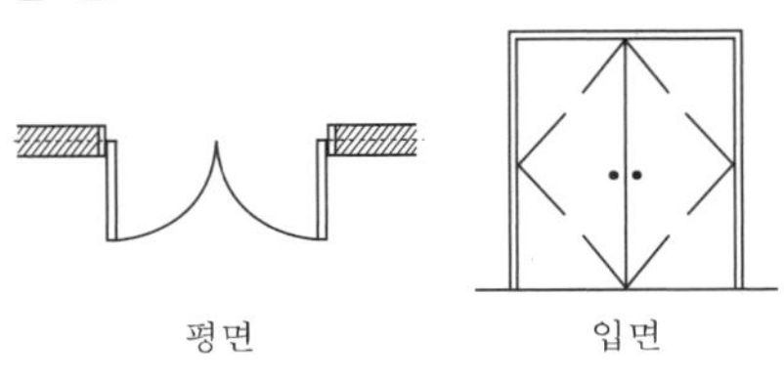

① 쌍여닫이문

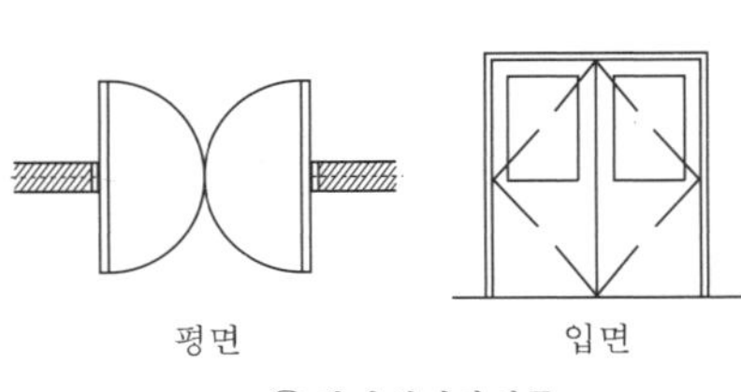

② 쌍자재여닫이문

(06, 96, 94)

009 에어도어, 멀리온 서술

① 에어 도어(air door) : 에어 커튼이라고도 하며, 개구부 상부에서 두꺼운 공기류를 형성하여 내리고 밑에서 흡인하는 장치로, 외기 또는 먼지의 침입을 차단하는 설비이다.
② 멀리온(mullion) : 창 면적이 클 때에는 스틸 바만으로는 약하고 여닫을 때의 진동으로 인하여 유리가 파손될 우려가 있으므로, 이를 보강하고 외관을 꾸미기 위하여 강판을 중공형으로 접어 가로, 세로로 대는 부재이다.

(13, 05)

010 풍소란, 마중대 서술

① 풍소란 : 4짝 미서기문의 마중대는 서로 턱솔 또는 딴 혀를 대어 방풍적으로 물려지게 하는 것
② 마중대 : 미닫이문의 서로 마주치는 선대(세워 대는 문 울거미)

(98, 97)

011 창호의 개폐 조절기

도어 클로저(도어 체크), 래버터리 힌지, 플로어 힌지, 지도리, 피벗 힌지, 경첩(자유 경첩, 일반 경첩 등) 등

(11)

012 창호와 유리의 사용

① 플러시문 : 복층 유리 ② 무테문 : 형판 유리
③ 아코디언문 : 강화 유리 ④ 여닫이문 : 접합 유리

(04, 01, 98, 96, 95)

013 창호와 창호 철물

① 여닫이문 : 풍소란
② 플러시문 : 벌집(허니콤)심
③ 무테문 : 피보트 힌지
④ 아코디언문 : 행거 레일

창호 명칭	여닫이문	양여닫이문	자재 중량문	미닫이문	회전문
창호 철물	경첩, 풍소란	도어볼트	자유경첩	레일	지도리
창호 명칭	접문(아코디언문)	오르내리창	공중 화장실, 공중전화 박스	플러시문	무테문
창호 철물	도어행거, 행거레일	크레센트	래버터리 힌지	벌집(허니콤)심	피벗 힌지

(98)

014 유리의 일반 사항

보통 판유리의 두께는 2~5mm이며, 일반 창호에 쓰이는 두께 2~5mm의 것을 박판 유리라 하고, 두께 5mm 이상의 것을 후판 유리라 한다. 길이와 두께에 상관없이 9.26㎡를 1상자로 하여 판매한다.

(17, 16, 15, 14, 10, 09, 08, 07, 06, 05, 02, 01, 00, 99, 98,97, 96, 95, 94)

015 풍소란, 마중대 서술

① 열선흡수 유리 : 철, 니켈, 크롬 등을 가하여 냉방효과를 증대시키는 유리이다.
② 자외선 투과유리 : 병원, 온실에 사용하는 유리이다.
③ 유리 블록 : 투명 유리로 열전도가 작고 상자형이며, 의장성, 계단실의 채광에 사용한다.
④ 자외선 차단유리 : 염색품의 색이 바래는 것을 방지하고, 채광을 요구하는 진열장 등에 이용된다.
⑤ 복층 유리 : 유리 사이에 공간을 두고 둘레에는 틀을 끼워서 내부를 기밀하게 만든 유리로서, 특성은 다음과 같다.
  ㉮ 단열, 보온, 방한, 방서의 효과가 있다.
  ㉯ 방음의 효과는 있으나, 차음의 효과는 거의 동일하다.
  ㉰ 결로 방지용으로 매우 우수하다.
⑥ 망입유리 : 방화, 방도 또는 진동이 심한 장소에 쓰인다.
⑦ 프리즘 유리 : 투과 광선의 방향을 바꾸거나 집중 또는 확산시킬 목적으로 만든 것으로, 지하실 채광 또는 채광용으로 쓰인다. 한 면이 톱날 모양이며 광선의 확산효과가 있다.
⑧ 접합(합판)유리 : 투명 판유리 2장 사이에 아세테이트, 부틸셀룰로오스 등 합성수지막을 넣어 합성수지 접착제로 접착시킨 유리로서, 깨지더라도 유리 파편이 합성수지막에 붙어 있게 하여 파편으로 인한 위험을 방지(방탄의 효과)하도록 한 것이다. 유색 합성수지막을 사용하면 착색 접합 유리가 된다. 접합 유리는 보통 판유리에 비해 투광성은 약간 떨어지나 차음성, 보온성이 좋은 편이다.
⑨ 망입 유리 : 용융 유리 사이에 금속 그물(지름이 0.4 mm 이상의 철선, 놋쇠선, 아연선, 구리선, 알루미늄선)을 넣어 롤러로 압연하여 만든 판유리로서 도난 방지, 화재 방지 및 파편에 의한 부상 방지 등의 목적으로 사용한다.
⑩ 강화 유리 : 유리를 600℃로 고온 가열 후 급랭시킨 유리로, 보통 유리의 충격 강도보다 3~5배 정도 크며, 200℃ 이상의 고온에서도 형태 유지가 가능하다. 특징은 다음과 같다.
  ㉮ 강도는 보통 판유리보다 3~5배 높고, 충격 강도는 7~8배나 된다.
  ㉯ 열처리에 의한 내응력 때문에 유리가 모래처럼 잘게 부서지므로 유리 파편에 의한 부상이 적다.
  ㉰ 열처리를 한 다음에는 가공이 불가능하다.
  ㉱ 200℃ 이상의 온도에서 견디므로 내열성이 우수하다.

⑪ 에칭 유리 : 파라핀을 바르고 철필로 무늬를 새긴 후 부식 처리한 유리이다.
⑫ 반사 유리 : 플로트 유리 제조 공정 중 금속 욕조 내에서 특수 기체로 표면처리를 하여 일정 두께의 반사막을 입힌 유리로서, 반사막이 광선을 차단·반사시켜 실내에서 볼 때는 외부를 볼 수 있으나, 외부에서는 거울처럼 보인다. 열선흡수 유리보다 열전도가 적어 공기조화 및 열적 요구를 절감시킨다.
⑬ 로이 유리 : 열적외선을 반사하는 은소재 도막으로 코팅하여 방사율과 열관류율을 낮추고 가시광선의 투과율을 높인 유리로서 일반적으로 복층 유리로 제조하여 사용한다.

17, 16, 12, 07, 02

016 안전유리의 종류

① 접합(합판)유리 : 투명 판유리 2장 사이에 아세테이트, 부틸셀룰로오스 등 합성수지막을 넣어 합성수지 접착제로 접착시킨 유리이다.
② 강화 유리 : 유리를 600℃로 고온 가열 후 급랭시킨 유리로, 보통 유리의 충격 강도보다 3~5배 정도 높고 200℃ 이상의 고온에서도 형태 유지가 가능하다.
③ 배강도 유리 : 판유리를 열처리하여 유리 표면에 적절한 크기의 압축 응력층을 만들어 파괴 강도를 증대시키고, 파손되었을 때 판유리와 유사하게 깨지도록 한 유리이다.

13

017 유리의 열손실을 막기 위한 방법

① 복층 유리와 같이 2장 또는 3장의 판유리를 일정한 간격으로 띄어 금속테로 기밀하게 테두리를 한 다음, 유리 사이의 내부는 건조한 일반 공기층으로 하여 단열, 결로 방지에 이용한다.
② 로이 유리와 같이 열적외선을 반사하는 은소재 도막으로 코팅하여 방사율과 열관류율을 낮추고 가시광선의 투과율을 높인 유리로서 일반적으로 복층 유리로 제조하여 사용한다.

12, 09

018 서스펜션(suspension)공법의 서술

유리의 중간 부분의 보강재인 멀리온 없이 유리만을 세우는 공법으로, 대형 유리의 상단부에는 특수용의 철재를 사용하고 유리의 접합부에는 직각 방향의 리브 유리를 사용하며, 유리 사이의 틈새 부분에는 실란트를 사용하여 메워서 유리를 세우는 공법이다.

CHAPTER 05 미장 공사

17, 16, 13, 09, 08, 07, 02, 01, 00, 95

001 기경 및 수경성 미장재료

구 분	분 류		고결재
수경성	시멘트계	시멘트 모르타르, 인조석, 테라초 현장바름	포틀랜드 시멘트
	석고계 플라스터	순석고, 혼합 석고, 보드용, 크림용 석고 플라스터, 킨스(경석고 플라스터) 시멘트	$CaSO_4 \cdot \frac{1}{2} H_2O$, $CaSO_4$
기경성	석회계 플라스터	회반죽, 돌로마이트 플라스터, 회사벽	돌로마이트, 소석회
	흙반죽(진흙), 섬유벽, 아스팔트 모르타르		점토, 합성수지풀
특수재료	합성수지 플라스터, 마그네시아 시멘트		합성수지, 마그네시아

00

002 미장 재료의 성질

① 알칼리성의 재료
진흙질, 석회질(회반죽, 회사반죽, 돌로마이트 플라스터) 및 시멘트질(시멘트 모르타르, 인조석 바름 등)등.
② 산성의 재료
아스팔트 모르타르, 경석고(무수 석고, 킨즈 시멘트), 마그네시아 시멘트 등
③ 중성의 재료
순석고
④ 약알칼리성의 재료
혼합 석고

00, 95

003 석회질, 석고질의 성질

① 석회질의 성질
기경성(충분한 물이 있더라도 공기 중에서만 경화하고, 수중에서는 굳어지지 않는 성질)의 미장 재료로서 수축성이다.
② 석고질의 성질
석고를 혼합하면 수축균열을 방지할 수 있고 경화 속도, 강도 등이 증대되며, 수경성의 미장 재료로, 팽창성이다.

15, 14, 06, 01

004 드라이 빗의 특징

① 조적재를 사용하지 않으므로 건물의 하중을 경감시킬 수 있다.
② 여러 가지의 색깔과 질감 표현을 하므로 의장성 및 외관 구성이 가능하다.
③ 시공이 쉽고, 공사를 단축할 수 있으며, 단열 성능과 경제성이 우수하다.

98

005 모르타르의 용도

① 바라이트 모르타르 : 시멘트, 바라이트 분말, 모래 등으로 구성되며, 방사선 차단용으로 사용된다.
② 질석 모르타르 : 시멘트, 질석 등으로 구성되며, 경량용 및 블록 제조용으로 사용된다.
③ 석면 모르타르 : 시멘트, 석면, 모래 등으로 구성되며, 균열 방지용으로 사용된다.
④ 합성수지혼화 모르타르 : 시멘트, 각종 합성수지, 모래 등으로 구성되며, 경도, 치밀성이 우수하고, 특수 치장용으로 사용된다.

17, 11

006 모르타르 바름 순서

① 바탕 청소 → 바탕면 보수 → 우묵한 곳 살 보충하기 → 모서리 및 교차부 바르기 → 넓은 면 바르기의 순이다.
② 바탕 청소 → 보수 → 살붙임 바름 → 천장돌림, 벽돌림 → 천장, 벽면의 순이다.

08, 06, 04, 02, 95

007 시멘트 모르타르 3회 바르기의 순서

바탕 처리 → 물 축이기 → 초벌 바름 → 고름질 → 재벌 → 정벌의 순이다.

00, 99, 95

008 시멘트 모르타르의 바름 두께

단위 : mm

부위	바닥, 바깥벽	안벽	천장
바름 두께	24	18	15

13

009 미장 공사의 시공 순서

바탕 처리 → 초벌 바름 및 라스 먹임 → 고름질 → 재벌 바름 → 정벌 바름의 순이다.

11, 04

010 실내면의 미장 시공 순서

실내 3면의 미장 시공 순서는 천장 → 벽 → 바닥의 시공 순서로 공사한다.

15

011 미장 공사의 치장마무리 방법

① 시멘트 모르타르 ② 석고 플라스터
③ 인조석 바름 ④ 회반죽
⑤ 돌로마이트 플라스터

07

012 미장 공사시 결함 원인

① 구조적인 원인
㉠ 구조재의 수축, 팽창 및 변형
㉡ 하중 및 바름재의 두께의 적정성 부족
② 재료의 원인
㉠ 재료의 수축과 팽창
㉡ 재료의 배합비 불량
③ 바탕면의 원인
㉠ 바탕면 처리 불량
㉡ 이질재와의 접합부 처리 불량

16

013 미장 공사의 균열 방지 대책

① 구조적인 대책 : 설계하중 계산 시 과부하(바탕 구조체의 균열)가 걸리지 않도록 한다.
② 재료적인 대책 : 재료의 이상응결, 수화열에 의한 균열, 골재의 미립분, 골재의 품질 등을 고려하여야 한다. (철망 및 줄눈의 설치, 배합비와 혼화재를 사용)
③ 시공상 대책 : 재료의 배합을 충분히 하여 균열을 방지한다.
④ 시공 환경 대책 : 외부의 환경 요인(바람, 고온, 고습, 저온, 저습 등)에 의한 균열을 방지한다.

13

014 석고 보드의 특징과 시공 시 주의 사항

① 장점 : 방부성, 방충성 및 방화성이 있고, 팽창 및 수축의 변형이 작으며 단열성이 높다. 특히 가공이 쉽고 열전도율이 작으며, 난연성이 있고 유성 페인트로 마감할 수 있다.
② 단점 : 흡수로 인해 강도가 현저하게 저하한다.
③ 시공시 주의 사항 : 보드의 설치는 받음목 위에서 이음을 하고, 그 양쪽의 주위에는 10cm 내외로 평두못으로 고정하며, 기타 못을 박을 수 있는 띠장이나 샛기둥 등은 15cm 내외로 보드용 못을 사용한다.

01

015 석고보드의 이음새 시공 순서

바탕 처리 → 하도 → 테이프 붙이기 → 중도 → 상도 → 샌딩의 순이다.

06, 02

016 바탕 바름의 종류

① 콘크리트 바탕
② 조적(벽돌, 블록 등)바탕
③ 라스(메탈, 와이어)바탕
④ 석고보드 바탕

⑤ 목모 시멘트 및 목편 시멘트판 바탕
⑥ 외바탕
⑦ 졸대 바탕

09

017 바탕 처리와 덧먹임 서술

① 바탕 처리 : 요철 또는 변형이 심한 개소를 고르게 손질바름하여 마감 두께가 균등하게 되도록 조정하고 균열 등을 보수하는 것. 또는, 바탕면이 지나치게 평활할 때 거칠게 처리하고 바탕면의 이물질을 제거하여 미장바름의 부착이 양호하도록 표면을 처리하는 것.
② 덧먹임 : 바르기의 접합부 또는 균열의 틈새, 구멍 등에 반죽된 재료를 밀어 넣어 때워주는 것.

15, 14, 10, 05, 03

018 셀프레벨링재의 정의와 혼합 재료

① 셀프레벨링(self leveling)재 : 미장 재료 자체가 유동성을 갖고 있기 때문에 평탄하게 되는 성질이 있는 석고계(석고에 모래, 경화지연제, 유동화제 등 각종 혼화제를 혼합하여 자체 평탄성이 있는 것)와 시멘트계(시멘트에 모래, 분산제, 유동화제 등 각종 혼화제를 혼합하여 자체 평탄성이 있는 것으로 팽창재 등을 사용한다.) 등의 바닥 바름공사에 적용되는 미장재료이다.
② 혼합 재료 : ㉠ 경화지연제 ㉡ 유동화제 ㉢ 분산제 ㉣ 팽창재 ㉤ 모래 등

04

019 인조석 갈기의 정의

인조석 갈기는 보통 손갈기 또는 기계갈기를 3회 한다. 그리고 수산가루를 뿌려 닦아내고 왁스를 발라 광내기로 마무리를 한다.

12, 94

020 코너비드의 사용 목적과 위치

코너비드의 사용 목적은 미장면을 보호하기 위한 것으로, 기둥과 벽 등의 모서리에 설치한다.

09, 05, 04, 03, 02, 01, 00, 99, 98, 97, 96, 95, 94

021 회반죽

① 회반죽의 주요 재료
회반죽은 미장용 소석회, 모래, 해초풀, 여물 등을 주재료로 하여 콘크리트, 콘크리트 블록, 프리캐스트 콘크리트, 고압증기양생 경량기포 콘크리트 패널, 흙벽, 졸대 바탕 등의 벽면 또는 천장면에 흙손 바름 마감하는 공사에 사용한다. 또한, 혼화 재료에는 해초풀, 여물, 수염 등이 있다. 회반죽 마감 시 주의사항은 다음과 같다.
㉮ 바름작업 중에는 가능한 한 통풍을 피하는 것이 좋지만 초벌바름 및 고름질 후, 특히 정벌바름 후에는 적당히 환기하여 바름면이 서서히 건조되도록 한다.
㉯ 실내 온도가 5℃ 이하일 때에는 공사를 중단하거나, 난방을 하여 5℃ 이상으로 유지한다.
㉰ 정벌 바름 후 난방할 때에는 바름면이 오염되지 않도록 한다.
㉱ 실내를 밀폐하지 않고 가열과 동시에 환기하여 바름면이 서서히 건조되도록 한다.
② 회반죽 바름 시공 순서
바탕 처리 → 재료의 조정 및 반죽 → 수염 붙이기 → 초벌 바름 → 고름질 및 덧먹임 → 재벌 바름 → 정벌 바름의 순이다.
③ 해초풀의 역할
해초풀은 점성이 늘어나 바르기 쉽고, 물기를 유지하여 바름 후에 부착이 잘되는 역할을 한다.
④ 수염 : 졸대 바탕 등에 거리간격 20~30cm 마름모형으로 배치하여 못을 박아대고 초벌 바름과 재벌 바름에 각기 한 가닥씩 묻혀 발라 바름벽이 바탕에서 떨어지는 것을 방지하는 역할을 하

는 것으로, 충분히 건조되고 질긴 청마, 종려털 또는 마닐라 삼을 사용하며, 길이는 600mm(벽 쌤수염은 350mm) 정도의 것을 사용한다.

⑤ 소석회의 경화 : 소석회(석회암, 굴, 조개껍질 등을 하소하여 생석회를 만들고, 여기에 물을 가하면 발열하며 팽창, 붕괴되어 생성된다.)는 기경성(충분한 물이 있더라도 공기 중에서만 경화하고, 수중에서는 굳어지지 않는 성질)의 미장 재료이다.

CHAPTER 06 타일 공사

97

001 타일 선정 시 고려할 사항

① 치수, 색깔, 형상 등이 정확하여야 한다.
② 흡수율이 작아 동결 우려가 없어야 한다.
③ 용도에 적합한 타일을 선정하여야 한다.
④ 내마모성, 충격 및 시유를 한 것이어야 한다.

17, 16, 15, 14, 13, 12, 11, 10, 09, 08, 07, 05, 04, 03, 02, 01, 00, 98, 96, 94

002 벽타일 붙이기 공법

① 벽타일 붙이기 공법의 종류
떠붙이기 공법, 압착 붙이기 공법, 개량 압착 붙이기 공법, 판형 붙이기 공법, 접착 붙이기 공법, 동시 줄눈 붙이기 공법 및 모자이크 타일 붙이기 공법 등이 있고, 특성은 다음과 같다.

㉮ 벽타일 붙이기 공법 중 접착 붙이기 공법
㉠ 내장공사에 한하여 적용한다.
㉡ 바탕이 고르지 않을 때에는 접착제에 적절한 충전재를 혼합하여 바탕을 바른다.
㉢ 접착제 1회 바름 면적은 2㎡ 이하로 하고, 접착제용 흙손으로 눌러 바른다.

㉯ 타일의 떠붙이기 공법의 특징
타일의 떠붙이기 공법 시에는 타일 뒷면에 붙임 모르타르를 바르고 빈틈이 생기지 않게 바탕에 눌러 붙인다. 붙임 모르타르의 두께는 12~24mm를 표준으로 한다. 떠붙이기 공법의 장점은 다음과 같다.
㉠ 붙임 모르타르와 타일의 접착력이 비교적 좋다.
㉡ 타일의 박리가 적다.
㉢ 시공 관리가 매우 간편하다.

㉰ 타일의 압착 공법의 장점
타일의 압착 공법은 나무흙손으로 평탄하게 마무리된 바탕 모르타르 면에 1 : 1 붙임모르타르를 바르고, 나무망치로 두들기며 타일을 붙이는 방법으로 장점은 다음과 같다.
㉠ 타일의 이면에 공극이 적어 물의 침투를 방지할 수 있으므로 동해와 백화 현상이 적다.
㉡ 작업 속도가 빠르고 고능률적이다.
㉢ 시공 부자재가 상대적으로 저렴하다.

㉱ 개량압착 공법
개량압착 공법은 매끈하게 마무리된 모르타르 면에 바름 모르타르를 바르고, 타일 이면에도 모르타르를 얇게 발라 붙이는 공법이다.

② 벽 타일 붙이기 시공 순서
바탕 정리 → 타일 나누기 → 벽타일 붙이기 → 치장줄눈 → 보양의 순이다.

③ 바탕 처리 시 주의 사항
㉮ 모르타르를 두껍게 발라 바탕면에 붙여 대는 방법을 사용한다.
㉯ 콘크리트 또는 벽돌면이 심히 평탄치 않은 곳은 깎아내거나 살을 붙여 발라 평평하게 하고, 지나치게 평활한 면은 긁어 거칠게 하여 부착이 잘되게 한다.
㉰ 레이턴스, 회반죽, 모르타르, 흙, 먼지 등을 깨끗이 제거, 청소하여야 한다.
㉱ 모자이크 바탕면은 배수구가 있을 경우 물흘림 경사를 두고, 완전 평면으로 흙손자국이 없게

모르타르 바탕면을 한다.

㉲ 바탕면 결합부는 모두 정리하고 청소한 다음 적당히 물축이기를 한다.

16

003 자기질, 도기질 타일의 특성

(가) 자기질 타일

① 소성 온도(1,230~1,460℃)가 매우 높고, 흡수성(0~1%)이 매우 작다.

② 두드리면 금속음이 나고 양질의 도토 또는 장석분을 원료로 사용한다.

(나) 도기질 타일

① 소성 온도(1,100~1,230℃)가 낮고, 흡수성(10% 이상)이 약간 크다.

② 두드리면 탁음이 나고 유약을 사용한다.

13, 10, 08, 07, 06, 05

004 타일 공사 시 주의 사항

① 일반 사항 등

㉮ 타일의 접착력 시험은 600㎡당 한 장씩 한다.

㉯ 타일의 접착력 시험은 타일 시공 후 4주 이상일 때 한다.

㉰ 바닥면적 1㎡에 소요되는 모자이크 유니트형(30cm×30cm)의 정미량은 11.11매이다.

㉱ 한중공사 시 동해 및 급격한 온도 변화의 손상을 피하도록, 외기의 기온이 2℃ 이하일 때에는 타일의 작업장의 온도가 10℃ 이상이 되도록 보온 및 난방을 한다.

㉲ 타일을 붙인 후 3일간은 진동이나 보행을 금지한다.

㉳ 줄눈을 넣은 후 경화 불량 우려가 있거나 24시간 이내에 비가 올 우려가 있는 경우 폴리에틸렌 필름으로 차단보양한다.

㉴ 타일 붙이기에 적당한 모르타르 배합은 경질타일일 때 1 : 2이고, 연질타일일 때 1 : 3이며, 흡수성이 큰 타일일 때는 필요시 가수하여 사용한다.

② 오픈 타임의 서술

오픈 타임은 붙임 모르타르를 도포한 후 타일을 붙이기까지의 시간을 의미한다.

③ 타일 박락의 시공 후 검사 방법

㉮ 두들김 검사 ㉯ 인장 접착 검사

④ 타일 시공 공법 선정 시 고려해야 할 사항

㉮ 박리를 발생시키지 않는 공법일 것.

㉯ 백화 현상이 생기지 않을 것.

㉰ 마무리의 정확도가 좋을 것.

㉱ 타일에 균열이 생기지 않을 것.

⑤ 타일의 동해 방지 대책

㉮ 흡수율이 작은 소성 온도가 높은 타일(자기질, 석기질 타일)을 사용한다.

㉯ 접착용 모르타르의 배합비(시멘트 : 모래=1 : 1~2)를 정확히 하고, 혼화제(아크릴)를 사용한다.

㉰ 물의 침입을 방지하기 위하여 줄눈 모르타르에 방수제를 넣어 사용한다.

㉱ 사용 장소를 가능한 한 내부에 사용한다.

⑥ 타일의 줄눈 너비의 표준

(단위 : mm)

타일 구분	대형벽돌형(외부)	대형(내부 일반)	소형	모자이크
줄눈 너비	9	5~6	3	2

CHAPTER 07 금속 공사

14, 12, 08

001 익스펜션 볼트의 서술

익스펜션 볼트는 콘크리트 표면 등에 띠장, 문틀 등의 다른 부재를 고정하기 위하여 묻어두는 특수형의 볼트로서, 콘크리트 면에 뚫린 구멍에 볼트를 틀어박으면 그 끝이 벌어져 구멍 안쪽 면에 고정되도록 만든 볼트이다.

93

002 구리의 합금

① 황동은 동과 아연을 합금하여 강도가 크며, 내구성이 크다.
② 청동은 동과 주석을 합금하여 대기 중에서 내식성이 우수하다.

17, 16, 15, 14, 13, 12, 11, 10, 09
08, 07, 05, 00, 99, 98, 97, 96, 93

003 각종 금속 제품

① 와이어 메시 : 연강선을 직교시켜 전기용접한 철선의 망이다.
② 펀칭 메탈 : 얇은 철판에 각종 모양을 도려낸 장식용 철물이다.
③ 메탈 라스 : 얇은 철판에 자름금을 내어 당겨 늘린 것.
④ 와이어 라스 : 철선을 꼬아 만든 철망이다.
⑤ 논슬립 : 미끄럼을 방지하기 위하여 계단의 코 부분에 사용하며 놋쇠, 황동제 및 스테인리스 강재 등이 있고, 논슬립의 고정법에는 접착제 사용 공법, 나중 매입 공법 및 고정 매입 공법 등이 있다.
⑥ 익스펜션 볼트 : 콘크리트 표면 등에 띠장, 문틀 등의 다른 부재를 고정하기 위하여 묻어두는 특수형의 볼트로서, 콘크리트 면에 뚫린 구멍에 볼트를 틀어박으면 그 끝이 벌어져 구멍 안쪽면에 고정되도록 만든 볼트이다.
⑦ 도어 스톱 : 여닫이문이나 장치를 고정하는 철물로서 문을 열어 제자리에 머물러 있게 한다.
⑧ 래버터리 힌지 : 스프링 힌지의 일종으로 공중용 변소, 전화실 출입문 등에 사용하고, 저절로 닫히다 15 cm 정도 열려있어 표시기가 없어도 비어 있는 것을 알 수 있고, 사용 시 내부에서 꼭 닫아 잠그게 되어 있다.
⑨ 데크 플레이트 : 얇은 강판에 골 모양을 내어서 만든 재료로서 지붕이기, 벽널 및 콘크리트 바닥과 거푸집의 대용으로 사용한다.
⑩ 인서트 : 콘크리트 슬래브에 묻어 천장 달림재를 고정시키는 철물이다.
⑪ 듀벨 : 볼트와 함께 사용하는데 듀벨은 전단력에, 볼트는 인장력에 작용시켜 접합재 상호간의 변위를 막는 강한 이음을 얻기 위해 또는 목재의 접합에서 목재와 목재 사이에 끼워서 전단에 대한 저항 작용을 목적으로 한 철물에 사용한다. 큰 간사이의 구조, 포갬보 등에 쓰이고 파넣기식과 압입식이 있다.
⑫ 코너 비드 : 기둥 모서리 및 벽체 모서리면에 미장을 쉽게 하고 모서리를 보호할 목적으로 설치하며, 아연도금제와 황동제가 있다.
⑬ 조이너 : 텍스, 보드, 금속판, 합성수지판 등의 줄눈에 대어 붙이는 것으로서 아연 도금 철판제, 알루미늄제, 황동제 및 플라스틱제가 있다.
⑭ 페코 빔 : 보우 빔(철골 트러스와 유사한 가설보를 양측에 고정시키고 바닥 거푸집을 형성하는 무지주 공법의 거푸집)과 유사하나, 안 보에 의한 스팬의 조절이 가능한 무지주 공법의 거푸집이다.

04

004 개폐용 창호철물의 종류

① 피벗 힌지(지도리, 돌쩌귀)
② 플로어 힌지
③ 정첩(경첩)
④ 래버터리 힌지
⑤ 도어 클로우저
⑥ 도어 행어 등

16, 09, 08, 06

005 철골의 내화 피복 공법

① 습식 공법 : 타설 공법, 뿜칠 공법, 미장 공법 및 조적 공법 등
② 건식 공법
③ 합성 공법 : 이종재료 적층공법, 이질재료 접합공법 등
④ 복합 공법

(09)

006 철골의 녹막이 칠을 하지 않는 부분

① 콘크리트에 묻히는 부분
② 서로 밀착되는 부재면
③ 현장 용접부에서 50mm 이내의 부분

(08)

007 각종 재료의 특성

① **암면** : 암석으로부터 인공적으로 만들어진 내열성이 높은 광물섬유를 이용해서 만든 것으로 내화성이 우수하고, 가벼우며, 단열성이 뛰어난 재료이다.
② **경질우레탄폼** : 보드형과 현장 발포형으로 나누어지고, 발포에 프레온 가스를 사용하기 때문에 열전도율이 낮은 것이 특성이다.
③ **유리면** : 결로수가 부착되면 단열성이 저하되므로 방습성이 있는 비닐로 감싸서 사용한다.
④ **세라믹 파이버** : 1,000℃ 이상의 고온에서도 잘 견디며, 철골 내화피복에 많이 사용된다.

CHAPTER 08 합성수지 공사

(02, 00, 97, 96, 95)

001 비닐계 수지 바닥재의 종류

구분	유지계	아스팔트계	고무계	비닐 수지계
바닥재	리놀륨, 리노 타일	명색계 쿠마론 인덴수지 타일	시트	비닐 타일

(07, 06, 04, 99, 98)

002 리놀륨 깔기의 순서

바탕 정리 → 깔기 계획 → 임시 깔기 → 정깔기 → 마무리 및 보양의 순이다.

(12, 06, 05, 04)

003 바닥플라스틱제 타일 붙이기 순서

콘크리트 바탕 마무리 → 콘크리트 바탕 건조 → 프라이머 도포 → 먹줄치기 → 접착제의 도포 → 타일 붙이기 → 타일면의 청소 → 타일면 왁스 먹임의 순이다.

(00, 98, 93)

004 실내 바닥 마무리 공법의 종류

① **바름 마무리** : 미장 재료를 사용하여 마무리하는 방법이다.
② **붙임 마무리** : 바닥 재료를 붙여서 마무리하는 방법이다.
③ **깔기 마무리** : 바닥 재료를 깔아서 마무리하는 방법이다.

(02, 97)

005 바닥재의 용어

① **다다미** : 볏짚의 밑자리 위에 돗자리를 씌우고, 천으로 옆면에 선을 둘러 댄 것이다.
② **돗자리** : 왕골이나 갈포 등의 식물 섬유로 엮어 만든, 무늬가 있는 자리류이다.
③ **목모 시멘트판** : 목재를 얇은 오리로 만들어 액진을 제거한 후 시멘트로 교착, 압축 성형한 판이다.
④ **붙박이창** : 반침, 벽장 등을 고정하여 가구적으로 치장하여 꾸민 고정식 창이다.

(14)

006 시트 방수 공사 순서

바탕 처리 → 프라이머 칠 → 접착제 칠 → 시트 붙이기 → 마무리의 순이다.

(13)

007 싱크대 멜라민 수지 사용의 장점

멜라민 수지는 무색투명하여 착색이 자유로우며 빨리 굳고, 내수, 내약품성, 내용제성이 뛰어나며, 내열성(120~150℃), 기계적 강도, 전기적 성질 및 내노화성도 우수하다.

(02)

008 합성수지의 성질

합성수지의 비중은 0.9~1.5이고, 인장 강도는 300~900kg/㎠, 압축 강도는 700~2,400kg/㎠이며, 가시광선의 투과율에 대하여 아크릴 수지는 91~92%, 비닐수지는 89% 정도이다.

(17, 15, 14, 13, 12, 11, 10, 08, 07, 06, 04, 02, 01, 00, 97)

009 열가소성 및 열경화성 수지의 종류

구분	종류
열경화성 수지	페놀(베이클라이트, 석탄산) 수지, 프란 수지, 요소 수지, 멜라민 수지, 폴리에스테르 수지(알키드 수지, 불포화 폴리에스테르 수지), 실리콘 수지, 에폭시 수지, 폴리우레탄 수지 등
열가소성 수지	염화비닐 수지, 폴리에틸렌 수지, 폴리프로필렌 수지, 폴리스티렌 수지(스티롤 수지), ABS 수지, 아크릴산 수지, 메타아크릴산 수지, 불소 수지, 폴리아미드 수지, 폴리카보네이드 수지, 아세트산비닐 수지
섬유소계 수지	셀룰로이드, 아세트산 섬유소 수지

(01, 98)

010 플라스틱 제품의 장 · 단점

① 장점

㉮ 비중이 0.9~2.0 정도로서 목재보다 무거우나, 강이나 콘크리트보다는 가벼운 재료로 경량에 강인하다.

㉯ 저온에서 가공 · 성형이 가능하고, 정확히 가공할 수 있으며 방적이 가능하므로 우수한 가공성과 가방성이 있다.

㉰ 내수성, 내투습성, 내약품성 등이 우수하다.

㉱ 착색이 자유롭고, 투명성이 높다.

㉲ 접착성, 전기적 특성(전기 절연성이 높다.)이 있다.

② 단점

㉮ 구조재료로서의 압축강도 이외의 강도 및 탄성계수가 작다.

㉯ 내열성, 내후성이 약하다.

㉰ 열에 의한 팽창, 수축이 크고, 내마모성과 표면강도가 약하다.

(12)

011 투수계수에 따른 방수성

투수계수에 따른 방수성은 물시멘트비가 클수록, 시멘트 경화제의 수화속도가 클수록 방수성은 저하되고, 단위 시멘트량이 많을수록, 굵은 골재의 최대치수가 클수록 방수성은 증대된다.

(05, 02)

012 플라스틱 시공 시 주의 사항

① 강도 · 탄성 · 기타 성능의 특성을 고려하여야 한다.

② 열가소성 수지의 온도 상승에 따른 연화를 고려하여야 한다.

③ 플라스틱재에 절단 · 구멍뚫기 · 가위질 등의 급격한 힘을 가하면 노치효과 때문에 갈램금이 생긴다.

④ 온도의 저하로 취성이 되고, 플라스틱재는 열팽창 계수가 크다.

17

013 합성수지 접착제의 종류

① 요소수지 접착제
② 페놀수지 접착제
③ 레졸수지 접착제
④ 멜라민수지 접착제
⑤ 에폭시수지 접착제
⑥ 폴리우레탄수지 접착제
⑦ 푸란수지 접착제
⑧ 규소수지 접착제
⑨ 아세트산비닐수지 접착제
⑩ 니트릴고무 접착제
⑪ 네오프렌 접착제 등이 있다.

CHAPTER 09 도장 공사

11

001 도료의 종류

① 수지계 도료 : 셀락 바니시
② 합성수지 도료 : 페놀수지 도료, 멜라민수지 도료, 염화비닐수지 도료, 셀락 니스, 속건 니스
③ 고무계 도료 : 염화고무 도료
④ 유성 도료 : 건성유, 조합페인트, 알루미늄 도료
⑤ 섬유계 도료 : 니트로 셀룰로오스, 래커, 보드래커 등

12, 05

002 안료의 조건

① 무수용성, 내수성 및 내알칼리성이 있어야 한다.
② 태양광선 또는 100℃ 이하에서는 변질되지 않아야 한다.
③ 퇴색하지 않으며 안정되고 미세분말일수록 좋다.
④ 물, 기름, 기타 용제에 녹지 않아야 한다.
⑤ 밝기, 색상 및 은폐력이 좋아야 하고, 전색제와 반응성이 좋아야 한다.

11, 04, 97, 96, 94

003 도장 재료의 구성

㈎ 안료 : 아연화
㈏ 건조제 : 리사지
㈐ 용제 : 아마인유
㈑ 신전(희석)제 : 테레빈유

14, 08

004 도장 공사의 일반 사항

① 도료의 배합 비율 및 시너의 희석 비율은 질량비로 표시한다.
② 도장의 표준량은 평평한 면의 단위 면적에 도장하는 재료의 양이고, 실제 사용량은 도장하는 바탕면의 상태 및 도장 재료의 손실 등을 참작하여 여분을 생각해 두어야 한다.
③ 롤러 도장은 붓 도장보다 도장 속도가 빠르다. 그러나 붓 도장과 같이 일정한 두께를 유지하기가 매우 어려우므로 표면이 거칠거나 불규칙한 부분에는 특히 주의를 요한다.

93

005 도장 공정의 순서

바탕 처리 → 고름질 및 퍼티 → 물갈기 또는 연마지 문지르기 → 초벌 바름 → 중벌 바름 → 정벌 바름 → 왁스 갈기의 순이다.

(92)

006 목부 바탕 만들기

오염 및 부착물 제거 → 송진 처리 → 연마지 닦기 → 옹이땜 → 구멍땜의 순이다.

(13, 12, 08)

007 금속재의 도장 바탕처리 방법 중 화학적 방법

① 용제에 의한 방법
② 알칼리에 의한 방법
③ 산처리에 의한 방법
④ 인산피막법에 의한 방법

(17, 16, 12, 95)

008 녹막이 도료의 종류

① 연단 도료
② 함연 방청 도료
③ 방청 산화철 도료
④ 규산염 도료
⑤ 크롬산아연 도료(징크메이트 도료, 알루미늄 초벌용 녹막이 도료)
⑥ 워시(에칭)프라이머
⑦ 역청질 도료
⑧ 아연 분말 도료
⑨ 알루미늄 도료 등이 있다.

(98)

009 바니시의 용어

바니시는 천연수지와 휘발성 용제를 섞어 투명 담백한 막으로 되고, 기름이 산화되어 래커 바니시, 휘발성 바니시, 기름 바니시로 나눈다.

(16, 15, 10, 08, 07, 06, 00)

010 목재면 바니시칠 공정 순서

바탕 처리 → 눈먹임 → 색올림 → 왁스문지름의 순이다.

(15, 12)

011 비닐 페인트의 시공 과정

석고 보드에 대한 면의 정화(표면정리 및 이어붙임)를 한다. → 이음매 부분에 대한 조인트 테이프를 붙인다. → 조인트 테이프 위에 퍼티 작업을 한다. → 샌딩 작업을 한다. → 비닐 페인트를 도장한다의 순이다.

(05, 03, 96, 94)

012 스티플칠의 서술

스티플칠은 도료의 묽기를 이용하여 각종의 기구(솜뭉치, 주걱, 빗, 솔 등)를 사용하여 바른 면에 요철무늬를 돋치고 다소 입체감을 낸 마무리로서, 주로 벽에 사용한다. 그 무늬의 명칭은 두드림칠, 솔자국칠, 긁어내기칠 등이 있다.

(02)

013 스테인칠의 장점

① 도료의 작용으로 표면이 보호되고 내구성이 증대된다.
② 도장 작업이 매우 용이하다.
③ 착색이 자유롭다.

(00, 95)

014 뿜칠 공사의 일반 사항

페인트 공사의 뿜칠에는 도장용 스프레이건을 사용하며, 노즐 구경은 1.0~1.2mm가 있고, 뿜칠의 공기 압력은 2~4kg/㎠ 표준, 뿜칠 거리는 30cm를 표준으로 한다.

17, 16, 10, 01, 96, 94

015 뿜칠의 스프레이건 사용 시 주의사항

① 뿜칠은 보통 30cm 거리에서 항상 평행 이동하면서 칠면에 직각으로 속도가 일정하게 이행해야 큰 면적을 균등하게 도장할 수 있다.
② 건(gun)의 연행(각 회의 뿜도장) 방향은 제1회 때와 제2회 때를 서로 직교하게 진행시켜서 뿜칠을 해야 한다.
③ 뿜칠은 도막두께를 일정하게 유지하기 위해 1/2~1/3 정도 겹치도록 순차적으로 이행한다.
④ 매 회의 에어스프레이는 붓 도장과 동등한 정도의 두께로 하고, 2회분의 도막 두께를 한 번에 도장하지 않는다.

17, 02, 97, 96, 94

016 수성 도료의 장점

① 속건성이므로 작업의 단축이 가능하다.
② 내수, 내후성이 좋아 햇볕과 빗물에 강하다.
③ 내알칼리성이므로 콘크리트, 모르타르 및 회반죽 면에 밀착이 우수하다.
④ 용제형 도료에 비해 냄새가 없어 안전하고 위생적이다.

13, 10

017 수성페인트의 칠공법 순서

바탕 만들기 → 바탕 누름(된반죽 퍼티로 땜질) → 초벌 바르기 → 연마(사포)질 → 정벌 바르기의 순이다.

07, 02, 95, 92

018 유성 페인트의 구성 요소와 종류

유성 페인트는 안료, 보일드유[건성유(아마인유, 대두유, 들기름, 등유, 콩기름 등)+건조제] 및 희석(신전)제 등으로 구성되고, 건물의 내외부에 널리 사용하며 내후성, 내마모성이 좋고, 건조가 늦으며 내약품성이 떨어지는 도료이다. 유성 페인트의 종류는 다음과 같다.

① 된비빔 페인트 : 보일유(건성유+건조제)의 배합량이 적은 상태의 페인트로서, 사용할 때 현장에서 보일유, 희석액 등을 혼합하여 사용한다.
② 조합(용해)페인트 : 보일유를 배합하여 현장에서 그대로 도장할 수 있도록 한 페인트로 솔질하기가 좋고, 1회 바름 두께가 두꺼워 건조 속도가 느리다.
③ 무광택 조합 페인트 : 안료분이 많을수록 도막의 광채가 적고, 체질 안료의 사용량이 많으므로 내후성이 떨어져 외부에는 사용하지 않는 도료이다.
④ 목부 초벌바름용 조합 페인트 : 바탕의 목재에 침입, 부착력을 충분히 하여 정벌바름 도료의 흡입을 방지하고 건조를 빠르게 하기 위해 안료분을 많이 사용하고 아연화, 연백을 포함한다.

99, 93

019 합성수지 도료와 유성 페인트의 비교

합성수지 도료(합성수지를 주체로 하는 도료)가 유성 페인트보다 우수한 점은 다음과 같다.

① 건조시간이 빠르고 도막이 단단하다.
② 도막은 인화할 염려가 없어서 더욱 방화성이 있다.
③ 내산, 내알칼리성이 있어 콘크리트나 플라스터 면에 바를 수 있다.
④ 투명한 합성수지를 사용하면 더욱 선명한 색을 얻을 수 있다.

01, 99, 95

020 도장 재료의 성질

① 철제에 도장할 때에는 바탕에 광명단을(를) 도포한다.
② 합성수지 에멀션 페인트는 건조가 빠르다.
③ 알루미늄 페인트는 광선 및 열반사력이 강하다.
④ 에나멜 페인트는 주로 금속면에 이용되는 광택이 잘 난다.

00, 99, 98

021 도장 공법

① 솔칠: 가장 일반적인 칠 방법이나 건조가 빠른 래커에는 부적합하다.
② 롤러칠: 벽, 천장 등의 평활한 면에 유리하나, 구석 등의 좁은 장소에는 불리하다.
③ 문지름칠: 평활하고 윤기있는 도장에 적합하다.
④ 뿜칠: 초기 건조성이 좋은 래커 칠에 이용되며, 작업능률이 좋아 래커 이외의 칠에도 많이 사용된다.

17

022 도료 부착의 저해 요인

도료 부착의 저해 요인에는 유지분(기름기), 수분(물기), 진, 녹 등이 있다.

00

023 도장 공사 시 초벌 완전 건조 후 재벌을 하는 이유

초벌 후 건조 수축에 의한 주름이 발생하는 것을 방지하기 위함이다.

04

024 도장 공사의 중지 조건

① 눈, 비가 오는 경우와 안개가 끼었을 때
② 기온이 5℃ 이하인 경우
③ 습도가 85% 이상인 경우

06, 04, 96

025 방화칠의 종류

방화도료는 가연성 물질에 도장하여 인화, 연소를 방지 또는 지연시킬 목적으로 사용하는 도료로서, 비발포성(불연성 및 난연성)도료와 발포성 도료, 규산소다 도료, 붕산카세인 도료 및 합성수지 도료(요소, 비닐, 염화파라핀 등)등이 있다.

13, 11, 09, 07

026 칠면적 산정

구분		소요면적 계산	비고
목재면	양판문 (양면도장)	(안목면적) × (3.0~4.0)	문틀, 문선 포함
	유리양판문 (양면도장)	(안목면적) × (2.5~3.0)	문틀, 문선 포함
	플러시문 (양면도장)	(안목면적) × (2.7~3.0)	문틀, 문선 포함
	오르내리창 (양면도장)	(안목면적) × (2.5~3.0)	문틀, 문선 창선반 포함
	미서기창 (양면도장)	(안목면적) × (1.1~1.7)	문틀, 문선 창선반 포함
철재면	철문 (양면도장)	(안목면적) × (2.4~2.6)	문틀, 문선 포함
	새시 (양면도장)	(안목면적) × (1.6~2.0)	문틀, 창선반 포함
	셔터 (양면도장)	(안목면적) × (2.6)	박스 포함
징두리판벽, 두겁대, 걸레받이		(바탕면적) × (1.5~2.5)	
비늘판		(표면적) × (1.2)	
철격자 (양면도장)		(안목면적) × (0.7)	
철제계단 (양면도장)		(경사면적) × (3.0~5.0)	
파이프난간 (양면도장)		(높이×길이) × (0.5~1.0)	

기와가락잇기(외쪽면) 큰골함석지붕(외쪽면) 작은골함석지붕(외쪽면)		(지붕면적) × (1.2) (지붕면적) × (1.2) (지붕면적) × (1.33)	
철골 표면적	보통구조 큰부재가 많은 구조 작은부재가 많은 구조	33~50 m^2/t 23~26.4 m^2/t 55~66 m^2/t	

CHAPTER 10 내장 및 기타공사

02, 94

001 기능적인 벽지

① **오염의 방지** : 벽지에 오염이 잘 되지 않아야 한다.
② **방화 성능 향상** : 방화 성능을 가져야 한다.
③ **방균 성능 향상** : 균에 의한 오염이 없어야 한다.

97

002 도배 공구

① 귀얄 : 풀 귀얄, 마무리 귀얄 등
② 칼 : 커터, 도련칼, 마무리칼 등
③ 주걱 : 쇠주걱, 대주걱, 실패주걱 등
④ 기타 : 도련자, 도련판, 분출통, 발판, 풀주머니, 거품기, 망치, 드라이버, 가위, 줄자 등

00

003 도배 시의 작업 온도

도배지의 평상시 보관 온도는 **4℃ 이하**이어야 하고, 시공 전 **72시간 전부터는 5℃를 유지**하여야 하며, 시공 후 **48시간까지는 16℃ 이상의 온도**를 유지하여야 한다.

07

004 S.G.P 경량칸막이의 특징

S.G.P 경량칸막이(철판과 석고 보드의 2중 구조로 된 칸막이)의 특징은 다음과 같다.

① **내화성과 방음 효과**가 있다.
② 표면이 조형성을 갖고 있으므로 **외장 마감이 필요 없다.**
③ **조립과 해체가 쉽고** 해체한 후 재사용이 가능하므로 매우 **경제적이다.**

10

005 봉투 바름, 온통 바름 서술

① **봉투 바름** : 도배지 주위에만 풀칠을 하고 중앙 부분은 풀칠을 하지 않으며 종이에 주름이 생길 때에는 위에서 물을 뿜어둔다.
② **온통 바름** : 도배지의 모든 부분에 풀칠을 하는 바름법으로, 흡수하면 갓둘레가 늘어날 우려가 있으며, 중앙 부분부터 주변 부분으로 순차적으로 풀칠하는 방식의 바름이다.

04, 01

006 블라인드의 종류

① **롤 블라인드** : 단순하고 깔끔한 느낌을 주며 창 이외에 칸막이 스크린으로도 효과적으로 사용할 수 있는 것으로 쉐이드(shade)라고도 불리는 것이다.
② **로만 블라인드**
③ **베니션(수직 및 수평)블라인드** : 간단하게 치거나 걷을 수 있으며, 각도 조절로 직사 일광의 차단 및 채광량을 늘릴 수 있는 블라인드이다.

11, 06, 04

007 액세스 플로어(Free access floor)의 서술

액세스 플로어는 배관이나 배선이 많은 기계실, 전산실 및 특수 목적 강당 등의 바닥에 주로 사용하는 바닥 재료이다.

17, 05, 01, 99, 96

008 장판지 붙이기 시공 순서

바탕 처리 → 초배 → 재배 → 장판지 붙이기 → 걸레받이 → 마무리 및 보양의 순이다.

11, 07

009 카펫 파일의 종류

① 루프(loop, 고리)형태 ② 커트 형태
③ 복합형(루프형과 커트 형태의 복합형)

95

010 카펫 깔기의 공법

① 그리퍼 공법 : 가장 일반적인 공법으로, 목재 그리퍼를 주변의 바닥에 설치하여 카펫을 고정하는 방식이다. 바닥에 요철이 없도록 키커를 사용하여 팽팽하게 카펫을 당겨 고정한다.
② 붙임(직접 붙임)공법 : 바닥의 전체 면적에 직접 접착제를 도포하여 카펫을 고정하는 방법이다.
③ 깔기 공법 : 카펫(고급 카펫, 러그 등)을 깔기 위한 공법으로 바닥을 모르타르 마감을 한다.
④ 못박기 공법 : 벽의 주변을 따라 못을 박아 카펫을 고정하는 방법이다.

02

011 카펫 타일의 시공법

① 방의 구석(모서리)부분과 출입구 부분에는 카펫의 조각 등을 사용하지 않도록 한다.
② 타일의 교체가 가능하도록 하고, 소량의 접착제를 사용한다.
③ 카펫의 접착은 분할선을 따라 중앙부분에서 주변부로 붙이기 시작하고, 자르는 경우에는 절단이 용이하도록 뒷면부터 절단한다.

00, 97

012 커튼 선택 시 유의 사항

① 천의 재질, 특성 및 의장성에 유의하여야 한다.
② 방염 처리 : 화재 시 안전을 위하여 방염 처리가 되었는지를 확인하여야 한다.
③ 천의 취급 : 세탁 후 변형, 변색이 없어야 한다.

06, 04

013 폴리퍼티의 서술

불포화 폴리에스테르의 경량 퍼티로서 건조성, 후도막성, 작업(시공)성이 우수하고, 기포가 거의 없어 작업 공정을 단순화할 수 있으며, 금속 표면을 도장하는 경우, 바탕 퍼티 작업에 주로 사용되는 퍼티이다.

05

014 T바 시스템의 장점

홈이 있는 경량철골 천장정틀 위에 천장판을 얹는 형식으로 시공되며, 천장판 사이에 T바 경량철골이 보이기 때문에 비교적 구분이 쉽고 천장 교체 및 내부 수리 등이 손쉽고 간편하다.

(17, 02, 93)

015 목재 반자틀의 시공 순서

달대받이 → 달대 → 반자틀받이 → 반자틀 → 반자돌림대의 순이다.

(03)

016 천장판 붙임 재료

① 합판 ② 섬유판(텍스)
③ 석고판 ④ 목모 시멘트판
⑤ 석면판, 금속판, 합성수지판 등

(16)

017 경량철골 천장틀 설치 순서

앵커 설치 → 달대 설치 → 천장틀 설치 → 텍스 붙이기의 순이다.

(06)

018 공사장 폐자재 처리 시 유의 사항

① 폐자재(종이, 플라스틱, 유리, 금속 등)를 분리 배출 및 처리할 수 있도록 컨테이너, 자루 등을 현장에 배치한다.
② 폐자재 배출 시 덮개를 씌워 먼지의 비산과 공기의 오염을 방지하여야 한다.
③ 사전에 공정 계획을 철저히 하여 불필요한 자재의 손실을 방지한다.
④ 경제성을 고려하여 폐자재의 재활용이 가능하도록 한다.

(17, 00, 93)

019 단열재의 조건

단열재는 열을 차단할 수 있는 성능을 가진 재료로서 열전도율이 0.05kcal/mh℃ 내외의 값을 갖는 재료이다.

① 열전도율이 작고, 단열 효과가 우수할 것.
② 방화성, 방수성, 방습성, 내화성 및 내열성이 우수할 것.
③ 유독가스, 연기가 발생하지 않을 것.
④ 변형 또는 변질이 적고, 어느 정도의 기계적 강도가 있어야 한다.
⑤ 흡수율 및 비중이 작아야 하고, 기포가 커야 한다.

(14, 10, 08)

020 멤브레인(membrane) 방수의 종류

멤브레인 방수는 구조물의 외부(지붕, 차양, 발코니, 외벽, 수조 등)에 피막상의 방수층으로 전면을 덮는 방수 공법으로, 아스팔트 방수, 시트 방수(개량 아스팔트 시트 방수, 합성고분자 시트 방수 등), 도막 방수 등이 있다.

(07, 04, 99, 96, 94)

021 합성수지 접착제

① 합성수지 접착제의 특성
㉮ 페놀수지 접착제 : 용제형과 에멀션형이 있으며, 요소, 멜라민, 초산비닐을 중합시킨 것도 있다. 가연·가압에 의해 두꺼운 합판을 쉽게 접합할 수 있으며, 목재, 금속재, 유리에도 사용된다.
㉯ 멜라민수지 접착제 : 요소수지와 같이 열경화성 접착제로 내수성이 우수하여 내수합판에 사용되나, 금속, 고무, 유리 등에는 사용하지 않는다.
㉰ 에폭시수지 접착제 : 기본 접착성이 크며, 내수성, 내약품성, 전기절연성이 모두 우수한 만능형 접착제로 금속, 플라스틱, 도자기 접착에

쓰인다.

㉱ 네오프렌 : 내수성, 내화학성이 우수한 고무계 접착제로 고무, 금속, 가죽, 유리 등의 접착에 사용되며, 석유계 용제에도 녹지 않는다.

② 합성수지 접착제의 접착력 비교
에폭시수지 접착제 → 초산비닐수지 접착제 → 에스테르수지 접착제 → 멜라민수지 접착제 → 요소수지 접착제의 순이다.

16, 14

022 흡음 재료의 종류

흡음 재료는 음향을 조절하기 위하여 가공된 판으로 흡음률이 0.3 이상인 재료로서, 암면, 유리면, 어코스틱 텍스, 어코스틱 타일, 목재 루버, 코펜하겐 리브, 구멍 합판, 석고 보드, 석면 시멘트판, 목모 시멘트판, 석고판, 석면판, 섬유판, 알루미늄판, 하드보드판 등이 있다.

16, 12, 09

023 경량기포 콘크리트의 정의와 특성

원료(생석회, 시멘트, 규사, 규석, 플라이애시, 알루미늄 분말 등)를 오토클레이브에 고압, 고온 증기 양생한 기포 콘크리트로서 경량(0.5~0.6), 단열성(열전도율이 콘크리트의 1/10정도), 불연 · 내화성, 흡음 · 차음성, 내구성 및 시공성이 우수하나, 강도와 건조 수축 및 균열은 작다. 특히, 흡습성이 크다.

11, 09, 92

024 골재의 함수상태

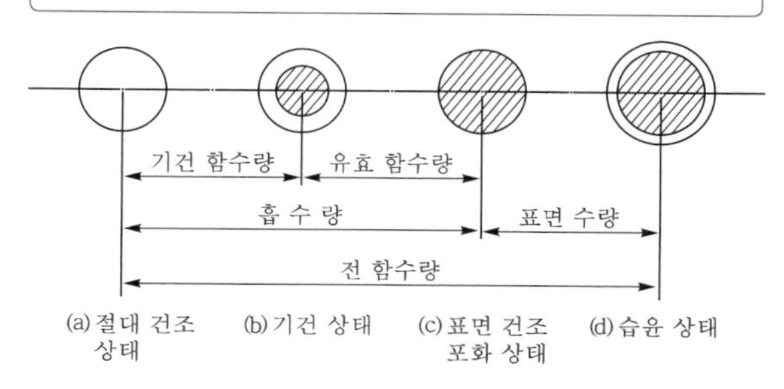

PART 02 적산

CHAPTER 01 총론

15, 10, 07

001 공사비의 구성

총 공사비= 총원가+부가 이윤
= 공사 원가+일반관리비 부담금+부가 이윤
= 순 공사비+현장 경비+일반관리비 부담금+부가 이윤
= 간접 공사비(공통 경비)+직접 공사비(재료비+노무비+외주비+경비)+현장 경비+일반관리비 부담금+부가 이윤

17, 16, 13, 11, 09, 07, 02

002 재료의 할증률

재료별	할증률(%)	재료별	할증률(%)
원형 철근	5	타일-클링커	3
이형 철근	3	유리	1
일반 볼트	5	도료	2
고장력 볼트(H.T.B)	3	타일-모자이크	3
강판	10	타일-도기	3
강관	5	타일-자기	3
대형 형강	7	블록-시멘트 블록	4
소형 형강, 봉강, 평강, 대강, 경향 형강, 각 파이프	5	블록-경재 블록	3
		블록-호안 블록	5
리벳(제품)-스테인리스 강관, 동관	5	기와	5
		슬레이트	3
옥외 전선	3	원석(마름돌용)	30
목재-각재	5	석재판-정형돌	10
목재-판재	10	붙임용 석재-부정형돌	30
졸대	20	레디 믹스 콘크리트	
합판-일반용 합판	3	- 무근 구조물	2
수장용 합판	5	철근, 철골 구조물	1
시스판	8	덕트용 금속판	28
텍스, 석고보드, 코르크판	5	위생기구(도자기류)	2
타일-아스팔드	5	시멘트 벽돌	5
타일-리놀륨	5	붉은 벽돌	3
타일-비닐	5	내화 벽돌	3
타일-비닐 텍스	5	자갈	5
시멘트	2	콘크리트	3
모래	10		

10, 05

003 적산과 견적의 정의

적산은 공사에 필요한 재료 및 수량 즉, 공사량을 산출하는 기술 활동이고, 견적은 공사량에 단가를 곱하여 공사비를 산출하는 기술 활동이다.

00

004 적산 요령

적산을 한층 더 효율적으로 산정하기 위한 방법으로 시공 순서대로 산정, 내부에서 외부로 산정, 수평에서 수직으로 산정, 부분에서 전체로 산정한다.

CHAPTER 02
가설 공사

17, 16, 15, 14, 12, 11, 10, 09, 02
01, 00, 99, 98, 97, 96, 94

001 비계 면적의 산출

① 내부 비계의 면적 : 내부 비계의 비계 면적은 연면적의 90%로 하고, 손료는 외부 비계 3개월까지의 손율을 적용함을 원칙으로 한다.

② 외부 비계의 면적

종별	쌍줄 비계	겹 비계 · 외줄 비계
목조	벽 중심선에서 90cm 거리의 지면에서 건물 높이까지의 외주 면적	벽 중심선에서 45cm 거리의 지면에서 건물 높이까지의 외주 면적
철근 콘크리드조 및 철골조	벽 외면에서 90cm 거리의 지면에서 건물 높이까지의 외주 면적	벽 외면에서 45cm 거리의 지면에서 건물 높이까지의 외주 면적
비계 면적 산정식	$A = H(\ell + 7.2)$	$A = H(\ell + 3.6)$
	여기서, A : 비계 면적, H : 건물의 높이, ℓ : 비계 외주 길이	

CHAPTER 03
조적 공사

16, 13, 12, 09, 07, 06, 05, 04, 03, 02
00, 99, 97, 96, 95, 94, 92

001 벽돌 및 모르타르량의 산출

① 벽돌량의 산출

구분	0.5B	1.0B	1.5B	2.0B
기본형	65	130	195	260
표준형	75	149	224	298

* 벽돌의 정미량과 반입 수량(소요량에 할증률을 포함한 량)을 구분하여야 한다.

② 모르타르량의 산출

벽돌 쌓기의 재료 및 품 (단위: 1,000장당)

벽돌형	구분	모르타르(m³)	세멘트(kg)	모래(m³)
표준형	0.5B	0.25	129.5	0.279
	1.0B	0.33	167.5	0.361
	1.5B	0.35	179.8	0.388
	2.0B	0.36	186.2	0.402
	2.5B	0.37	189.7	0.409
	3.0B	0.38	192.3	0.415
기존형	0.5B	0.30	153	0.33
	1.0B	0.37	188.7	0.407
	1.5B	0.40	204	0.44
	2.0B	0.42	214.2	0.462
	2.5B	0.44	224.4	0.484
	3.0B	0.45	229.5	0.495

① 벽 높이가 3.6~7.2m일 때에는 품을 20%, 7.2m 이상일 때에는 품을 30% 가산할 수 있다.

② 본 표는 돌돌 10,000장 이상일 때를 기준으로 한 것이며, 5,000장 미만일 때에는 품을 15%, 5,000장 이상 10,000장 미만일 때에는 품을 10% 가산한다.

③ 벽돌 소운반 및 모르타르 비빔공은 별도로 계산한다.

④ 본 품은 모르타르의 할증률 및 모르타르 소운반 품이 포함된 것이다.

⑤ 모르타르의 배합비는 1 : 3이다.

(17)

002 벽돌 운반 품

인부 수=총 운반량÷1일 1인 총 운반량
=총 운반량÷(1회 운반량×1일 작업시간 당 왕복 횟수)
=총 운반량÷(1회 운반량×1일 작업시간÷1회 총 운반시간)
=총 운반량÷{1회 운반량×1일 작업시간÷(1회 순 운반시간+1회 상 · 하차 시간)}
=총 운반량÷{1회 운반량×1일 작업시간÷(1회 순 운반시간+1회 상 · 하차 시간)}
=총 운반량÷[(질통 용량÷벽돌 1장의 무게)×1일 작업시간÷{(1회 왕복거리÷보행 속도)+1회 상 · 하차 시간}]이다.

003 블록의 정미량 산정

구분	치수	블록(매)	비고
기본형	390×190×(190, 150, 100)	13	줄눈나비 10mm임
장려형	290×190×(190, 150, 100)	17	

여기서, 기본형인 블록을 쌓기 면적 1㎡에 들어가는 정미수량으로 계산하면 다음과 같다.

블록정미량(매)= $\frac{1m \times 1m}{(0.39+0.01)\times(0.19+0.01)}$ = 12.5매이다.

CHAPTER 04 목 공사

(11, 93)

001 목 공사의 단면치수 표기법

목재의 단면을 표시하는 치수는 구조재, 수장재 나무는 제재 치수로 하고, 창호재, 가구재의 단면 치수는 마무리 치수로 한다.

(17, 11, 02, 01, 00, 99, 98, 95)

002 목재량의 산출

① 목재량의 산출시 1부재의 목재량은 단면적×부재의 길이(겹치는 부분도 포함)이다.

② 각재의 양=각재의 부피×개수=각재의 가로×세로×높이×개수이다.

③ 판재의 양=판재의 부피×개수=판재의 가로×세로×두께×개수이다.

④ 1사이(才)
=1치×1치×12자
=3.03cm×3.03cm×(30.3cm×12)이다.

(02, 00)

003 통나무의 재적 산출

① m제의 경우

㉠ $V=D_2 \times L \times \frac{1}{10,000}$ (㎥) (길이 6m 미만일 때)

㉡ $V = \left(D+\frac{L'-4}{2}\right)2 \times L \times \frac{1}{10,000}$ (㎥) (길이 6m 이상일 때)

여기서, D: 통나무의 말구 지름(㎝)
L : 통나무의 길이(m)
L': 통나무의 길이로서 1m 이만 끝수를 끊어 버린 것

② 척(尺)제의 경우

㉠ $V=D_2 \times L \times \frac{1}{12}$ (재) (길이 18척 미만일 때)

㉡ $V = \left(D+\frac{L'-4}{2}\right)2 \times L \times \frac{1}{12}$ (재) (길이 18척 이상일 때)

여기서, D: 통나무의 말구 지름(재)
L : 통나무의 길이(尺)
L': 통나무의 길이로서 3척 이만 끝수를 끊어 버린 것

CHAPTER 05 타일 공사

17, 15, 14, 13, 11, 06

001 타일 수량의 산출

① 타일의 소요량
=시공 면적×단위 수량=시공 면적×

$$\left(\frac{1m}{타일의\ 가로\ 길이+타일의\ 줄눈}\right)\times\left(\frac{1m}{타일의\ 세로\ 길이+타일의\ 줄눈}\right)$$

② 모자이크 타일의 소요 매수는 11.4매/m²(재료의 할증률이 포함되고, 종이 1장의 크기는 30cm×30cm이다.)이므로, 총 소요량=붙임 면적×11.40매/m²이다.

17

002 리놀륨 타일의 붙인 재료량

① 리놀륨 타일의 붙임면적=순수 바닥면적(벽의 표면과 표면사이의 면적)
② 재료량의 산출
㉮ 리놀륨 타일 : 할증률 5%
㉯ 접착제 : 0.42kg/m²

15

007 아스팔트 타일 및 석고판의 소요량

구분		재료량
리놀륨 타일	타일(m²)	1.05
	접착제(kg)	0.39~0.45
아스팔트 타일	타일(m²)	1.05
	접착제(kg)	0.39~0.45
석고판	석고판(m²)	1.08
	접착제(kg)	2.43

17, 00, 97, 96, 94

008 홀 바닥의 품 산출

① 타일량 : 바닥면적×단위수량
② 인부 수 : 바닥면적×면적당 인부 수
③ 도장공수 : 바닥면적×면적당 도장공 수
④ 접착제의 양 : 바닥면적×면적당 접착제 양

15

009 도배 면적의 산출

도배 면적=천장 면적(바닥 면적과 동일)+벽 면적-창호의 면적

PART 03 공정 및 품질 관리

CHAPTER 01 총론

(10, 00, 96)

001 형태에 따른 공정표의 종류

① 횡선식 공정표 : 세로에 각 공정, 가로에 날짜를 잡고 공정을 막대그래프로 표시하고, 공사 진척 상황을 기입하고 예정과 실시를 비교하면서 관리하는 공정표로서 특성은 다음과 같다.
　㉮ 장점 : 각 공정별 착수와 종료일, 전체의 공정 시기와 각 공정별 공사를 확실히 알 수 있다.
　㉯ 단점 : 각 공정별간의 상호 관계와 순서를 알 수 없고, 진행 상황을 확실히 알 수 없다.
② 사선(절선)식 공정표 : 세로에 공사량, 총 인부 등을 표시하고, 가로에 월일, 일수 등을 표시하여 일정한 절선을 가지고 공사의 진행 상태를 수량적으로 나타낸 것으로 각 부분의 공사의 상세를 나타내는 부분공정표에 알맞고, 노무자와 재료의 수배에 적합한 공정표이다.
③ 네트워크 공정표 : 각 작업의 상호관계를 네트워크로 표현하는 공정표이다.

(98)

002 열기식 공정표의 정의

각 공정표 중에서 인원 수배 계획과 자재 수급 계획을 세우는 데 가장 우수한 공정표이다.

(06)

003 사선식 공정표의 정의와 특성

① 사선식 공정표의 정의
　㉮ 세로에 공사량, 총 인부 등을 표시하고, 가로에 월일, 일수 등을 표시하여 일정한 절선을 가지고 공사의 진행 상태를 수량적으로 나타낸 것으로 각 부분의 공사의 상세를 나타내는 부분공정표에 알맞고, 노무자와 재료의 수배에 적합한 공정표이다.
　㉯ 작업의 연관성을 나타낼 수 없으나, 공사의 기성고 표시에 대단히 편리하며, 공사의 지연에 대한 신속한 대처를 할 수 있고, 절선 공정표라고도 불린다.
② 사선식 공정표의 장 · 단점
　㉮ 장점
　　㉠ 개개의 작업 관련이 세분 도시되어 있어 내용이 알기 쉽고, 공정 관리가 편리하다.
　　㉡ 작성자 이외의 사람도 이해하기 쉽고, 공사의 진척상황이 누구에게나 알려지게 된다.
　　㉢ 숫자화되어 신뢰도가 높으며, 전자계산기 이용이 가능하다.
　　㉣ 개개 공사의 완급 정도와 상호 관계가 명료하고, 공사 단축 가능 요소의 발견이 용이하다.
　㉯ 단점
　　㉠ 세부 사항(작업의 관련성)을 알기가 어렵다.
　　㉡ 개개의 작업을 조정할 수 없다.
　　㉢ 보조적인 수단으로 사용한다.

15

005 MCX(Minimum Cost Expenditing)의 서술

주공정상의 소요 작업 중 공기 대 비용의 관계를 조사하여 최소의 비용으로 공기를 단축하는 것이다. 가장 작은 요소 작업부터 단위 시간씩 단축해가며 이로 인해 변경되는 주공정이 발생되면 변경된 경로의 단축해야 할 요소 작업을 결정한다. 공기 단축 시에는 변경된 주공정을 확인하여야 하며 특급 공기 이하로는 공기를 단축할 수 없다.

11

006 네트워크 공정표의 장점

① 개개의 작업 관련이 세분 도시되어 있어 내용이 알기 쉽고, 공정 관리가 편리하다.
② 작성자 이외의 사람도 이해하기 쉽고, 공사의 진척 상황이 누구에게나 알려지게 된다.
③ 숫자화되어 신뢰도가 높으며, 전자계산기 이용이 가능하다.
④ 개개 공사의 완급 정도와 상호 관계가 명료하고, 공사 단축 가능 요소의 발견이 용이하다.

03

007 PERT와 CPM의 특징

구분	PERT	CPM
계획 및 사업의 종류	경험이 없는 비반복 공사	경험이 있는 반복 공사
소요 시간의 추정	소요 시간 3가지 방법 (3점 추정)	시간 추정은 한 번(1점 추정)
더미의 사용	사용한다.	사용하지 않는다.
MCX(최소 비용)	이론이 없다.	핵심 이론
작업 표현	화살표로 표현	원으로 표현

03

008 공정 관리의 용어

① 계산공기(T) : 네트워크의 시간 계산에 의하여 구해진 공기
② 플로트(Float) : 작업의 여유 시간(공사 기간에 영향을 끼치지 않음)
③ 슬랙(Slack) : 결합점이 가지는 여유 시간
④ 더미(Dummy) : 화살표형 네트워크에서 정상 표현으로 할 수 없는 작업 상호관계를 표시하는 화살표로 파선으로 표시한다.
⑤ EFT(Earliest Finishing Time) : 작업을 끝낼 수 있는 가장 빠른 시간
⑥ CP(Critical Path) : 개시 결합점에서 종료 결합점에 이르는 가장 긴 패스 또는 네트워크상에서 전체 공기를 규제하는 작업 과정
⑦ LP(Longest Path) : 임의의 두 결합점 간의 패스 중 소요 시간이 가장 긴 패스
⑧ TF(Total Float) : 가장 빠른 개시 시각에 시작하여 가장 늦은 종료 시각으로 완료할 때 생기는 여유 시간으로, 해당 작업의 LFT-해당 작업의 EFT이다.
⑨ FF(Free Float) : 가장 빠른 개시 시각에 작업을 시작하여 후속작업도 가장 빠른 개시 시각에 시작해도 가능한 여유 시간으로 후속 작업의 EST-해당 작업의 EFT이다. 또는 각 작업의 지연 가능 일수이다.
⑩ DF(Dependent Float) : 후속 작업의 토탈 플로트(Total Float)에 영향을 미치는 플로트로서 TF-FF이다.
⑪ LST(Latest Starting Time) : 공기에 영향이 없는 범위에서 작업을 가장 늦게 개시하여도 좋은 시간 또는 프로젝트의 지연 없이 시작될 수 있는 작업의 최대 늦은 시간이다.
⑫ EST(Earliest Starting Time) : 작업을 시작할 수 있는 가장 빠른 시간

⑬ LT(Latest Time) : 임의의 결합점에서 최종 결합점에 이르는 경로 중 시간적으로 가장 긴 경로를 통과하여 종료 시각에 도달할 수 있는 개시 시간

(00)

009 간공기, 주공정선 및 비용 구배

① 간공기 : 임의의 두 결합점 간의 패스 중 소요시간이 가장 긴 패스이다.
② 주공정선 : 어느 결합점에서 종료 결합점에 이르는 최장 패스의 소요 기간이다.
③ 비용 구배 : 공사 기간을 단축하는 경우, 종류별 1일 단축시마다 추가되는 공사비의 증가액이다.

(00, 99, 94)

010 네트워크의 표시 원칙

① 공정의 원칙
② 단계의 원칙
③ 연결의 원칙
④ 활동의 원칙

(06)

011 네트워크 수법의 공정 계획 수립 순서

전체 프로젝트를 단위 작업으로 분해 → 네트워크 작성 → 각 작업의 작업시간 작성 → 일정 계산 → 공사 기일의 조정 → 공정도 작성의 순이다.

CHAPTER 02 공정표 작성

(02, 96, 94)

001 네트워크 공정표의 순서

① CPM 결합점의 일정 표기 방법
㉮ 전진 계산
㉠ 최초 결합점에서 0부터 시작하여 소요일수를 더해 나간다.
㉡ 결합점 앞의 선행 작업이 둘 이상인 경우에는 그 중에 더한 소요일수(ㅁ)가 많은 쪽의 값을 택한다.
㉢ 안쪽 부분에 표기한다. 예를 들면, △5 5
㉯ 역진 계산
㉠ 최종 결합점의 계산 공기일로부터 시작하여 소요일수를 빼나간다.
㉡ 결합점 뒤의 후속 작업이 둘 이상인 경우에는 그 중에 감한 소요일수(△)가 작은 쪽의 값을 택한다.
㉢ 바깥 부분에 표기한다. 예를 들면, △5 5
㉰ 결합점의 번호 순으로 진행한다.
㉱ 시작점에는 ㅁ로 표기하고, 종료점에는 △으로 표기하며, 결합점에는 △과 ㅁ의 순으로 표기한다.
② CPM 여유시간의 표기 방법
㉮ 작업의 순으로 진행한다.
㉯ 각 결합점의 일정 표기에 의해 산정하나, △와 ㅁ사이의 일정을 확인(최대값으로 표기하였으므로 그 결합점의 일정을 산정하여 표기한다.)하고, △에서 일정을 빼고, ㅁ에서 일정을 빼며, TF−FF=DF를 구한다.

㉰ TF, FF, DF의 순으로 ㄱ자 형태로 기입한다.
㉠ TF(전체여유, Total Float) : 작업을 EST(Earliest Starting Time)에 시작하고, LFT(Latest Finishing Time)로 완료할 때 생기는 여유시간이다.
즉, TF=LFT-(EST+소요일수)=LFT-EFT
㉡ FF(자유여유, Free Float): 작업을 EST(Earliest Starting Time)로 시작한 다음 후속 작업도 EST(Earliest Starting Time)로 시작하여도 존재하는 여유시간이다.
즉, FF=후속작업의 EST-그 작업의 EFT
㉢ DF(종속여유, Dependent Float): 후속 작업의 전체여유(Total Float)에 영향을 미치는 여유시간이다. 즉, DF=TF-FF
㉱ 더미가 있는 부분에 대해서는 반드시 확인을 하여야 한다.
㉲ 최종 결합점에 있어서는 TF를 표기하고, FF는 동일하게 표기하며, DF는 이 둘을 빼서 표기한다.

12, 11

002 C.P(Critical Path)의 산정

C.P(Critical Path)는 네트워크 상에 전체 공기를 규제하는 작업 과정으로 시작에서 종료 결합점까지의 가장 긴 소요날수의 경로이다.

CHAPTER 03 공기 단축

12, 11

001 비용 구배의 산출

$$\text{비용 구배} = \frac{\text{특급 공사비} - \text{표준 공사비}}{\text{표준 공기} - \text{특급 공기}}$$ 이다.

CHAPTER 04 품질관리

11

001 관리의 수단 관리의 종류

① 인력(노무, Man)
② 장비(기계, Machine)
③ 자원(재료, Material)
④ 자금(경비, Money)
⑤ 관리, 시공법 등이다.

07, 04

002 품질 관리의 사이클

계획(Plan) → 실시(Do) → 검토(Check) → 조치(Action)의 순이다.

17, 15, 12, 11, 09, 07, 06

003 품질 관리의 도구

① 히스토그램 : 데이터의 분포 상태 등을 살피고 계량치의 데이터가 어떠한 분포를 하고 있는지를 알아보기 위하여 작성하는 그림이다. 또한, 모집단의 분포상태 막대그래프 형식이다.

② 파레토도 : 불량 항목과 원인의 중요성을 발견하고, 불량, 결점, 고장 등의 발생건수를 분류 항목별로 나누어 크기 순서대로 나열한 그림이다.

③ 특성요인도 : 결과에 원인이 어떻게 관계하고 있는가를 한 눈에 알아보기 위하여 작성하는 그림으로, 특성 요인과의 관계를 화살표로 나타낸다. 품질의 특성에 대하여 원인과 결과의 관계를 나뭇가지 모양으로 도시한 것으로, 일반적인 요인을 세밀하게 구체적으로 파악할 수 있다.

④ 체크시트 : 계수치의 데이터가 분류 항목별의 어디에 집중되어 있는가를 알아보기 쉽게 나타낸 것으로, 불량 항목의 발생 상황 파악과 데이터의 사실 파악을 할 수 있으며 점검 목적에 맞게 미리 설계된 시트이다.

⑤ 그래프 및 관리도 : 많은 데이터를 요약하여 보는 사람이 빠르게 정보를 얻을 수 있도록 하는 그림으로, 작업의 상대가 설정된 기준 내에 들어가는지를 판정한다.

⑥ 산점도(산포도, 상관도) : 서로 대응하는 두 개의 짝으로 된 데이터를 그래프용지에 점으로 나타낸 것이다.

⑦ 층별 : 집단을 구성하고 있는 많은 데이터를 어떤 특징에 따라 몇 개의 부분 집단으로 나누는 것으로, 층별 요인 특성에 대한 불량 점유율을 말한다.

PART 01

시공

핵심만 모은
실내건축기사
실기시공실무

건축은 그림이나 음악의 감각을 배우는 것과 같은 방법으로 공부해야 한다. 여러분은 예술에 관해서 말만 해서는 않된다. 예술은 실천해야 하는 것이기 때문이다.

– Philip Johnson –

CHAPTER

01 가설 공사

001

99

재료에 대한 비계의 종류를 나열하시오. (3점)

정답 및 해설 **재료에 대한 비계의 종류**

① 통나무비계 ② 강관틀비계 ③ 강관 파이프비계

002

97

다음은 비계에 관한 설명이다. 알맞은 용어를 쓰시오. (4점)

① 두 개의 기둥을 세우고 두 개의 띠장을 댄 비계
② 하나의 기둥에 두 개의 띠장을 댄 비계
③ 건물에 고정된 돌출보 등에서 밧줄로 매달은 비계
④ 두 개의 같은 모양의 사다리를 상부에서 핀으로 결합시켜 개폐시킬 수 있도록 하여 발판 역할을 하도록 만든 비계

정답 및 해설 **비계의 명칭**

① 쌍줄비계 ② 겹비계 ③ 달비계 ④ 안장비계

003

15②, 96, 93

다음 강관비계 설치 시 필요한 부속철물 종류 3가지만 쓰시오. (3점)

정답 및 해설 **강관비계의 부속 철물**

① 수평틀(수평연결대) ② 수직틀(단위틀) ③ 교차 가새

004

95

파이프비계에 있어서 (   ) 안에 알맞은 용어를 써 넣으시오. (4점)

파이프 비계에서 그 부속품 중에서 베이스는 (①), (②)가 있고 파이프 비계의 종류에는 (③), (④)가 있다.

✓ 정답 및 해설 **파이프비계**

① 고정형 ② 조절형 ③ 강관 파이프 비계 ④ 강관틀비계

005

02①

파이프비계에 있어서 이음철물 종류 2가지와 베이스 종류 2가지를 쓰시오. (4점)

✓ 정답 및 해설 **파이프비계의 이음 및 베이스 철물**

① 이음 철물 : 커플러, 가새 등 ② 베이스 철물 : 조절형, 고정형 등

006

95

다음 (   ) 안의 물음에 해당되는 답을 쓰시오. (6점)

(1) 가설공사 중에서 강관비계 기둥의 간격은 (①)m이고, 간사이 방향으로 (②)m로 한다.
(2) 가새의 수평 간격은 (③)m 내외로 하고, 각도는 (④)°로 걸쳐 대고 비계 기둥에 결속한다.
(3) 띠장의 간격은 (⑤)m 내외로 하고, 지상 제 1띠장은 (⑥)m 이하의 위치에 설치한다.

✓ 정답 및 해설 **가설 공사**

① 1.5~1.8 ② 0.9~1.5 ③ 14 ④ 45 ⑤ 1.5 ⑥ 2

007

17②, 11②

실제 시공에서 간단히 조립할 수 있는 강관틀비계의 중요 부품을 3가지만 쓰시오. (3점)

✓ 정답 및 해설 **강관틀 비계의 중요 부품**

① 수평틀(수평연결대) ② 수직틀(단위틀) ③ 교차 가새 등

008

05①

달비계(Hanging scaffolding)에 대하여 설명하시오. (2점)

정답 및 해설 **달비계(Hanging scaffolding)**

달비계는 높은 곳에서 실시되는 철골의 접합작업, 철근의 조립, 도장 및 미장 작업 등에 사용되는 것으로, 와이어 로프를 매단 권양기에 의해 상하로 이동하는 비계이다.

009

94

가설공사 중 통나무 비계에 관한 시공 순서를 〈보기〉에서 골라 번호를 쓰시오. (4점)

보기

① 장선	② 비계기둥	③ 발판
④ 가새 및 버팀대	⑤ 띠장	

정답 및 해설 **통나무 비계의 시공 순서**

통나무 비계의 시공 순서는 비계 기둥 → 띠장 → 가새 및 버팀대 → 장선 → 발판의 순이다. 즉 ② → ⑤ → ⑥ → ① → ③의 순이다.

010

09④, 00, 96, 95, 94

다음은 비계다리에 대한 설명이다. 괄호 안에 적당한 숫자를 쓰시오. (2점)

가설 공사의 비계다리는 너비 (①)mm 이상으로 하고, 참의 높이는 (②)m 이하로 하며, 높이 (③)cm의 손스침을 설치한다. 또한, 경사도는 (④)° 이하로 한다.

정답 및 해설 **비계 다리**

① 90 ② 7 ③ 75 ④ 30

011

11①

비계의 용도에 대하여 3가지만 쓰시오. (3점)

✓ 정답 및 해설 **비계의 용도**

① 본 공사의 원활한 작업과 작업의 용이 ② 각종 재료의 운반 ③ 작업자의 작업 통로

012

17①

다음의 비계와 용도가 서로 관련 있는 것끼리 번호로 연결하시오. (4점)

① 외줄비계	(가) 고층 건물의 외벽에 중량의 마감공사
② 쌍줄비계	(나) 설치가 비교적 간단하고 외부공사에 이용
③ 틀비계	(다) 45m 이하의 높이로 현장조립이 용이
④ 달비계	(라) 외벽의 청소 및 마감 공사에 많이 이용
⑤ 말비계(발돋음)	(마) 내부 천장공사에 많이 이용
⑥ 수평비계	(바) 이동이 용이하며 높지 않은 간단한 내부공사

✓ 정답 및 해설 **비계의 용도**

① (외줄비계) – ㈏, ② (쌍줄비계) – ㈎, ③ (틀비계) – ㈐, ④ (달비계) – ㈑, ⑤ (말비계) – ㈔, ⑥ (수평비계) – ㈒

013

97

시멘트를 창고에 저장 시 바닥에 접한 면에서 떨어지게 하여 시멘트를 저장하는 목적, 구조 및 재료를 각각 구분하여 간략하게 서술하시오. (3점)

✓ 정답 및 해설 **시멘트를 바닥에 접한 면에서 떨어지게 저장하는 목적, 구조 및 재료**

① 목적 : 시멘트의 풍화를 방지하기 위한 방습을 목적으로 한다.

② 구조

㉮ 바닥 : 마루널 위에 루핑, 철판 깔기 등이고, 지면으로부터 30cm 이상 높이에 설치

㉯ 지붕 및 외벽 등 : 비가 새지 않는 구조로서 골함석, 골슬레이트 붙임 등

③ 재료 : 루핑, 철판 깔기 등

014 실내 건축재료의 선정 및 요구 성능의 일반사항을 기술하시오. (4점)

98

✓ 정답 및 해설 **실내 건축재료의 선정 및 요구 성능**

(1) 재료의 선정

재료의 선정에는 건축물의 종류, 용도 등의 조건, 건축 재료의 조건(요구 성능의 조건), 시공성 및 작업성의 조건, 외형적인 조건(색채, 질감, 형태 등)등이 있다.

(2) 재료의 요구 성능

역학적 성능, 물리적 성능, 내구 성능, 화학적 성능, 방화 · 내화 성능, 감각적 성능 및 생산 성능 등이 있다.

CHAPTER

02 조적 공사

001

18①, 18②, 18④, 17②, 14①, 10③, 08④, 06④, 05①

조적조에서 내력벽과 장막벽을 구분하여 기술하시오. (4점)

① 내력벽 :
② 장막벽 :
③ 중공벽 :

정답 및 해설 **용어 설명**

① **내력벽** : 수직 하중(위층의 벽, 지붕, 바닥 등)과 수평 하중(풍압력, 지진 하중 등) 및 적재 하중(건축물에 존재하는 물건 등)을 받는 중요한 벽체이다.
② **장막벽**(커튼월, 칸막이벽) : 내력벽으로 하면 벽의 두께가 두꺼워지고 평면의 모양 변경 시 불편하므로, 이를 편리하도록 하기 위하여 상부의 하중(수직, 수평 및 적재 하중 등)을 받지 않고 벽체 자체의 하중만을 받는 벽체이다.
③ **중공벽** : 공간 쌓기와 같은 벽체로서 단열, 방음, 방습 등의 목적으로 효과가 우수하도록 벽체의 중간에 공간을 두어 이중벽으로 쌓은 벽체이다.

002

15④, 95

벽돌공사 시 지면에 접하는 방습층을 설치하는 목적과 위치, 재료에 대하여 간단히 설명하시오. (4점)

① 목적 :
② 위치 :
③ 재료 :

정답 및 해설 **방습층 설치 목적과 위치, 재료**

조적 공사의 방습층은 지반에 접촉되는 부분의 벽에서는 지반 위, 마루 밑의 적당한 위치에 방습층을 **수평 줄눈**의 위치에 설치한다. 방습층의 재료, 구조 및 공법은 도면 공사시방서에 따르고 그 정함이 없는 때에는 담당원이 공인하는 **시멘트 액체방수제를 혼합한** 모르타르로 하고, 바름 두께는 10mm로 한다.
① 목적 : 지면에 접하는 벽돌벽은 지중의 습기가 조적 벽체의 상부로 상승하는 것을 방지하기 위하여 설치한다.

② 위치 : 마루밑 GL(Ground Line)선 윗부분의 적당한 위치, 지반 위 또는 콘크리트 바닥 밑부분에 설치한다.

③ 재료 : 아스팔트 펠트와 루핑, 비닐, 금속판, 방수 모르타르, 시멘트 액체 등이 있다.

003

18④, 09②, 08①

다음 아래의 내용은 조적 공사 시의 방습층에 대한 내용이다. 괄호 안을 채우시오. (3점)

(①)줄눈 아래에 방습층을 설치하며, 시방서가 없는 경우 현장에서 현장관리 감독하는 책임자에게 허락을 맡아 (②)을 혼합한 모르타르를 (③)mm로 바른다.

✓ 정답 및 해설 **방습층의 설치**

① 수평 ② 시멘트 액체방수제 ③ 10mm

004

14②, 09①

다음 용어를 간략히 설명하시오. (4점)

① 방습층 :
② 벽량 :
③ 백화 현상 :

✓ 정답 및 해설 **용어 설명**

① **방습층** : 지면에 접하는 벽돌벽은 지중의 습기가 조적 벽체의 상부로 상승하는 것을 방지하기 위하여 설치하는 것이다.

② **벽량** : 내력벽의 가로 또는 세로 방향의 길이의 총합계를 그 층의 건물 면적으로 나눈 값. 즉, 단위 면적에 대한 그 면적 내에 있는 내력벽 길이의 비를 말한다.

③ **백화 현상** : 시멘트 모르타르 중 알칼리 성분이 벽돌의 탄산나트륨 등과 반응을 일으켜 발생시키는 현상으로, 벽돌 및 블록벽의 표면에 하얀 가루가 나타나는 현상이다.

005

19④, 18②, 17④, 16①, 14①, 13④, 09④, 04②, 97

벽돌벽에서 발생할 수 있는 백화현상의 방지대책 4가지를 쓰시오. (4점)

✔ 정답 및 해설 **백화 현상**

(1) 백화 현상의 원인

① 1차 백화 : 줄눈 모르타르의 시멘트 산화칼슘이 물과 공기 중의 이산화탄소와 결합하여 발생하는 백화로서, 물청소와 빗물 등에 의해 쉽게 제거된다.

② 2차 백화 : 조적 중 또는 조적 완료 후 조적재에 외부로부터 스며 든 수분에 의해 모르타르의 산화칼슘과 벽돌의 유황분이 화학 반응을 일으켜 나타나는 현상이다.

(2) 백화 현상의 방지 대책

① 양질의 벽돌을 사용한다.

② 모르타르를 충분히 채운다.

③ 파라핀 도료를 발라 염류가 나오는 것을 방지한다.

④ 차양이나 루버 등으로 빗물을 차단한다.

006

16②

다음 내용에 알맞은 용어를 〈보기〉에서 골라 기호를 기입하시오. (4점)

보기

㉮ 시험체의 단면적 ㉯ 최대 하중 ㉰ 시험체의 전단면적

① 벽돌의 압축강도 $= \frac{(\quad)}{(\quad)}$

② 블록의 압축강도 $= \frac{(\quad)}{(\quad)}$

✔ 정답 및 해설 **벽돌 및 블록의 압축강도**

① 벽돌의 압축강도$= \frac{\text{최대 하중}}{\text{시험체의 단면적}} = \frac{(㉯)}{(㉮)}$ 이다.

② 블록의 압축강도$= \frac{\text{최대 하중}}{\text{시험체의 전단면적(구멍 부분을 포함)}} = \frac{(㉯)}{(㉰)}$ 이다.

007

14①, 97

벽돌쌓기 형식을 4가지 쓰시오. (4점)

✔ 정답 및 해설 **벽돌쌓기 형식**

① 영식 쌓기 ② 네덜란드(화란)식 쌓기 ③ 불식 쌓기 ④ 미식 쌓기

008

18④, 08②, 05①, 97

다음은 벽돌쌓기에 관한 설명이다. 괄호 안에 알맞은 용어를 쓰시오. (2점)

> 한 켜는 마구리 다음 켜는 길이쌓기로 하고 모서리 끝에 이오토막을 쓰는 것을 영식 쌓기라 하며, 영식 쌓기와 같고 모서리 벽에 칠오토막을 쓰는 것을 (①)라 하고, 매 켜에 길이 쌓기와 마구리쌓기를 번갈아 쓰는 것을 (②)라 한다.

정답 및 해설

① 네덜란드(화란)식 쌓기 ② 불(프랑스)식 쌓기

009

12④, 11②, 99, 93

벽돌의 쌓기법에 대한 설명이다. 해당하는 답을 써넣으시오. (4점)

> ① 마구리쌓기와 길이쌓기를 번갈아 쌓으며, 이오토막과 반절을 이용
> ② 길이쌓기 5단, 마구리쌓기 1단
> ③ 한 켜에 마구리쌓기와 길이쌓기를 동시에 사용
> ④ 마구리쌓기와 길이쌓기를 번갈아 쌓으며, 칠오토막을 이용하는 가장 일반적인 방법

정답 및 해설 **벽돌쌓기 방법**

① 영식 쌓기 ② 미식 쌓기 ③ 불식 쌓기 ④ 네덜란드(화란)식 쌓기

010

00, 97

다음 (   ) 안에 해당되는 용어를 쓰시오. (4점)

> 벽돌쌓기 시 마구리만 보이게 쌓는 것을 (①)쌓기, (②)쌓기, 길이만 나오게 쌓는 것을 (③)쌓기, (④)쌓기라 한다.

정답 및 해설 **벽돌쌓기 방법**

① 마구리 ② 옆세워 ③ 길이 ④ 길이세워

011

12②

다음 설명에 해당하는 벽돌쌓기 명칭을 쓰시오. (2점)

① 벽돌벽의 교차부에 벽돌 한 켜 거름으로 1/4B~1/2B 정도 들여쌓는 것 (   )
② 긴 벽돌벽 쌓기의 경우 벽 중간 일부를 쌓지 못하게 될 때 차츰 길이를 줄여오는 방법 (   )

✓ 정답 및 해설 **벽돌쌓기 방법**

① 켜걸름 들여쌓기 ② 층단 떼어쌓기

012

07①

다음 벽돌에 관한 설명 중 괄호 안에 알맞은 숫자를 쓰시오. (2점)

현재 사용하고 있는 표준형 벽돌의 규격은 190mm, 나비 90mm, 두께 (①)mm이며, 벽돌 소요 매수는 줄눈간격 10mm로 1B 쌓기 할 때 정미량으로 벽면적 $1m^2$당 (②)매이다.

✓ 정답 및 해설 **벽돌의 규격 및 소요량**

① 57mm ② 149매

013

02④

다음은 조적 공사에 관한 사항이다. (   ) 안에 알맞은 말을 써 넣으시오. (4점)

(1) 한 켜는 마구리쌓기, 다음 켜는 길이쌓기를 하고 모서리에 이오토막을 사용하는 것을 (①)
(2) 1.0B의 표준형 벽돌은 (②)매/m^2이다.
(3) 벽돌의 하루 최대 쌓기 높이는 (③)단 이하이다.
(4) 벽돌 벽면에서 내쌓기를 할 때 두 켜씩 (④)내쌓고, 한 켜씩 (⑤)내 쌓는다.

✓ 정답 및 해설 **조적 공사**

① 영국식 쌓기 ② 149 ③ 22 ④ B/4 ⑤ B/8

014

07②

다음은 벽돌쌓기에 관한 기술이다. 다음 괄호 안에 적당한 말을 써넣으시오. (4점)

① 한 켜는 마구리쌓기, 다음 켜는 길이쌓기로 하고 모서리에 이오토막을 사용하는 것을 (　　　　　)라 한다.
② 1.0B의 표준형 벽돌은 $1m^2$당 (　　　)이다.
③ 벽돌의 하루 쌓기 최대 높이는 (　　　)m 이다.
④ 벽돌 벽면에서 내쌓기할 때 최대 (　　　)B 내쌓기로 한다.

✓ 정답 및 해설 **벽돌쌓기**

① 영국식쌓기 ② 149매, ③ 1.5m, ④ 2.0

015

06④

다음은 벽돌벽 쌓기 방법이다. (　　) 안에 알맞은 숫자를 쓰시오. (2점)

벽돌벽은 가급적 건물 전체를 균일한 높이로 쌓고 하루 쌓기의 높이는 (①)m를 표준으로 하고, 최대 (②)m 이하로 한다.

✓ 정답 및 해설 **벽돌벽 쌓기 방법**

① 1.2, ② 1.5

016

98

다음 (　　) 안에 해당되는 규격을 숫자로 쓰시오. (3점)

하루 벽돌쌓기의 높이는 (①)m, 보통 (②)m로 하고, 공간쌓기 시 내·외벽 사이의 간격은 (③)cm 정도로 한다.

✓ 정답 및 해설 **벽돌쌓기**

① 1.2~1.5, ② 1.2, ③ 5

017

19①, 07②

벽돌쌓기 규격에 관한 내용이다. 빈칸 안에 알맞은 내용을 쓰시오. (3점)

구 분	길 이	마구리	높 이
기존형 벽돌	①	②	③
표준형 벽돌	④	⑤	⑥
내화벽돌	⑦	⑧	⑨

정답 및 해설 **벽돌쌓기의 재료량**

① 210mm ② 100mm ③ 60mm ④ 190mm ⑤ 90mm ⑥ 57mm ⑦ 230mm ⑧ 114mm ⑨ 65mm

018

16④, 15①, 07①, 06②, 99

벽돌 벽면에 균열이 발생되는 원인 중 시공상의 결함에 속하는 원인 4가지를 쓰시오. (4점)

정답 및 해설 **벽돌 벽면에 균열이 발생되는 원인 중 시공상의 결함**

① 벽돌 및 모르타르의 강도 부족과 신축성
② 벽돌벽의 부분적 시공 결함
③ 이질재와의 접합부
④ 장막벽의 상부
⑤ 모르타르 바름의 들뜨기

019

08②, 96, 93

벽돌조의 균열 원인을 계획상, 시공상으로 나누어 2가지씩 간략히 쓰시오. (4점)

(1) 계획상 결함
①
②

(2) 시공상 결함
①
②

✓ 정답 및 해설 **벽돌조의 균열 원인**

(1) 계획상 결함
① 기초의 부동 침하
② 건물의 평면 · 입면의 불균형 및 벽의 불합리 배치
③ 불균형 또는 큰 집중하중 · 횡력 및 충격

(2) 시공상 결함
① 벽돌 및 모르타르의 강도 부족과 신축성
② 벽돌벽의 부분적 시공 결함
③ 이질재와의 접합부

020

17④, 02②, 98, 96, 92

아치의 모양에 따른 종류 4가지를 쓰시오. (4점)

✓ 정답 및 해설 **아치의 모양에 따른 종류**

① 반원 아치 ② 결원 아치 ③ 포물선 아치 ④ 뾰족 아치 ⑤ 평아치

021

18①, 00

다음 〈보기〉는 아치쌓기 종류이다. 보기의 용어들을 간단히 설명하시오. (4점)

보기

① 본아치
② 막만든아치
③ 거친아치
④ 층두리아치

✓ 정답 및 해설 **아치의 종류**

① 본아치 : 벽돌을 주문하여 제작한 것을 사용하여 쌓은 아치이다.
② 막만든아치 : 보통 벽돌을 쐐기 모양으로 다듬어 쓴 아치이다.
③ 거친아치 : 현장에서 보통 벽돌을 쓰고, 쐐기 모양의 줄눈으로 한 아치이다.
④ 층두리아치 : 아치 나비가 넓을 때에 반장별로 층을 지어 겹쳐 쌓는 아치이다.

022

16②, 14①, 08①, 08④, 06④, 01②, 99, 93

다음은 아치틀기의 종류이다. 다음 빈칸에 적당한 용어를 골라 (　　) 안에 번호로 쓰시오. (4점)

보기

① 거친아치　　② 막만든아치　　③ 본아치　　④ 층두리아치

아치벽돌을 특별히 주문제작하여 쓴 것을 ((가))라 하고, 보통벽돌을 쐐기모양으로 다듬어 쓴 것을 ((나))라 하며, 보통벽돌을 쓰고 줄눈을 쐐기모양으로 한 ((다))와 아치 나비가 클 때 반장별로 층을 지어 겹쳐 쌓은 ((라))가 있다.

정답 및 해설 **아치의 종류**

(가)－③, (나)－②, (다)－①, (라)－④

023

97

벽돌쌓기 시공 순서이다. (　　) 안에 알맞은 말을 써 넣으시오. (3점)

청소 → 벽돌 물축이기 → 모르타르 건비빔 → 세로 규준틀 설치 → (①) → 규준 벽돌쌓기 → 수평실 치기 → 중간부 쌓기 → (②) → 줄눈 파기 → (③) → 보양

정답 및 해설 **벽돌쌓기 시공 순서**

① 벽돌 나누기 ② 줄눈 누루기 ③ 치장줄눈 넣기

024

08④, 07①

치장벽돌쌓기 순서를 〈보기〉에서 골라 번호를 쓰시오. (4점)

보기

① 줄눈파기　　② 규준 쌓기　　③ 세로 규준틀 설치
④ 보양　　⑤ 중간부 쌓기　　⑥ 물축임

벽돌 및 바탕 청소 → ((가)) → 건비빔 → ((나)) → 벽돌 나누기 → ((다)) → 수평실 치기 → ((라)) → 줄눈 누름 → ((마)) → 치장줄눈 → ((바))

✓ 정답 및 해설 **치장 벽돌쌓기 순서**

벽돌 및 바탕 청소 → 물축임 → 건비빔 → 세로 규준틀 설치 → 벽돌 나누기 → 규준 쌓기 → 수평실 치기 → 중간부 쌓기 → 줄눈 누름 → 줄눈 파기 → 치장줄눈 → 보양의 순이다. 그러므로, ㈎－⑥, ㈏－③, ㈐－②, ㈑－⑤, ㈒－①, ㈓－④

025

16④, 03②, 00

치장줄눈의 종류 4가지를 쓰시오. (3점)

✓ 정답 및 해설 **치장줄눈의 종류**

① 민줄눈 ② 평줄눈 ③ 빗줄눈 ④ 둥근줄눈 ⑤ 오목줄눈 ⑥ 볼록줄눈 ⑦ 내민줄눈
⑧ 실줄눈 등

026

17②, 10①, 07①, 04①, 01④, 97

다음은 조적조의 치장줄눈을 나타낸 것이다. 각각의 명칭을 쓰시오. (6점)

① ② ③

④ ⑤ ⑥

✓ 정답 및 해설 **조적조의 치장줄눈**

① 평줄눈 ② 내민줄눈 ③ 내민볼록원줄눈 ④ 엇빗줄눈 ⑤ 실오금줄눈 ⑥ 민줄눈

027

15②, 12①, 08②, 93

다음 아래 〈보기〉는 치장줄눈의 종류이다. 상호 관계 있는 것을 고르시오. (5점)

보기

평줄눈, 볼록줄눈, 오목줄눈, 민줄눈, 내민줄눈

용 도	의 장 성	형 태
벽돌의 형태가 고르지 않은 경우	질감(Texture)의 거침	①
면이 깨끗하고, 반듯한 벽돌	순하고 부드러운 느낌, 여성적 선의 흐름	②
벽면이 고르지 않은 경우	줄눈의 효과를 확실히 함	③
면이 깨끗한 벽돌	약한 음영, 여성적 느낌	④
형태가 고르고, 깨끗한 벽돌	질감을 깨끗하게 연출하며, 일반적인 형태	⑤

정답 및 해설 치장줄눈의 용도 및 의장성

① 평 · 빗줄눈 ② 볼록줄눈 ③ 내민줄눈 ④ 오목줄눈 ⑤ 민줄눈

028

05②

치장줄눈은 타일을 붙인 후 (①) 이상 지난 후 헝겊으로 닦아내고, 완전히 건조된 후 설치한다. 라텍스, 에멀젼 후에는 (②)일 이상 지난 후 물로 씻어낸다. (2점)

정답 및 해설 치장줄눈의 설치

① 3시간 ② 2일

029

02②

블록 쌓기 공사에서 시공도에 기입할 사항을 5가지 쓰시오. (5점)

정답 및 해설 블록 쌓기 공사에서 시공도에 기입할 사항

① 블록의 평면 · 입면 나누기 및 블록의 종류
② 벽 중심간의 치수
③ 창문틀 기타 개구부의 안목치수
④ 철근의 삽입 및 이음위치 · 철근의 지름 및 개수
⑤ 콘크리트의 사춤 개소
⑥ 나무 벽돌 · 앵커 볼트의 위치
⑦ 배수관 · 전기배선관 등의 위치 및 박스의 크기 등이다.

030

97

다음은 블록조 시공 순서이다. ( ) 안에 해당되는 말을 써 넣으시오. (4점)

청소 및 물 축이기 → 건비빔 → (①) → (②) → 규준 블록 쌓기 → (③) → 중간부 쌓기 → 줄눈 누르기 → 줄눈 파기 → (④) → 보양

✔ 정답 및 해설 **블록조 시공 순서**

① 세로 규준틀 설치 ② 블록 나누기 ③ 수평실 치기 ④ 치장줄눈 넣기

031

12②

보강블록조 시공에서 반드시 세로근을 넣어야 하는 위치 4개소를 쓰시오. (4점)

✔ 정답 및 해설 **보강블록조의 세로근 설치 위치**

① 벽체의 끝 부분 ② 벽의 모서리 ③ 벽의 교차부 ④ 개구부의 주위(문꼴의 갓둘레)

032

14④, 13②

건식 돌붙임 공법에서 석재를 고정하거나 지탱하는 공법 3가지를 쓰시오. (3점)

✔ 정답 및 해설 **석재의 고정 방법**

① 앵커 긴결 공법 ② 강제 트러스지지 공법

③ G.P.C(Granite Veneer Precast Concrete)공법: 거푸집에 화강석 판석을 소요 치수에 맞게 배열한 후, 판석 뒷면에 미리 조립한 철근 및 각종 인서트를 설치한다. 그리고 그 위에 콘크리트를 타설하여 화강석 판석과 콘크리트를 일체화하는 공법으로 규격화에 따른 대량생산이 가능하고, 동결 및 백화현상을 막을 수 있으며, 건식 공법이므로 시공 속도가 빠르다.

033

12④, 06④, 92

돌공사 시 치장줄눈의 종류 4가지만 쓰시오. (4점)

✔ 정답 및 해설 **돌공사의 치장줄눈**

① 맞댄줄눈 ② 실줄눈 ③ 평줄눈 ④ 빗줄눈 ⑤ 둥근줄눈 ⑥ 면회줄눈

034

06②

다음은 조적 공사 중 돌 쌓기에 대한 설명이다. 보기에서 골라 바르게 연결하시오. (3점)

보기

① 층지어 쌓기 ② 바른층 쌓기 ③ 허튼층 쌓기

(가) 돌 쌓기의 1켜는 모두 동일한 것을 쓰고 수평줄눈이 일직선으로 연결되게 쌓는 것
(나) 면이 네모진 돌을 수평줄눈이 부분적으로만 연속되게 쌓으며, 일부상하 세로줄눈이 통하게 된 것
(다) 막돌, 둥근돌 등을 중간켜에서는 돌의 모양대로 수직, 수평줄눈에 관계없이 흐트러 쌓고, 2~3켜마다 수평줄눈이 일직선으로 연속되게 쌓는 것

정답 및 해설

(가)－②(바른층 쌓기), (나)－③(허튼층 쌓기), (다)－①(층지어 쌓기)

035

19④, 07②

다음 그림에 맞는 돌 쌓기의 종류를 쓰시오. (2점)

①
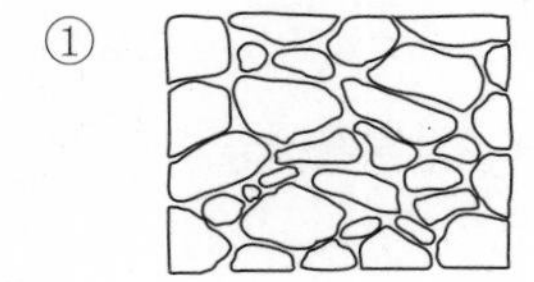

②
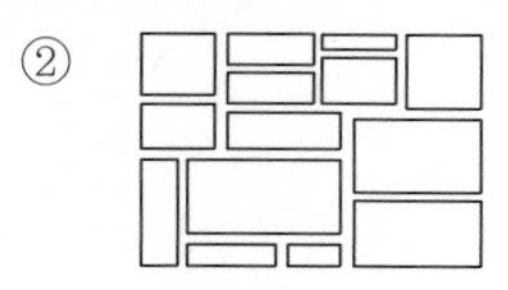

③
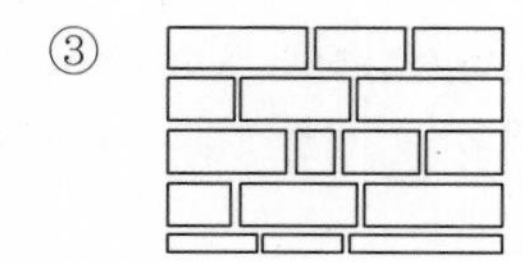

④
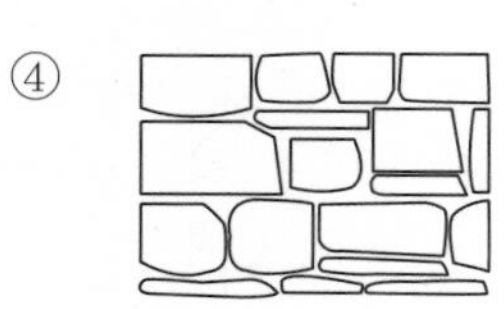

정답 및 해설 **돌 쌓기의 종류**

① 막돌 쌓기 ② 마름돌허튼층 쌓기 ③ 마름돌바른층 쌓기 ④ 막돌허튼층 쌓기

036

19①, 97

석공사에 사용되는 다음 용어를 간략히 설명하시오. (4점)

① 메 쌓기 :
② 찰 쌓기 :

정답 및 해설 **용어 설명**

① 메(건) 쌓기 : 돌과 돌 사이에 모르타르, 콘크리트를 사춤쳐 넣지 않고 뒤고임돌만 다져 넣은 것으로, 뒤고임돌을 충분히 다져 넣어야 한다.
② 찰 쌓기 : 돌과 돌 사이에 모르타르를 다져 넣고 뒤고임에도 콘크리트를 채워 넣은 것으로, 표면 돌쌓기와 동시에 안(흙과 접촉되는 부분)에 잡석 쌓기를 하고 그 중간에 콘크리트를 채워 넣은 것이다.

037

19①, 12②

다음 아래는 석재를 가공할 때 쓰이는 특수공법이다. 간략히 설명하시오. (3점)

① 모래분사법 :
② 버너구이법 :
③ 플래너마감법 :

정답 및 해설 **용어 설명**

① 모래분사법 : 석재의 표면을 곱게 마무리하기 위하여 석재의 표면에 모래를 고압으로 뿜어내는 방법
② 버너구이법 : 톱으로 켜낸 돌면을 산소불로 굽고, 찬물을 끼얹어 돌표면의 엷은 껍질이 벗겨지게 한 면을 마무리재로 사용하는 것
③ 플래너마감법 : 철판을 깎는 기계로 돌표면을 대패질하듯 훑어서 평탄하게 마무리하는 것

038

19②, 13④

다음 석공사에 사용되는 손다듬기 방법 4가지를 쓰시오. (4점)

정답 및 해설 **석공사의 손다듬기 방법**

① 혹두기(쇠메) ② 정다듬(정) ③ 도드락다듬(도드락 망치) ④ 잔다듬(양날 망치)

039

18②, 16①, 12①, 09①

다음은 석재 가공 순서의 공정이다. 바르게 나열하시오. (4점)

보기

① 잔다듬 ② 정다듬 ③ 도드락다듬
④ 혹두기 또는 혹떼기 ⑤ 갈기

정답 및 해설 **석재의 가공 순서**

① 혹두기(쇠메) → ② 정다듬(정) →③ 도드락다듬(도드락 망치) → ④ 잔다듬(양날 망치) → ⑤ 물갈기(숫돌, 기타) 순이다. 즉, ④ → ② → ③ → ① → ⑤의 순이다.

040

15②, 13①, 08①, 01①

다음은 석재의 가공 순서이다. 각 단계별 필요 공구를 괄호 안에 써 넣으시오. (5점)

혹두기/(①) → 정다듬/(②) → 도드락다듬/(③) → 잔다듬/(④) → 물갈기/(⑤)

정답 및 해설 **석재의 가공 단계별 필요 공구**

① 혹두기(쇠메) → ② 정다듬(정) →③ 도드락다듬(도드락 망치) → ④ 잔다듬(양날 망치) → ⑤ 물갈기(숫돌, 기타) 순이다. 즉, ④ → ② → ③ → ① → ⑤의 순이다.

041

96

석재의 가공법 중에서 종류 3가지와 그 방법을 간략하게 쓰시오. (3점)

정답 및 해설 **석재의 가공법의 종류 및 방법**

① **혹두기** : 쇠메 망치로 돌의 면을 대강 다듬는 것
② **정다듬** : 혹두기의 면을 정으로 곱게 쪼아 표면에 미세하고 조밀한 흔적을 내어, 평탄하고 거친 면으로 만드는 것
③ **도드락 다듬** : 도드락 망치로 거친 정다듬한 면을 더욱 평탄하게 다듬는 것
④ **잔다듬** : 양날 망치로 정다듬한 면을 평행 방향으로 정밀하게 곱게 쪼아 표면을 더욱 평탄하게 만드는 것
⑤ **물갈기** : 와이어 톱, 다이아몬드 톱, 글라인더 톱, 원반 톱, 플레이너, 글라인더로 잔다듬한 면에 금강사를 뿌려 철판, 숫돌 등으로 물을 뿌리며 간 다음, 산화 주석을 헝겊에 묻혀서 잘 문지르면 광택이 난다.

042

16①, 16②, 14④, 05②, 96

석재를 가공할 때 쓰이는 특수공법의 종류 3가지를 쓰시오. (3점)

✓ 정답 및 해설 **석재의 특수 가공 방법**

① 모래분사법 : 석재의 표면을 곱게 마무리하기 위하여 석재의 표면에 모래를 고압으로 뿜어내는 방법
② 버너구이법 : 톱으로 켜낸 돌면을 산소불로 굽고, 찬물을 끼얹어 돌표면의 얇은 껍질이 벗겨지게 한 면을 마무리재로 사용하는 것.
③ 플래너마감법 : 철판을 깎는 기계로서 돌표면을 대패질하듯 훑어서 평탄하게 마무리하는 것.

043

03②, 99

석재의 표면 형상에 모치기의 종류를 쓰시오. (3점)

(1) (2) 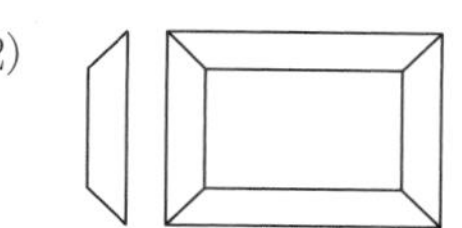 (3) 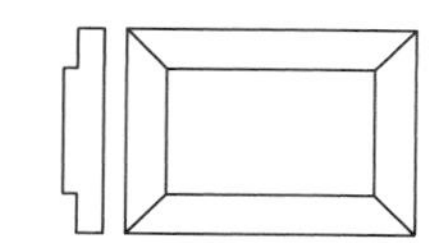

✓ 정답 및 해설 **석재 모치기의 종류**

(1) 혹두기 (2) 빗모치기 (3) 두모치기

044

18②, 10④, 08①, 02④

인조석 표면 마감 방법 3가지를 쓰시오. (3점)

✓ 정답 및 해설 **인조석 표면 마감 방법**

① 인조석 갈기 ② 인조석 잔다듬 ③ 인조석 씻어내기

045

10①

석재 가공 시 가공 및 시공상 주의사항 4가지를 쓰시오. (4점)

✓ 정답 및 해설 **석재 가공 및 시공상의 주의사항**

① 크기의 제한, 운반상의 제한 등을 고려하여 최대 치수를 정한다.
② 석재를 다듬어 쓸 경우에는 그 질이 균일한 것을 써야 한다.
③ 내화가 필요한 곳에서는 열에 강한 석재를 사용한다.
④ 휨, 인장 강도가 약하므로 압축력을 받는 장소에 사용한다.
⑤ 중량이 큰 석재는 아랫부분에 작은 석재는 윗부분에 사용한다.

046

16④

석 공사에 석재의 접합에 사용되는 연결 철물의 종류 3가지를 쓰시오. (3점)

정답 및 해설 석재의 연결 철물

① 촉 ② 꺾쇠 ③ 은장

047

18①, 06④

다음에서 설명하고 있는 석재의 명칭을 쓰시오. (3점)

① 석회석이 변화되어 결정한 것으로 강도는 높지만 내화성이 낮고 풍화되기 쉬우며 산에 약하기 때문에 실외용으로 적합하지 않다. : (　　)
② 수성암의 일종으로 함유광물의 성분에 따라 암석의 질, 내구성, 강도에 현저한 차이가 있다. : (　　)
③ 강도, 경도, 비중이 크고, 내화력도 우수하여 구조용 석재로 쓰이지만 조직 및 색조가 균일하지 않고 석리가 있기 때문에 채석 및 가공이 용이하지만 대재를 얻기 어렵다. : (　　)

정답 및 해설 석재의 명칭

①－대리석 ②－사암 ③－안산암

048

17①

다음 〈보기〉의 석재의 흡수율과 강도가 큰 순서의 번호를 쓰시오. (4점)

보기

① 화강석　② 응회암　③ 대리석
④ 안산암　⑤ 사암

(가) 흡수율 :
(나) 강도 :

정답 및 해설 석재의 흡수율과 강도가 큰 순서

㈎ 흡수율 : ②(응회암) → ⑤(사암) → ④(안산암) → ①(화강석)→ ③(대리석)
㈏ 강도 : ①(화강석) → ③(대리석) → ④(안산암) → ⑤(사암) → ②(응회암)

049

92

다음 용어는 타일에 관한 사항이다. 간략히 기술하시오. (4점)

① Hard roll지 :
② Art Mosaic tile :

✓ 정답 및 해설 용어 설명

① 하드롤(Hard roll)지: 모자이크 타일을 시공한 후 보양(보호와 양생)용으로 사용하기 위하여 타일 뒷면에 붙이는 종이
② 아트 모자이크 타일(Art mosaic tile): 흡수성이 거의 없는 자기질의 극히 작은 타일로서 무늬, 글자, 회화 등을 나타내기 위한 타일이다.

050

08④

조적 공사에서 다음 설명이 의미하는 용어를 쓰시오. (4점)

(1) 세로줄눈이 일직선이 되도록 개체를 길이로 세워 쌓는 방법 (　　　)
(2) 창문틀 위에 쌓고 철근과 콘크리트를 다져 넣어 보강하는 U자형 블록 (　　　)

✓ 정답 및 해설 조적 공사의 용어

(1) 세워 쌓기 (2) 인방 블록

051

13④

다음 괄호 안을 알맞은 용어와 규격으로 채우시오. (2점)

벽돌조 조적 공사 시 창호 상부에 설치하는 (①)는 좌우 벽면에 (②) 이상 겹치도록 한다.

✓ 정답 및 해설 벽돌 공사

① 인방보, ② 20cm

052

18④, 13①

조적조 공간 쌓기에 대하여 설명하시오. (2점)

✓ 정답 및 해설 **조적조의 공간 쌓기**

공간 쌓기는 중공벽과 같은 벽체로서 단열, 방음, 방습 등의 목적으로 효과가 우수하도록 벽체의 중간에 공간을 두어 이중벽으로 쌓은 벽체이다.

053

19②, 14①, 13①, 11①, 11④, 09①, 08④

조적조에서 테두리보를 설치하는 목적 3가지만 쓰시오. (3점)

✓ 정답 및 해설 **테두리보를 설치하는 목적**

① 수직 균열의 방지와 수직 철근의 정착
② 하중을 균등히 분포
③ 집중하중을 받는 조적재의 보강

054

08②, 00

다음은 테라초(Terazzo) 시공에 대한 내용이다. 순서대로 나열하시오. (3점)

보기

① 바름	② 갈기	③ 광내기
④ 양생	⑤ 줄눈대 대기	⑥ 바탕처리

✓ 정답 및 해설 **테라초(Terazzo) 시공 순서**

① 바탕 처리 → ② 황동 줄눈대 대기 → ③ 테라초 종석 바름 → ④ 양생과 경화 → ⑤ 초벌 갈기 → ⑥ 시멘트 풀먹임 → ⑦ 정벌 갈기 → ⑧ 왁스칠의 순이다. 즉, ⑥ → ⑤ → ① → ④ → ② → ③ 이다.

055

16①, 16②, 04①, 99, 97, 96

테라초 현장갈기 시공 순서를 〈보기〉에서 골라 쓰시오. (3점)

보기

① 왁스칠　② 시멘트 풀먹임　③ 양생 및 경화
④ 초벌갈기　⑤ 정벌갈기　⑥ 테라초 종석바름
⑦ 황동줄눈대

✓ 정답 및 해설 **테라초(Terazzo) 시공 순서**

① 바탕 처리 → ② 황동 줄눈대 대기 → ③ 테라초 종석 바름 → ④ 양생과 경화 → ⑤ 초벌 갈기 → ⑥ 시멘트 풀먹임 → ⑦ 정벌 갈기 → ⑧ 왁스칠의 순이다. 즉, ⑦ → ⑥ → ③ → ④ → ② → ⑤ → ①이다.

056

18②, 98

테라코타가 쓰이는 용도를 3가지 쓰시오. (3점)

✓ 정답 및 해설 **테라코타의 용도**

① 건축물의 패러핏 ② 버팀벽 ③ 주두 ④ 난간벽 ⑤ 창대 ⑥ 돌림띠 등의 장식에 사용

CHAPTER 03

목 공사

001

02①

다음 <보기>에서 침엽수와 활엽수를 구분하시오. (4점)

보기

① 노송나무	② 떡갈나무	③ 낙엽송
④ 측백나무	⑤ 오동나무	⑥ 느티나무

정답 및 해설 목재의 분류

가. 침엽수 : (3)(낙엽송), (4)(측백나무)

나. 활엽수 : (1)(노송나무), (2)(떡갈나무), (5)(오동나무), (6)(느티나무)

002

14④

1층 납작마루의 시공 순서를 쓰시오. (3점)

정답 및 해설 납작마루의 시공 순서

납작마루의 구성은 호박돌 또는 땅바닥 → 장선 → 마루널 또는 호박돌 또는 땅바닥 → 멍에 → 장선 → 마루널의 순이다.

003

92

건축 목 공사 시 현장에서 사용하는 목공 기계를 4가지만 쓰시오. (4점)

정답 및 해설 목공 기계의 종류

① 톱 ② 끌 ③ 대패 ④ 망치 ⑤ 드릴 등

004

15④

다음 보기에서 목 공사의 시공 순서를 번호로 기입하시오. (3점)

보기

① 마름질　② 건조처리　③ 바심질　④ 먹매김

• 순서 :

✓ 정답 및 해설 **목 공사의 시공 순서**

건조 처리 → 먹매김 → 마름질 → 바심질의 순이다. 즉, ② → ④ → ① → ③ 이다.

005

13④, 10①

다음 용어를 설명하시오. (3점)

① 가새 :
② 버팀대 :
③ 귀잡이 :

✓ 정답 및 해설 **용어 설명**

① 가새 : 목조 벽체를 수평력에 견디게 하고 안정한 구조로 하기 위한 부재이다.

② 버팀대 : 방의 쓸모 또는 가새를 댈 수 없는 곳에 유리한 부재로서 수평재(보, 도리 등)와 수직재(기둥)를 연결하는 부재이다.

③ 귀잡이 : 수평재(보, 도리, 토대 등)가 서로 수평으로 맞추어지는 귀를 안정한 세로구조로 하기 위하여 빗방향 수평으로 대는 부재이다.

006

05④

건축공사에 사용되는 강화 목재에 대하여 설명하시오. (3점)

✓ 정답 및 해설 **강화 목재**

강화 목재(라미네이트 마루)는 목재 가루를 압축한 바탕재 위에 고압력으로 강화시킨 여러 층의 표면판을 적층하여 접착시킨 복합재 마루로서, 실용적이고, 내마모성, 내압인성, 내수성 및 단열성이 우수하고 표면의 경도가 높으나, 접착제의 경화 시간이 필요하다.

007

19①, 12④, 08②, 04④, 95

다음 용어를 설명하시오. (4점)

① 마름질 :
② 바심질 :

✓ 정답 및 해설 **용어 설명**

① **마름질** : 목재를 소요의 형과 치수로 먹물넣기에 따라 자르거나 오려내는 것으로 끝손질 치수보다 약간 크게 하여야 한다.

② **바심질** : 목재, 석재 등을 치수 금에 맞추어 깎고 다듬는 일 또는 목재의 구멍뚫기 · 홈파기 · 자르기 · 대패질 · 기타 다듬질을 하는 것이다.

008

19④, 17①, 13②

다음은 목 공사에 관한 설명이다. 맞는 용어를 쓰시오. (2점)

① 구멍 뚫기, 홈파기, 면접기, 대패질 등으로 목재를 다듬는 일 :
② 목재를 크기에 따라 각 부재의 소요 길이로 잘라내는 것 :

✓ 정답 및 해설 **용어 설명**

① 바심질 ② 마름질

009

14②, 08④, 05②, 00

다음은 목 공사에 관한 설명이다. 맞는 용어를 쓰시오. (3점)

① 구멍 뚫기, 홈파기, 면접기 및 대패질 등으로 목재를 다듬는 일 (　　)
② 목재를 크기에 따라 각 부재의 소요 길이로 잘라내는 일 (　　)
③ 울거미재나 판재를 틀짜기나 상자짜기를 할 때 끝 부분을 각 45°로 깎고, 이것을 맞대어 접합하는 것

✓ 정답 및 해설 **용어 설명**

① 바심질 ② 마름질 ③ 연귀 맞춤

010

14④, 08②

다음 설명에 맞는 용어를 쓰시오. (3점)

① 나무나 석재의 면을 깎아 밀어서 두드러지게 또는 오목하게 하여 모양지게 하는 것 (   )
② 모서리 구석 등에 표면 마구리가 보이지 않도록 45° 각도로 빗잘라 대는 맞춤 (   )
③ 재를 섬유방향과 평행으로 옆 대어 넓게 붙이는 것 (   )

정답 및 해설 용어 설명

① 모접기 ② 연귀 맞춤 ③ 쪽매

011

12②, 96, 94, 92

다음 아래에 설명된 내용에 해당되는 용어를 쓰시오. (4점)

① 재의 길이 방향으로 부재를 길게 접합하는 것 또는 그 자리 (   )
② 재와 서로 직각 또는 경사지게 부재를 접합하는 것 또는 그 자리 (   )
③ 널재를 섬유방향과 평행으로 옆 대어 넓게 붙이는 것 (   )
④ 상층 기둥 위에 가로대어 지붕보 또는 양식 지붕틀의 평보를 받는 도리 (   )
⑤ 변두리 기둥에 얹고 처마 서까래를 받는 도리 (   )

정답 및 해설 용어 설명

① 이음 ② 맞춤 ③ 쪽매 ④ 깔도리 ⑤ 처마 도리

012

17②, 03②

다음 보기에서 설명하는 내용의 용어를 쓰시오. (3점)

보기

① 목재에서 두 재의 접합부에 끼워 볼트와 같이 써서 전단에 견디도록 한 보강철물
② 재와 서로 직각으로 접합하는 것 또는 그 자리
③ 재의 길이 방향으로 길게 접합하는 것 또는 그 자리

정답 및 해설 용어 설명

① 듀벨 ② 맞춤 ③ 이음

013

06①

다음 목 공사의 용어에 대하여 간단히 설명하시오. (4점)

① 이음 :
② 맞춤 :

✓ 정답 및 해설 **용어 설명**

① 이음 : 부재의 길이 방향으로 두 부재를 길게 접하는 것 또는 그 자리이다.
② 맞춤 : 두 부재가 직각 또는 경사로 물려 짜이는 것 또는 그 자리이다.

014

18②, 13④, 06②

다음은 목구조에 대한 설명이다. 괄호 안을 채우시오. (3점)

㉮ 바닥에서 1m 정도 높이의 하부벽을 (　　　) 이라 한다.
㉯ 상층 기둥 위에 가로대어 지붕보 또는 양식 지붕틀의 평보를 받는 도리를 (　　　)라 한다.
㉰ 변두리 기둥에 얹고 처마 서까래를 받는 도리를 (　　　)라 한다.

✓ 정답 및 해설 **목구조의 부재**

① 징두리 판벽 ② 깔도리 ③ 처마도리

015

04④, 99, 96, 94

다음 용어에 대해 간단히 설명하시오. (3점)

① 징두리 판벽(Wainscoating)
② 양판(Panel Board)
③ 코펜하겐 리브(Copenhagen Rib)

✓ 정답 및 해설 **용어 설명**

① 징두리 판벽 : 내부 벽 하부(징두리)에서 높이 1~1.5m 정도를 판벽으로 처리한 것
② 양판 : 걸레받이와 두겁대 사이에 틀을 짜 대고 그 사이에 넓은 널이다.
③ 코펜하겐 리브 : 보통은 두께 5 cm, 너비 10 cm 정도로 긴 판이며, 표면은 자유 곡선으로 깎아 수직 평행선이 되게 리브를 만든 것으로 면적이 넓은 강당, 영화관, 극장 등의 안벽에 붙이면 음향 조절 효과와 장식 효과가 있다. 주로 벽과 천장 수장재로 사용한다.

016

02①, 96

다음 그림은 나무의 모접기이다. 〈보기〉에서 알맞은 것을 골라 연결하시오. (4점)

보기

① 실 모	② 둥근 모	③ 쌍사 모접기
④ 게눈 모접기	⑤ 큰 모접기	⑥ 빰 모접기

(가) 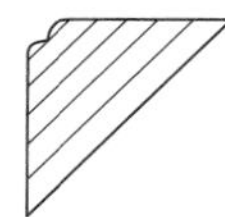
(나) 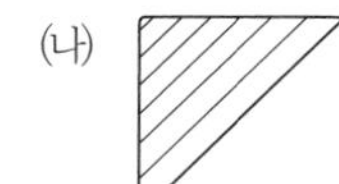
(다) 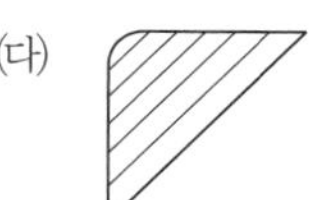

(라) 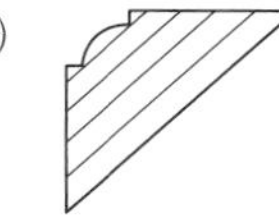
(마) 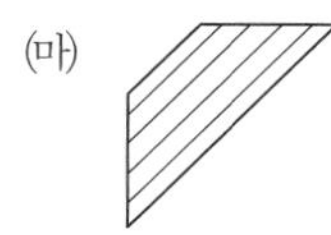
(바) 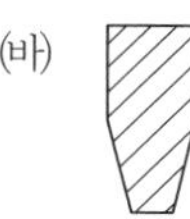

정답 및 해설 나무의 모접기

(가)-③(쌍사 모접기), (나)-①(실모), (다)-②(둥근모), (라)-④(게눈 모접기), (마)-⑤(큰 모접기), (바)-⑥(빰 모접기)

017

10④

다음 목 공사에서 위치별 이음의 종류를 3가지 쓰시오. (3점)

정답 및 해설 목 공사에서 위치별 이음의 종류

① 심이음 ② 내이음 ③ 베개이음

018

15④, 95

각 문제와 관련이 있는 것을 〈보기〉에서 골라 쓰시오. (4점)

보기

① 안장맞춤　② 엇빗이음　③ 걸침턱　④ 빗이음

(가) 반자틀, 반자살대 등에 쓰인다. (　　)
(나) 서까래, 지붕널 등에 쓰인다. (　　)
(다) 지붕보와 도리, 충보와 장선 등의 맞춤에 쓰인다. (　　)
(라) 평보와 ㅅ자보에 쓰인다. (　　)

정답 및 해설 **목구조의 맞춤**

㈎－②(엇빗이음), ㈏－④(빗이음), ㈐－③(걸침턱), ㈑－①(안장맞춤)

019

13①, 10④, 04②, 97, 94

목재의 연귀맞춤의 종류를 4가지 쓰시오. (4점)

정답 및 해설 **연귀맞춤의 종류**

① 반연귀　② 안촉연귀　③ 밖촉연귀　④ 안팎촉연귀　⑤ 사개연귀

020

02②

각 문제와 관련 있는 것을 〈보기〉에서 골라 쓰시오. (4점)

보기

① 주먹장부 맞춤
② 안장 맞춤
③ 걸침턱 맞춤
④ 턱장부 맞춤

(가) 평보와 ㅅ자보에 쓰인다.
(나) 지붕보와 도리, 충보와 장선 등의 맞춤에 쓰인다.
(다) 토대나 창호 등의 모서리 맞춤에 쓰인다.
(라) 토대의 T형 부분이나 토대와 멍에의 맞춤, 달대공 맞춤에 쓰인다.

✓ 정답 및 해설 목구조의 맞춤

(가)-②(안장 맞춤) (나)-③(걸침턱 맞춤) (다)-④(턱장부 맞춤) (라)-①(주먹장부 맞춤)

021

05④

일반적으로 못의 길이는 널두께의 2.5~(①)배, 재의 마구리 등에 박는 것은 3~(②)배로 한다. (2점)

✓ 정답 및 해설 목구조의 못박기

① 3 ② 3.5

022

10②

빈칸에 들어갈 알맞은 용어를 쓰시오. (3점)

보기

평보를 대공에 달아 맬 때 평보를 감아 대공에 긴결시키는 보강철물은 (①)이며, 가로재와 세로재가 교차하는 모서리 부분에 각이 변하지 않도록 보강하는 철물은 (②)이고, 큰 보를 따내지 않고 작은 보를 걸쳐 받게 하는 보강하는 철물은 (③)이다.

✓ 정답 및 해설 목구조의 보강 철물

① 감잡이쇠 ② ㄱ자쇠 ③ 안장쇠

023

06①, 04④

다음과 같은 목 공사 부재의 접합 시 필요한 철물의 종류를 쓰시오. (3점)

① 큰보와 작은보 ② 왕대공과 평보 ③ 기둥과 깔도리

✓ 정답 및 해설 목구조의 보강 철물

① 안장쇠 ② 감잡이쇠 ③ 주걱볼트

024

09②

목재 부재의 연결 철물 종류를 4가지만 쓰시오. (4점)

✓ 정답 및 해설 **목구조의 보강 철물**

① 못 ② 나사못 ③ 꺾쇠 ④ 볼트 ⑤ 듀벨

025

01②, 99, 97, 95, 94

목재의 이음과 맞춤 시 주의사항을 4가지만 쓰시오. (4점)

✓ 정답 및 해설 **목재의 이음과 맞춤 시 주의사항**

① 재는 가급적 적게 깎아내어 부재가 약해지지 않도록 하고, 될 수 있는 대로 응력이 적은 곳에서 접합하도록 한다.
② 복잡한 형태를 피하고 되도록 간단한 방법을 쓰고, 이음 및 맞춤의 단면은 응력의 방향에 직각되게 하여야 한다.
③ 접합되는 부재의 접촉면 및 따낸 면은 잘 다듬어서 틈이 생기지 않고, 응력이 고르게 작용하도록 한다.
④ 국부적으로 큰 응력이 작용하지 않도록 적당한 철물을 써서 충분히 보강한다.

026

19②, 16①, 16④, 12④, 05④, 02①

목구조의 횡력에 대한 변형, 이동 등을 방지하기 위한 보강 방법 3가지를 쓰시오. (3점)

✓ 정답 및 해설 **목구조의 횡력 보강 방법**

① 가새 ② 버팀대 ③ 귀잡이

027

06②

목재 방부제의 요구 성질 4가지를 쓰시오. (4점)

✓ 정답 및 해설 **목재 방부제의 요구 성질**

① 목재를 손상시키지 않고, 사람, 가축 등에 피해가 없어야 한다.
② 방부 처리가 용이하고, 인화성과 흡수성이 적어야 한다.
③ 가격이 저렴하고, 방부 효과가 강하며, 지속적이어야 한다.
④ 목재에 침투가 잘 되고, 방부 처리를 한 후 페인트를 칠할 수 있어야 한다.

028

05④

다음 〈보기〉의 내용을 서로 맞는 것끼리 연결하시오. (4점)

보기

① 목모시멘트판　② 석고판　③ 합판
④ 텍스　⑤ 탄화코르크

(가) 나무를 둥글게 또는 평으로 켜서 직교하여 교착시킨 것
(나) 참나무 껍질을 부순 잔 알들을 압축 성형하여 고온에서 탄화시킨 것
(다) 소석고에 톱밥 등을 가하여 물 반죽 한 후 질긴 종이 사이에 끼어 성형 건조시킨 것
(라) 식물섬유, 종이, 펄프 등에 접착제를 가하여 압축한 섬유판

✓ 정답 및 해설 **목재 제품의 종류**

(가)－③(합판)　(나)－⑤(탄화코르크)　(다)－②(석고판)　(라)－④(텍스)

029

06②

다음 설명은 내장판재에 대한 설명이다. 알맞게 연결하시오. (3점)

보기

① 코펜하겐 리브　② 합판　③ 코르크판
④ 집성재　⑤ 파티클 보드　⑥ 시멘트 목질판

(가) 3장 이상의 3, 5, 7 등 홀수로 섬유방향에 직교하도록 접착한 것 (　　)
(나) 제재판재 또는 소각재 등의 부재를 서로 섬유방향에 평행하게 하여 길이 나비 및 두께 방향으로 접착한 것 (　　)
(다) 목재 및 기타 식물의 섬유질 소편에 합성수지 접착제를 도포, 가열 압착 성형한 판상의 재료 (　　)

✓ 정답 및 해설 **목재 제품의 종류**

(가)－②(합판)　(나)－④(집성재)　(다)－⑤(파티클 보드)

030

15①, 02④, 00, 95

다음 용어 설명에 맞는 재료를 기입하시오. (3점)

보기

① 3매 이상의 단판을 1매마다 섬유방향에 직교하도록 겹쳐 붙인 것
② 목재의 부스러기를 합성수지와 접착제를 섞어 가열 압축한 판재
③ 표면은 평평하고 유공질 판이어서 단열판, 열절연재로 사용

✓ 정답 및 해설 **목재 제품의 종류**

①–합판 ②–파티클 보드 ③–코르크판

031

13②, 10②, 98, 93

목재 흠의 종류 3가지를 쓰시오. (3점)

✓ 정답 및 해설 **목재의 흠**

① 갈래 ② 옹이 ③ 상처 ④ 껍질박이(입피)

032

93

목재의 제재목에 나타나는 무늬의 종류 3가지를 서술하시오. (3점)

✓ 정답 및 해설 **목재의 무늬 종류**

① 곧은결 ② 무늿결 ③ 엇결 ④ 널결

033

04②

일반적으로 목재의 강도가 큰 순서부터 기호로 나열하시오. (4점)

✓ 정답 및 해설 **목재의 강도**

섬유 방향의 인장강도 > 섬유 방향의 압축강도 > 섬유직각 방향의 압축강도 > 섬유직각 방향의 인장강도의 순이므로 (나) > (가) > (다) > (라)이다.

034

93

다음 내용에 알맞은 용어를 〈보기〉에서 골라 기입하시오. (4점)

보기

① 비중　　② 강도　　③ 허용강도　　④ 파괴강도

(1) 비강도 $= \frac{(가)}{(나)}$　　(2) 경제강도 $= \frac{(다)}{(라)}$

✓ 정답 및 해설 비강도와 경제강도

비강도 $= \frac{(강도)}{(비중)}$ 이고, 경제강도 $= \frac{(파괴\ 강도)}{(허용\ 강도)}$ 이다.

(가)－②(강도), (나)－①(비중), (다)－④(파괴 강도), (라)－③(허용 강도)

035

18④, 16②

목재의 건조법 중 훈연법에 대하여 기술하시오. (3점)

✓ 정답 및 해설 목재의 건조법 중 훈연법

훈연법은 연소가마를 건조실내에 장치하여 짚, 나무 부스러기, 톱밥 등을 태워서 연기가 나게 하여 목재를 건조시키는 방법 또는 짚, 나무 부스러기, 톱밥 등을 태운 연기를 건조실에 도입하여 목재를 건조시키는 방법이 있으며, 실내의 온도 조절이 어렵고, 화재가 일어나기 쉽다는 단점이 있다.

036

02②

목 공사에서 구조용으로 사용되는 목재의 조건 3가지를 기술하시오. (3점)

✓ 정답 및 해설 구조용 목재의 조건

① 재질이 균일하고 강도가 큰 목재이어야 한다.
② 내화 및 내구성이 큰 것이어야 한다.
③ 가볍고 큰 재료를 얻을 수 있고 가공이 용이한 것이어야 한다.

037

15①, 00, 95

현장에서 주문한 목재의 반입 검수 시 가장 중요한 확인사항 2가지만 쓰시오. (2점)

정답 및 해설 목재의 반입 검수 사항

① 목재의 건조 정도, 단면 치수, 길이 및 개수를 확인하여야 한다.
② 목재의 흠(갈래, 옹이, 껍질박이, 상처, 썩정이 등)이 있는지를 확인하여야 한다.

038

12②, 10①

다음 아래 내용은 목재의 결점 중 부식의 원인이 되는 환경조건에 대한 설명이다. 빈칸에 알맞은 용어를 쓰시오. (3점)

> 균이 번식하기 위해서는 (①), (②), (③), 양분이 있어야 한다. 그것이 없으면 균은 절대 번식하지 못한다.

정답 및 해설 목재의 부식 원인

① 온도 ② 습도(수분) ③ 공기(산소)

039

95

목재의 결점 중의 하나인, 부패 원인이 되는 환경 조건과 이에 대한 사용상 주의사항에 대해 기술하시오. (4점)

정답 및 해설 목재의 부패 원인과 환경 조건

① 온도 : 대부분의 부패균은 25~35℃ 사이에서 가장 활동이 왕성하고, 4℃ 이하에서는 발육할 수 없으며, 부패균은 55℃ 이상에서 30분 이상이면 거의 사멸된다.
② 습도 : 습도는 90% 이상으로 목재의 함수율이 30~60%일 때 균의 발육이 적당하므로, 충분히 건조되거나 아주 젖어있는 생나무는 잘 부식하지 않는다.
③ 공기 : 완전히 수중에 잠긴 목재는 부패하지 않는데, 이는 공기가 없기 때문이다.
④ 양분 : 목재 속의 리그닌의 역할이다.

040

15②

목재의 부패(腐敗)를 방지하기 위해 사용하는 유성(油性) 방부제의 종류를 4가지 쓰시오. (4점)

정답 및 해설 유성 방부제의 종류

① 크레오소트 ② 콜타르 ③ 아스팔트 ④ 펜타클로로페놀

041

14②, 11②, 05②, 04①, 97

목재의 방부처리 방법 4가지를 적으시오. (4점)

✓ 정답 및 해설 **목재의 방부처리 방법**

① 도포법 ② 침지법 ③ 상압 주입법 ④ 가압 주입법 ⑤ 생리적 주입법

042

00

목재의 방화제 4가지를 쓰시오. (4점)

✓ 정답 및 해설 **목재의 방화재**

① 황산염, 인산염, ② 염화염, 붕산염, ② 중크롬산염, 텅스텐산염, ④ 초산염, 수산염

043

13①, 08②, 04④, 98, 96

목재의 인공건조법 3가지를 쓰시오. (3점)

✓ 정답 및 해설 **목재의 인공건조법**

① 증기법 ② 열기법 ③ 훈연법 ④ 진공법

044

11④, 92

10cm 각, 길이 2m인 나무의 무게가 15kg이라면 이 나무의 함수율은? (단, 나무의 비중은 0.5이다.) (5점)

✓ 정답 및 해설 **목재의 함수율**

목재의 함수율(%) $= \dfrac{\text{함수 중량}}{\text{절건 중량}} \times 100(\%) = \dfrac{W_1 - W_2}{W_2} \times 100(\%)$ 이다.

그런데, 목재의 절건 중량(W_2)

$=$목재의 절건 비중$\times$목재의 부피$= 0.5 \times (0.1 \times 0.1 \times 2) = 0.01\text{m}^3 = 10\text{kg}$

$W_1 = 15\text{kg}$, $W_2 = 10\text{kg}$ 이다.

그러므로, 목재의 함수율$= \dfrac{W_1 - W_2}{W_2} \times 100(\%) = \dfrac{15-10}{10} \times 100 = 50\%$

045

94

목재 보관 시 주의사항 4가지만 서술하시오. (4점)

✓ 정답 및 해설 **목재 보관 시 주의사항**

① 부패의 방지를 위하여 습기가 닿지 않도록 지면으로부터 일정거리 이상 띄워 보관한다.
② 목재의 건조 수축에 의한 변형을 방지하기 위하여 직사광선을 피해 보관한다.
③ 목재의 단면의 크기, 길이, 용도, 형태 등에 따라 구분하여 보관한다.
④ 목재의 표면이 오염되지 않도록 보관한다.

046

99

목재를 길이에 따라 분류하고, 그 용어를 설명하시오. (5점)

✓ 정답 및 해설 **목재의 길이에 의한 분류**

① **정척물** : 일정한 길이로 된 목재로서 1.8m, 2.7m, 3.6m 등이 있다.
② **장척물** : 정척물보다 큰 것으로 보통 0.9m씩 길어지는 목재이다.
③ **단척물** : 1.8m 이하의 목재로서 1.8m를 기준으로 30cm씩 짧거나 긴 목재이다.
④ **난척물** : 정척물이 아닌 목재로서 1.8m를 기준으로 30cm씩 짧거나 긴 목재이다.

047

16②, 10②, 95

다음 용어를 설명하시오. (3점)

① 입주 상량 :
② 듀벨 :
③ 바심질 :

✓ 정답 및 해설 **용어 설명**

① **입주 상량** : 집을 지을 때 기둥에 보를 얹고 그 위에 처마도리, 깔도리 등을 걸고 최종 마룻대를 올리는 일이다.
② **듀벨** : 듀벨은 전단력에, 볼트는 인장력에 작용시켜 접합재(목재와 목재) 상호간의 변위를 막는 강한 이음을 얻는 데 사용하는 것으로 큰 간사이의 구조, 포갬보 등에 쓰인다.
③ **바심질** : 목재, 석재 등을 치수 금에 맞추어 깎고 다듬는 일 또는 목재의 구멍뚫기 · 홈파기 · 자르기 · 면접기 · 대패질 · 기타 다듬질을 하는 것이다.

048

04④, 99, 94

다음 용어를 설명하시오. (3점)

① 징두리판벽 :
② 양판 :
③ 코펜하겐 리브 :

정답 및 해설 **용어 설명**

① 징두리판벽 : 내부 벽 하부(징두리)에서 높이 1~1.5m 정도를 판벽으로 처리한 것.
② 양판 : 걸레받이와 두겁대 사이에 틀을 짜 대고 그 사이에 넓은 널을 끼운 판이다.
③ 코펜하겐 리브 : 보통은 두께 5 cm, 너비 10 cm 정도의 길이에 표면은 자유 곡선으로 깎아 수직 평행선이 되게 리브를 만든 것으로, 면적이 넓은 강당, 영화관, 극장 등의 안벽에 붙이면 음향 조절 효과와 장식 효과가 있다. 주로 벽과 천장 수장재로 사용한다.

049

18①, 07①, 94

다음 용어를 간략히 설명하시오. (3점)

① 짠 마루 :
② 막만든 아치 :
③ 거친 아치 :

정답 및 해설 **용어 설명**

① 짠 마루 : 큰 보 위에 작은 보를 걸고 그 위에 장선을 대고 마루널을 깐 마루로서 스팬이 클 때 사용(6.4m 이상)하고, 큰 보+작은 보+장선+마루널의 순의 구성이다.
② 막만든 아치 : 벽돌을 쐐기 모양으로 다듬어 사용한 아치이다.
③ 거친 아치 : 벽돌은 그대로 사용하고, 줄눈을 쐐기 모양으로 만들어 사용한 아치이다.

050

98, 95

다음 용어를 간단히 설명하시오. (6점)

① 본아치 ② 보마루 ③ 홑마루

정답 및 해설 용어 설명

① 본아치 : 특별히 아치 벽돌을 주문 제작하여 사용한 아치이다.
② 보마루 : 보를 걸어 장선을 받게하고 그 위에 마루널을 깐 것으로 간사이가 2.5m 이상 6.4m 미만 정도일 때 사용하며, 보의 간격은 2.0m정도로 한다.
③ 홑(장선)마루 : 복도 또는 간사이가 작을 때 보를 사용하지 않고, 층도리와 간막이 도리에 직접 장선을 약 50cm 사이로 걸쳐대고 그 위에 널을 깐 것이다.

051

18②, 17④, 16①, 07①

다음 쪽매의 명칭을 쓰시오. (4점)

① ② ③ 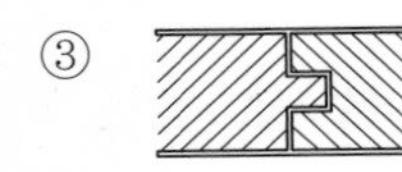 ④ 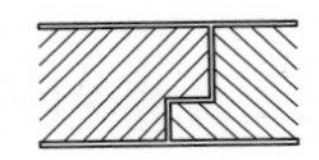

정답 및 해설 쪽매의 명칭

① 틈막이대 쪽매 ② 딴혀 쪽매 ③ 제혀 쪽매 ④ 반턱 쪽매

052

10②, 04①, 94, 00, 03①

다음 아래의 쪽매 그림을 보고 그 명칭을 적어 넣으시오. (5점)

① 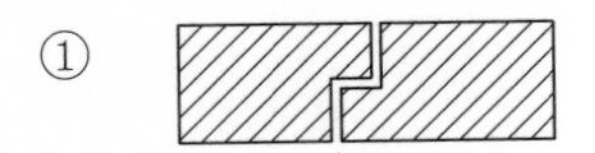 ②

③ 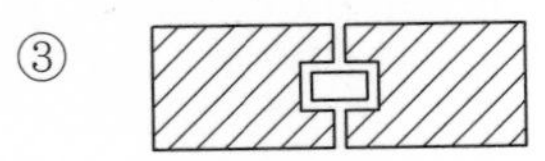 ④

⑤ 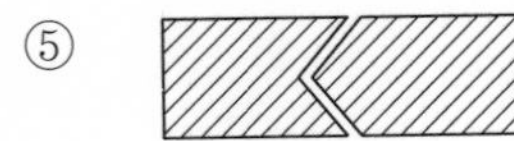

정답 및 해설 쪽매의 명칭

① 반턱 쪽매 ② 빗쪽매 ③ 딴혀 쪽매 ④ 제혀 쪽매 ⑤ 오늬 쪽매

053

11①

목재 가공 시 사용되는 쪽매이다. 이름을 쓰시오. (3점)

① 

② 

③ 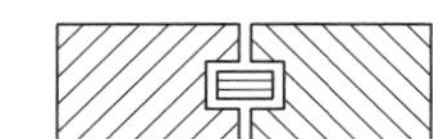

④ 

정답 및 해설 **쪽매의 명칭**

① 반턱 쪽매 ② 틈막이대 쪽매 ③ 딴혀 쪽매 ④ 제혀 쪽매

054

12②

다음의 쪽매를 그림으로 그리시오. (단, 도구를 사용하지 않고 도시한다.) (4점)

① 반턱 쪽매 :
② 딴혀 쪽매 :
③ 제혀 쪽매 :
④ 맞댄 쪽매 :

정답 및 해설 **쪽매의 형태**

① 반턱 쪽매 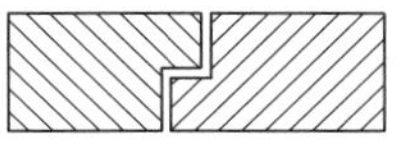

② 딴혀 쪽매 

③ 제혀 쪽매 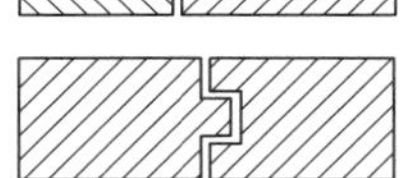

④ 맞댄 쪽매 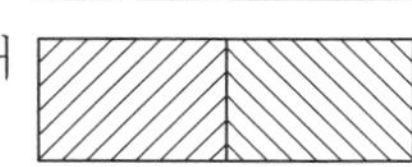

055

19②, 97

마루널 쪽매의 종류를 4가지만 쓰시오 (4점)

정답 및 해설 **쪽매의 종류**

① 반턱 쪽매 ② 빗쪽매 ③ 딴혀 쪽매 ④ 제혀 쪽매 ⑤ 오늬 쪽매

056

95

다음 (   ) 안에 알맞은 말을 써 넣으시오. (3점)

플로어링판을 장선에 직접 붙여 깔 때의 장선의 간격은 (①) 내외를 표준으로 하고 장선의 상단은 두드러짐이나 (②)이 없고 알매진 바탕으로 하며 2중 바닥깔기의 경우는 (③)바닥깔기에 따른다.

정답 및 해설 **목재 제품**

① 450mm ② 벌어짐 ③ 짠 마루

057

03②

마루널 이중깔기의 순서를 쓰시오. (4점)

보기

① 장선　② 방수지 깔기　③ 마루널 깔기
④ 밑창널 깔기　⑤ 멍에　⑥ 동바리

정답 및 해설 **마루널 이중깔기의 순서**

동바리 → 멍에 → 장선 → 밑창널 깔기 → 방수지 깔기 → 마루널 깔기의 순이다. 즉, ⑥ → ⑤ → ① → ④ → ② → ③의 순이다.

058

93

양식 목구조 지붕틀에 관한 기술이다. 명칭을 〈보기〉에서 골라 적합한 부재에 번호를 쓰시오. (4점)

보기

① 평보　② 깔도리　③ 처마도리

목조 양식 구조에서는 ((가)) 위에 지붕틀을 얹고 지붕틀의 ((나))위에 얹고 ((다))와 같은 방향으로 ((라))를 깐다.

정답 및 해설 **양식(왕대공)지붕틀**

(가)－②(깔도리) (나)－①(평보) (다)－②(깔도리) (라)－③(처마도리)

059

05①

파티클 보드의 특징을 3가지 쓰시오. (3점)

✓ 정답 및 해설 **파티클 보드의 특징**

① 표면이 평활하고 경도가 크며, 방충, 방부성이 크다.
② 균질한 판을 대량으로 제조할 수 있다.
③ 강도에 방향성이 없고, 가공성이 비교적 양호하다.

060

00, 97

목조계단 설치시공 순서를 〈보기〉에서 골라 번호를 쓰시오. (3점)

보기

① 난간두겁　　② 계단옆판, 난간어미기둥　　③ 난간동자
④ 디딤판　　⑤ 1층 멍에, 계단참, 2층 받이보

✓ 정답 및 해설 **목조계단 설치 순서**

1층 멍에, 계단참, 2층 받이보 → 계단 옆판, 난간 어미기둥 → 디딤판 → 난간 동자 → 난간 두겁의 순이다.
즉, ⑤ → ② → ④ → ③ → ①의 순이다.

CHAPTER 04

창호 및 유리 공사

001

10②

강재 창호의 현장설치 순서를 쓰시오. (4점)

보기

현장반입 → (①) → 녹막이 칠 → (②) → 구멍파기, 따내기 → (③) → 묻음발 고정 → (④) → 보양

정답 및 해설 **강재 창호의 현장설치 순서**

현장반입 → 변형 바로 잡기 → 녹막이 칠 → 먹매김 → 구멍파기, 따내기 → 가설치 및 검사 → 묻음발 고정 → 창문틀 주위 모르타르 사춤 → 보양의 순이다.

① 변형 바로 잡기 ② 먹매김 ③ 가설치 및 검사 ④ 창문틀 주위 모르타르 사춤

002

06②, 96

미서기창의 창호철물 3가지를 쓰시오. (3점)

정답 및 해설 **미서기창의 창호철물**

① 레일 ② 호차 ③ 크레센트

003

08①

창호의 종류 중 살창에 대해 설명하고, 살창의 종류 3가지를 쓰시오. (4점)

① 용어 :
② 살창의 종류 :

정답 및 해설 **살창의 정의와 종류**

① 살창의 정의 : 일종의 격자창으로 가는 살을 짜서 만든 창
② 살창의 종류 : ㉮ 아자창, ㉯ 완자창, ㉰ 띠창, ㉱ 빗살창

004

07④

알루미늄 창호 공사 시 주의사항 3가지를 쓰시오. (3점)

정답 및 해설 **알루미늄 창호 공사 시 주의사항**

① 강제 창호에 비해 강도가 약하므로 취급시 주의하여야 한다.
② 알루미늄은 알칼리성에 약하므로 모르타르, 콘크리트 및 회반죽과의 접촉을 피해야 한다.
③ 이질 금속과 접촉하면 부식이 발생하므로 사용하는 철물을 동질의 재료를 사용하여야 한다.

005

13①, 13④, 10①, 09②, 06④, 05④

알루미늄 창호를 철재 창호와 비교할 때의 장점 3가지를 쓰시오. (3점)

정답 및 해설 **알루미늄 창호의 장점**

① 알루미늄의 비중은 철의 약 1/3 정도로 가볍다.
② 공작이 자유롭고 기밀성이 우수하다.
③ 녹슬지 않아 유지관리가 쉽고, 사용 연한이 길다.
④ 여닫음이 경쾌하다.

006

97, 94

유리 끼우기에 사용되는 재료 종류 3가지만 쓰시오. (3점)

정답 및 해설 **유리 끼우기에 사용되는 재료**

① 퍼티류(반죽 퍼티, 나무 퍼티, 고무 퍼티 등)대기 ② 클립 ③ 누름대 대기

007

03②

목재 유리문에 사용되는 퍼티의 종류 3가지를 쓰시오. (3점)

정답 및 해설 **퍼티의 종류**

① 반죽 퍼티 ② 나무 퍼티 ③ 고무 퍼티(가스켓)

008

14②, 09④

출입구 및 창호의 평면기호 중 여닫이문의 평면을 형태별로 구분하여 4가지로 작도하시오. (4점)

✓ 정답 및 해설

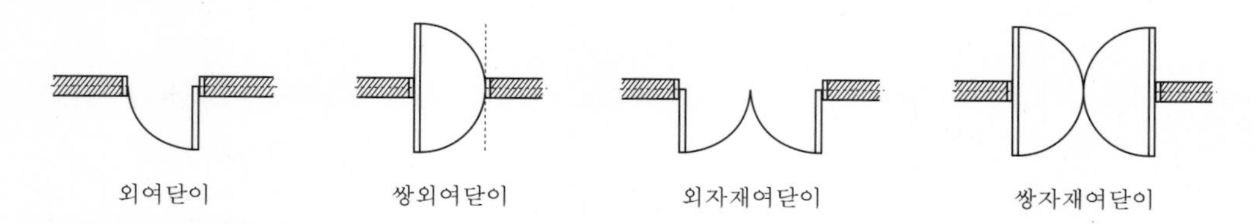

009

06②, 96, 94

다음 용어를 설명하시오. (4점)

① 에어도어 :
② 멀리온 :

✓ 정답 및 해설 **용어 설명**

① **에어 도어**(air door) : 에어 커튼이라고도 하며, 개구부 상부에서 두꺼운 공기류를 형성하여 내리고 밑에서 흡인하는 장치로, 외기 또는 먼지의 침입을 차단하는 설비이다.

② **멀리온**(mullion) : 창 면적이 클 때에는 스틸 바만으로는 약하고 여닫을 때의 진동으로 인하여 유리가 파손될 우려가 있으므로, 이를 보강하고 외관을 꾸미기 위하여 강판을 중공형으로 접어 가로, 세로로 대는 부재이다.

010

13④, 05①

다음 창호공사에 관한 용어에 대하여 설명하시오. (2점)

① 풍소란 :
② 마중대 :

✓ 정답 및 해설 **용어 설명**

① **풍소란** : 4짝 미서기문의 마중대는 서로 턱솔 또는 딴 혀를 대어 방풍적으로 물려지게 하는 것

② **마중대** : 미닫이문의 서로 마주치는 선대(세워 대는 문 울거미)

011

98, 97

창호 철물 중 개폐 조절기를 4가지만 쓰시오. (4점)

✔ 정답 및 해설 **개폐 조절기**

① 도어 클로저(도어 체크), ② 래버터리 힌지, ③ 플로어 힌지, ④ 지도리

012

11②

다음 〈보기〉에서 관련된 것끼리 (   ) 안에 알맞은 번호를 기입하시오. (3점)

보기

① 복층유리 ② 강화유리 ③ 망입유리
④ 형판유리 ⑤ 접합유리

(가) 플러쉬문 : (   ) (나) 무테문 : (   )
(다) 아코디언문 : (   ) (라) 여닫이문 : (   )

✔ 정답 및 해설 **유리의 용도**

(가)－①(복층유리) (나)－④(형판유리) (다)－②(강화유리) (라)－⑤(접합유리)

013

04②, 01④, 96

다음 〈보기〉의 창호부품에서 관계있는 부품의 번호를 쓰시오. (4점)

보기

① 핸들박스(Handle box) ② 피보트 힌지(Pivot hinge)
③ 풍소란 ④ 벌집(허니콤)심
⑤ 행거레일(Hanger rail) ⑥ 오르내리기 꽂이쇠

(가) 여닫이문 :
(나) 플러쉬문(Flush door) :
(다) 무테문(Frameless door) :
(라) 아코디언문(Accordion door) :

✔ 정답 및 해설 **창호 철물**

(가)－③(풍소란) (나)－④(벌집(허니콤)심) (다)－②(피보트 힌지) (라)－⑤(행거레일)

014

95

다음 〈보기〉에서 알맞은 것끼리 번호를 기입하시오. (4점)

보기

① 지도리 ② 경첩
③ 레일 ④ 자유경첩

(가) 자재중량문 (나) 여닫이문
(다) 미닫이문 (라) 회전문

정답 및 해설 창호 철물

(가)－④(자유경첩), (나)－②(경첩), (다)－③(레일), (라)－①(지도리)

015

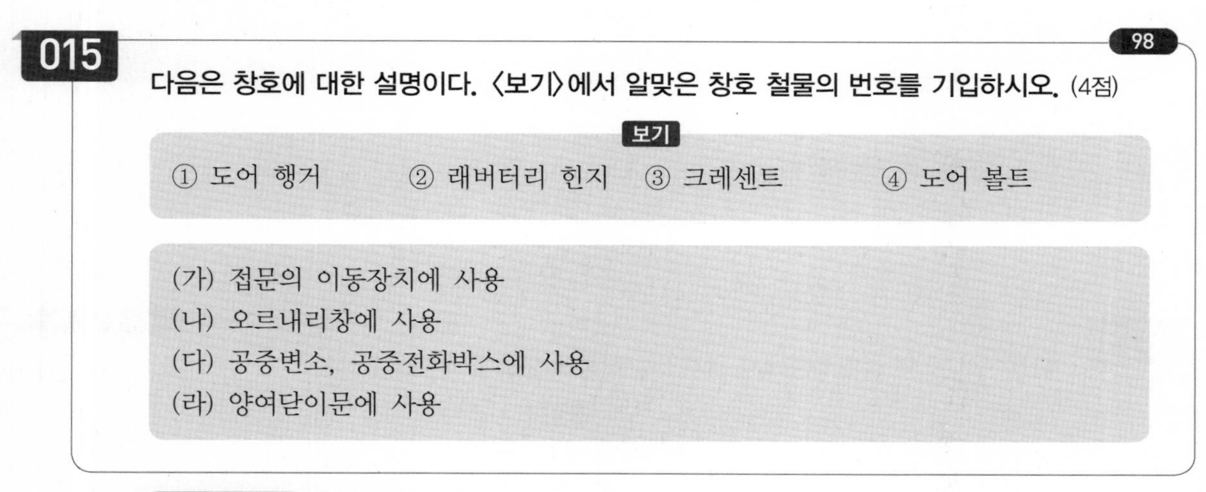

98

다음은 창호에 대한 설명이다. 〈보기〉에서 알맞은 창호 철물의 번호를 기입하시오. (4점)

보기

① 도어 행거 ② 래버터리 힌지 ③ 크레센트 ④ 도어 볼트

(가) 접문의 이동장치에 사용
(나) 오르내리창에 사용
(다) 공중변소, 공중전화박스에 사용
(라) 양여닫이문에 사용

정답 및 해설 창호 철물

(1)－①(도어 행거), (2)－③(크레센트), (3)－②(래버터리 힌지), (4)－④(도어 볼트)

016

98

다음 ( ) 안에 알맞은 말을 넣으시오. (4점)

보통 판유리의 두께는 2~5mm이며, 일반 창호에 쓰이는 두께는 2~5mm의 것을 (①) 유리라 하고, 두께 5mm 이상의 것을 (②) 유리라 한다. 그리고 길이와 두께에 상관없이 (③)m^2을 1상자로 하여 판매한다.

✓ 정답 및 해설 유리의 개요

① 박판 ② 후판 ③ 9.26

017

05②

다음 〈보기〉 중 적합한 유리재를 괄호 안에 쓰시오. (4점)

보기

① 유리블록　　② 자외선투과유리
③ 복층유리　　④ 프리즘유리

(가) 방음, 단열, 결로방지－( )　　(나) 병원, 온실－( )
(다) 의장성, 계단실 채광－( )　　(라) 지하실 채광－( )

✓ 정답 및 해설 유리의 종류

(가)－③(복층유리) (나)－②(자외선투과유리) (다)－①(유리블록) (라)－④(프리즘유리)

018

06②

다음 〈보기〉 중 적합한 유리재를 (　　) 안에 넣으시오. (4점)

보기

① 자외선차단유리　② 자외선투과유리　③ 스테인드글라스
④ 골판유리　⑤ 형판유리　⑥ 복층유리
⑦ 망입유리　⑧ 착색유리　⑨ 흐린유리
⑩ 프리즘유리

(가) 염색품의 색이 바래는 것을 방지하고 채광을 요구하는 진열장 등에 이용된다. (　　)
(나) 보온, 방음, 결로에 유리하다. (　　)
(다) 방화, 방도 또는 진동이 심한 장소에 쓰이다. (　　)
(라) 투과광선 방향을 변화시키거나 집중 또는 확산시킬 목적으로 만든 것으로, 지하실 채광 또는 채광용으로 쓰인다. (　　)

정답 및 해설 유리의 종류

㈎－①(자외선차단유리), ㈏－⑥(복층유리), ㈐－⑦(망입유리), ㈑－⑩(프리즘유리)

019

96, 94

다음 〈보기〉에서 해설에 맞는 것을 연결하시오. (4점)

보기

① Embossed Glass　② Laminated Safe Glass
③ Wire Glass　④ Tempered Glass

(가) 두께 2~5mm의 반투명 유리
(나) 유리 중간에 금속망을 넣은 것
(다) 2, 3장의 유리를 합성수지로 겹붙여 댄 것
(라) 보통 판유리보다 3~5배 강도가 큰 것

정답 및 해설 유리의 종류

㈎－①(Embossed Glass) ㈏－③(Wire Glass) ㈐－②(Laminated Safe Glass) ㈑－④(Tempered Glass)

020

14②, 08①

현장에서 절단이 가능한 다음 유리의 절단 방법에 대하여 서술하고, 현장에서 절단이 어려운 유리제품 2가지를 쓰시오. (3점)

① 접합유리 :
② 망입유리 :
③ 현장에서 절단이 어려운 유리제품 :
㉠
㉡

정답 및 해설

① 접합(합판)유리 : 투명 판유리 2장 사이에 아세테이트, 부틸셀룰로오스 등 합성수지막을 넣어 합성수지 접착제로 접착시킨 유리로서, 깨지더라도 유리 파편이 합성수지막에 붙어 있게 하여 파편으로 인한 위험을 방지하도록 한 것이다. 유색 합성수지막을 사용하면 착색 접합 유리가 된다. 접합 유리는 보통 판유리에 비해 투광성은 약간 떨어지나 차음성, 보온성이 좋은 편이다. 절단 방법은 유리칼을 이용하여 양면의 유리 부분을 자르고, 일반칼을 이용하여 필름을 절단한다.

② 망입 유리 : 용융 유리 사이에 금속 그물(지름이 0.4 mm 이상의 철선, 놋쇠선, 아연선, 구리선, 알루미늄선)을 넣어 롤러로 압연하여 만든 판유리로서 도난 방지, 화재 방지 및 파편에 의한 부상 방지 등의 목적으로 사용한다. 절단 방법은 유리칼을 이용하여 양면의 유리 부분을 자르고, 반복적으로 접었다 폈다 하여 철망 부분을 자른다.

③ 현장에서 절단이 어려운 유리제품
㉠ 강화 유리, ㉡ 복층 유리

021

19②, 14②

다음은 유리재에 대한 설명이다. 괄호 안을 채우시오. (2점)

보기

유리를 600℃로 고온 가열 후 급랭시킨 유리로 보통 유리의 충격 강도보다 3~5배 정도 크며 200℃ 이상의 고온에서도 형태 유지가 가능한 유리를 (　　)유리라 하고, 파라핀을 바르고 철필로 무늬를 새긴 후 부식 처리한 유리를 (　　)유리라 한다.

정답 및 해설 강화 및 부식 유리

① 강화 ② 부식

022

07①

다음 유리재를 특성에 맞게 연결하시오. (5점)

보기

① 자외선차단유리 ② 접합유리 ③ 유리블록
④ 복층유리 ⑤ 열선흡수유리

(가) 철, 니켈, 크롬 등을 가하여 냉방 효과를 증대시킨다.
(나) 보온, 방음, 결로에 유리하다.
(다) 염색품의 색이 바래는 것을 방지하고, 채광을 요구하는 진열장 등에 이용된다.
(라) 2~3장의 유리판을 합성수지로 겹으로 붙여댄 것이다.
(마) 투명유리로 열전도가 작고 상자형이며, 계단실 채광용으로 쓰인다.

✓ 정답 및 해설 **유리의 종류**

(가)－⑤(열선흡수유리) (나)－④(복층유리) (다)－①(자외선차단유리) (라)－②(접합유리) (마)－③(유리블록)

023

04①

다음이 설명하는 유리재를 쓰시오. (3점)

① 한 면이 톱날 모양으로 광선의 확산효과가 있다. ( )
② 유리 중간에 철선을 넣은 것 ( )
③ 유리 사이에 공간을 두어 보온, 방음, 결로 방지에 유리하다. ( )

✓ 정답 및 해설 **유리의 종류**

① 프리즘유리 ② 망입유리 ③ 복층유리

024

15②

강화유리의 특징 4가지를 쓰시오. (4점)

✓ 정답 및 해설 **강화유리의 특징**

① 강도는 보통 판유리보다 3~5배에 이르고, 충격 강도는 7~8배나 된다.
② 열처리에 의한 내응력 때문에 유리가 모래처럼 잘게 부서지므로 유리 파편에 의한 부상이 적다.
③ 열처리를 한 다음에는 가공이 불가능하다.
④ 200℃ 이상의 온도에서 견디므로 내열성이 우수하다.

025

14④, 09②, 98, 95

복층유리의 특징을 3가지 쓰시오. (3점)

✓ 정답 및 해설 **복층유리의 특징**

① 단열, 보온, 방한, 방서의 효과가 있다.
② 방음의 효과는 있으나, 차음의 효과는 거의 동일하다.
③ 결로 방지용으로 매우 우수하다.

026

16②, 01④, 99

합판유리의 특성 3가지를 쓰시오. (3점)

✓ 정답 및 해설 **합판유리의 특성**

① 깨어지더라도 유리 파편이 합성수지막에 붙어 있게 하여 파편으로 인한 위험을 방지한다.
② 유색 합성수지막을 사용하면 착색 접합 유리가 된다.
③ 보통 판유리에 비해 투광성은 약간 떨어지나 차음성, 보온성이 좋은 편이다.

027

17①, 01②

다음 유리의 특성을 쓰시오. (4점)

① 반사유리 :
② 접합유리 :
③ 강화유리 :
④ 망입유리 :

✓ 정답 및 해설 **각종 유리의 특성**

① 반사유리 : 플로트 유리 제조 공정 중 금속 욕조 내에서 특수 기체로 표면처리를 하여 일정 두께의 반사막을 입힌 유리로서, 반사막이 광선을 차단 · 반사시켜 실내에서 볼 때는 외부를 볼 수 있으나, 외부에서는 거울처럼 보인다. 열선흡수 유리보다 열전도가 적어 공기조화 및 열적 요구를 절감시킨다.
② 접합(합판)유리 : 투명 판유리 2장 사이에 아세테이트, 부틸셀룰로오스 등 합성수지막을 넣어 합성수지 접착제로 접착시킨 유리로서, 깨어지더라도 유리 파편이 합성수지막에 붙어 있게 하여 파편으로 인한 위험을 방지(방탄의 효과)하도록 한 것이다. 유색 합성수지막을 사용하면 착색 접합 유리가 된다. 접합 유리는 보통 판유리에 비해 투광성은 약간 떨어지나 차음성, 보온성이 좋은 편이다.
③ 강화유리 : 유리를 600℃로 고온 가열 후 급랭시킨 유리로 보통 유리의 충격 강도보다 3~5배 정도 크며, 200℃ 이상의 고온에서도 형태 유지가 가능한 유리이다. 특징은 다음과 같다.
  ① 강도는 보통 판유리보다 3~5배에 이르고, 충격 강도는 7~8배나 된다.

② 열처리에 의한 내응력 때문에 유리가 모래처럼 잘게 부서지므로 유리 파편에 의한 부상이 적다.
③ 열처리를 한 다음에는 가공이 불가능하다.
④ 200℃ 이상의 온도에서 견디므로 내열성이 우수하다.

④ 망입유리 : 용융 유리 사이에 금속 그물(지름이 0.4 mm 이상의 철선, 놋쇠선, 아연선, 구리선, 알루미늄선)을 넣어 롤러로 압연하여 만든 판유리로서 도난 방지, 화재 방지 및 파편에 의한 부상 방지 등의 목적으로 사용한다.

028

19②, 10④

다음 유리에 대해 설명하시오. (4점)

① LOW－e유리 :
② 접합유리 :

정답 및 해설 유리의 종류

① 로이유리 : 열적외선을 반사하는 은소재 도막으로 코팅하여 방사율과 열관류율을 낮추고 가시광선의 투과율을 높인 유리로서 일반적으로 복층 유리로 제조하여 사용한다.

② 접합(합판)유리 : 투명 판유리 2장 사이에 아세테이트, 부틸셀룰로오스 등 합성수지막을 넣어 합성수지 접착제로 접착시킨 유리로서, 깨어지더라도 유리 파편이 합성수지막에 붙어 있게 하여 파편으로 인한 위험을 방지(방탄의 효과)하도록 한 것이다. 유색 합성수지막을 사용하면 착색 접합 유리가 된다. 접합 유리는 보통 판유리에 비해 투광성은 약간 떨어지나 차음성, 보온성이 좋은 편이다.

029

97

다음 유리 가공품을 간략히 설명하시오. (4점)

① 강화유리　　② 접합유리
③ 복층유리　　④ 유리블록

정답 및 해설 유리의 가공품

① 강화유리 : 유리를 600℃로 고온 가열 후 급랭시킨 유리로 보통 유리의 충격 강도보다 3~5배 정도 크며, 200℃ 이상의 고온에서도 형태 유지가 가능한 유리이다. 특징은 다음과 같다.
㉠ 강도는 보통 판유리보다 3~5배에 이르고, 충격 강도는 7~8배나 된다.
㉡ 열처리에 의한 내응력 때문에 유리가 모래처럼 잘게 부서지므로 유리 파편에 의한 부상이 적다.
㉢ 열처리를 한 다음에는 가공이 불가능하다.
㉣ 200℃ 이상의 온도에서 견디므로 내열성이 우수하다.

② 접합(합판)유리 : 투명 판유리 2장 사이에 아세테이트, 부틸셀룰로오스 등 합성수지막을 넣어 합성수지 접착제로 접착시킨 유리로서, 깨어지더라도 유리 파편이 합성수지막에 붙어 있게 하여 파편으로 인한 위험을 방지(방탄의 효과)하도록 한 것이다. 유색 합성수지막을 사용하면 착색 접합 유리가 된다. 접합 유리는 보통 판유리에 비해 투광성은 약간 떨어지나 차음성, 보온성이 좋은 편이다.

③ 복층유리 : 유리 사이에 공간을 두어 둘레에는 틀을 끼워서 내부를 기밀하게 만든 절단 불가능 유리이며, 특성은 단열, 보온, 방한, 방서의 효과가 있고, 방음의 효과는 있으나 차음의 효과는 거의 동일하다. 결로 방지용으로 매우 우수하다.

④ 유리블록 : 속이 빈 상자 모양의 유리 2개를 맞대어 저압 공기를 넣고 녹여 붙인 것으로 주로 칸막이 벽에 사용되고, 시선을 차단함과 동시에 채광이 가능하며, 방음, 보온 및 장식 효과가 있다.

030

00, 98, 96

다음 유리공사에서 쓰이는 용어를 간단히 쓰시오. (4점)

① 트리플렉스(Triplex) ② 컷글라스(Cut Glass)

정답 및 해설 유리의 용어

① 트리플렉스 : 후판유리 또는 강화판유리를 여러 장 접착한 유리로서, 방탄 성능이 있는 유리이다.

② 컷 글라스 : 유리의 표면에 광택이 있는 홈줄을 새겨 넣은 유리이다.

031

00

다음 유리공사에 대한 용어이다. 용어를 간단히 설명하시오. (4점)

보기

① 샌드 블라스트(sand blast) ② 세팅블록(setting block)

정답 및 해설 유리 공사의 용어

① 샌드 블라스트 : 유리면에 오려낸 모양판을 붙이고, 모래를 고압 증기로 뿜어 오려낸 부분을 마모시켜 유리면에 무늬 모양을 만든 유리로서 장식용 창이나 스크린 등에 사용한다.

② 세팅블록 : 새시 하단부의 유리끼움용 부재료로서 유리의 자중을 지지하는 고임재

032

10④

다음 공간에 사용되는 유리 종류를 한 가지씩만 쓰시오. (3점)

① 차유리 :
② 의류, 진열공간 :
③ 유류저장창고, 방화공간 :

✓ 정답 및 해설 **유리의 용도**

① 차유리 : 접합유리
② 의류, 진열 공간 : 자외선차단유리
③ 유류저장창고, 방화공간 : 망입유리

033

17④

서로 관계있는 것끼리 번호로 연결하시오. (4점)

(가) 망입유리	① 부식유리
(나) 방탄유리	② 거울유리
(다) 장식장용 유리	③ 복층유리
(라) 단열용 유리	④ 프리즘유리
(마) 갈은 유리	⑤ 합판유리
(바) 방화 유리	⑥ 망입유리

✓ 정답 및 해설 **유리의 용도**

(가)(망입유리) – ④(프리즘유리), (나)(방탄유리) – ⑤(합판유리), (다)(장식장용 유리) – ①(부식유리), (라)(단열용 유리) – ③(복층유리), (마)(갈은 유리) – ②(거울유리), (바)(방화 유리) – ⑥(망입유리)

034

02④, 99, 96

유리의 용도에 관계있는 것을 〈보기〉에서 골라 쓰시오. (4점)

보기

① 단열, 방음, 결로 방지
② 일광욕실, 새너토리엄(Sanatorium), 병원
③ 채광과 의장을 겸한 구조용 유리벽돌
④ 지하실 채광용

(가) 유리블록
(나) 자외선투과유리
(다) 복층유리
(라) 프리즘유리

✔ 정답 및 해설 **유리의 용도**

(가)–③(채광 및 의장을 겸한 구조용 유리 벽돌) (나)–②(일광욕실, 새너토리엄, 병원),
(다)–①(단열, 방음, 결로 방지), (라)–④(지하실 채광용)

035

00

다음은 유리공사에 대한 설명이다. 이에 알맞은 용어를 골라 번호를 쓰시오. (3점)

보기

① 복층유리
② 강화유리
③ 망입유리
④ 프리즘 유리
⑤ 접합유리

(가) 한 면이 톱날모양, 광선조절확산, 실내를 밝게 하는 유리
(나) 보온, 흡음, 방수의 효과가 크다.
(다) 유리중간에 철선을 넣은 것

✔ 정답 및 해설 **유리의 특성**

(가)–④(프리즘유리) (나)–①(복층유리) (다)–③(망입유리)

036

17②, 16①, 12①, 07④, 02②

일반적으로 넓은 의미의 안전유리로 분류할 수 있는 성질을 가진 유리 3가지를 쓰시오. (3점)

✓ 정답 및 해설 **안전 유리의 종류**

① 접합유리 ② 강화판유리 ③ 배강도유리

037

13②

유리의 열손실을 막기 위한 방법을 2가지 정도 나열하시오. (4점)

✓ 정답 및 해설 **유리의 열손실을 막기 위한 방법**

① 복층유리와 같이 2장 또는 3장의 판유리를 일정한 간격으로 띄어 금속테로 기밀하게 테두리를 한 다음, 유리 사이의 내부는 건조한 일반 공기층으로 하여 단열, 결로 방지에 이용한다.
② 로이유리와 같이 열적외선을 반사하는 은소재 도막으로 코팅하여 방사율과 열관류율을 낮추고 가시광선의 투과율을 높인 유리로서 일반적으로 복층 유리로 제조하여 사용한다.

038

12④, 09④

유리공사에서 서스펜션(suspension) 공법에 대하여 설명하시오. (3점)

✓ 정답 및 해설 **유리공사의 서스펜션(suspension) 공법**

유리의 중간 부분의 보강재인 멀리온이 없이 유리만을 세우는 공법으로 대형 유리의 상단부에는 특수용의 철재를 사용하고 유리의 접합부에는 직각 방향의 리브 유리를 사용하며 유리 사이의 틈새 부분에는 실란트를 사용하여 메워서 유리를 세우는 공법이다.

CHAPTER

05 미장 공사

001

02①

다음 〈보기〉 중 기경성 재료를 모두 골라 번호를 기입하시오. (5점)

보기

① 시멘트 모르타르
② 아스팔트 모르타르
③ 킨즈 시멘트
④ 돌로마이트 플라스터
⑤ 회반죽
⑥ 순석고 플라스터
⑦ 마그네시아 시멘트
⑧ 진흙

✓ 정답 기경성 미장재료

②(아스팔트 모르타르) ④(돌로마이트 플라스터) ⑤(회반죽) ⑧(진흙)

✓ 해설 미장 재료의 분류

구 분	분 류		고결재
수경성	시멘트계	시멘트 모르타르, 인조석, 테라초 현장바름	포틀랜드 시멘트
	석고계 플라스터	혼합 석고, 보드용, 크림용 석고 플라스터, 킨스 시멘트	헤미수화물, 황산칼슘
기경성	석회계 플라스터	회반죽, 돌로마이트 플라스터, 회사벽	돌로마이트, 소석회
	흙반죽, 섬유벽, 아스팔트 모르타르		점토, 합성수지 풀
특수 재료	합성수지 플라스터, 마그네시아 시멘트		합성수지, 마그네시아

002

17①, 95

다음의 보기 중에서 기경성인 재료를 모두 골라 번호를 기입하시오. (3점)

보기

① 킨즈시멘트
② 아스팔트 모르타르
③ 마그네시아 시멘트
④ 시멘트 모르타르
⑤ 진흙질
⑥ 소석회

✓ 정답 및 해설 기경성 미장재료

②(아스팔트 모르타르) ⑤(진흙질) ⑥(소석회)

003

09①

다음 미장재료 중 기경성 미장재료를 고르시오. (4점)

보기

① 시멘트 모르타르	② 돌로마이트 플라스터
③ 회반죽	④ 순석고
⑤ 테라초 현장갈기	⑥ 진흙

✔ 정답 및 해설 **기경성 미장재료**

②(돌로마이트 플라스터) ③(회반죽) ⑥(진흙)

004

13①

다음 〈보기〉의 미장재료 중 기경성 재료를 모두 고르시오. (3점)

보기

① 진흙	② 돌로마이트 플라스터
③ 아스팔트 모르타르	④ 순석고
⑤ 시멘트 모르타르	⑥ 인조석 바름

✔ 정답 및 해설 **기경성 미장재료**

①(진흙) ②(돌로마이트 플라스터) ③(아스팔트 모르타르)

005

07②

다음 〈보기〉의 내용은 미장재료이다. 수경성 재료를 모두 고르시오. (3점)

보기

① 회반죽	② 진흙질
③ 순석고 플라스터	④ 시멘트 모르타르
⑤ 킨즈 시멘트(경석고)	⑥ 돌로마이트 플라스터(마그네시아 석회)

✔ 정답 및 해설 **수경성 미장재료**

③(순석고 플라스터) ④(시멘트 모르타르) ⑤(킨즈 시멘트(경석고))

006

16②

다음 〈보기〉에서 수경성 미장 재료를 구하시오. (3점)

보기

① 돌로마이트 플라스터
② 인조석 바름
③ 시멘트 모르타르
④ 회반죽
⑤ 킨즈 시멘트

정답 및 해설 수경성 미장재료

②(인조석 바름) ③(시멘트 모르타르) ⑤(킨즈 시멘트)

007

18④, 08④, 99, 96

다음 각종 미장재료를 기경성 및 수경성 미장재료로 분류할 때 해당되는 재료명을 〈보기〉에서 골라 쓰시오. (4점)

보기

① 진흙
② 순석고 플라스터
③ 회반죽
④ 돌로마이트 플라스터
⑤ 킨즈 시멘트
⑥ 인조석 바름
⑦ 시멘트 모르타르

(가) 기경성 미장재료 :
(나) 수경성 미장재료 :

정답 및 해설 기경성 및 수경성 미장재료

㈎ 기경성 미장재료 : ①(진흙) ③(회반죽) ④(돌로마이트 플라스터)
㈏ 수경성 미장재료 : ②(순석고 플라스터) ⑤(킨즈 시멘트) ⑥(인조석 바름) ⑦(시멘트 모르타르)

008

01②

다음 〈보기〉에서 기경성과 수경성을 구분하시오. (3점)

보기

① 회반죽
② 진흙질
③ 순석고 플라스터
④ 돌로마이트 플라스터
⑤ 시멘트 모르타르
⑥ 아스팔트 모르타르
⑦ 소석회

정답 및 해설 **기경성 및 수경성 미장재료**

(가) 기경성 미장재료 : ①(회반죽) ②(진흙질) ④(돌로마이트 플라스터) ⑥(아스팔트 모르타르) ⑦(소석회)

(나) 수경성 미장재료 : ③(순석고 플라스터) ⑤(시멘트 모르타르)

009

00

다음 미장재료 중 알칼리성을 띠는 재료를 모두 골라 번호를 쓰시오. (3점)

보기

① 킨즈 시멘트
② 순석고 플라스터
③ 마그네시아 시멘트
④ 회반죽
⑤ 시멘트 모르타르
⑥ 돌로마이트 플라스터

정답 및 해설 **알칼리성 미장재료**

④(회반죽) ⑤(시멘트 모르타르) ⑥(돌로마이트 플라스터)

010

00, 95

미장재료에서 석회질과 석고질의 성질을 각각 2가지씩 쓰시오. (4점)

정답 및 해설 **석회질과 석고질의 성질**

① 석회질의 성질
기경성(충분한 물이 있더라도 공기중에서만 경화하고, 수중에서는 굳어지지 않는 성질)의 미장 재료로서 수축성이다.

② 석고질의 성질
석고를 혼합하면 수축균열을 방지할 수 있고, 경화 속도, 강도 등이 증대되며, 수경성의 미장 재료로서 팽창성이다.

011

06①, 15④, 14①, 01②

드라이비트(Dry-vit) 특징 3가지를 쓰시오. (3점)

✓ 정답 및 해설 **드라이비트(Dry-vit) 특징**

① 조적재를 사용하지 않으므로 건물의 하중을 경감시킬 수 있다.
② 여러 가지의 색깔과 질감 표현을 하므로 의장성 및 외관 구성이 가능하다.
③ 시공이 쉽고, 공사를 단축할 수 있으며, 단열 성능과 경제성이 우수하다.

012

98

다음 중에서 서로 연결된 것끼리 연결하시오. (4점)

보기

(가) 방사선	① 질석 모르타르
(나) 경량	② 혼합수지 모르타르
(다) 경도 · 조밀성 광택용	③ 바라이트 모르타르

✓ 정답 및 해설 **모르타르의 특성**

㈎-③(바라이트 모르타르), ㈏-①(질석 모르타르), ㈐-②(혼합수지 모르타르)

013

17②, 11②

미장 공사 시 모르타르 바름 순서를 보기에서 골라 나열하시오. (3점)

보기

① 바탕면 보수	② 바탕청소
③ 우묵한 곳 살 보충하기	④ 넓은면 바르기
⑤ 모서리 및 교차부 바르기	

✓ 정답 및 해설 **미장 공사 시 모르타르 바름 순서**

바탕 청소 → 바탕면 보수 → 우묵한 곳 살 보충하기 → 모서리 및 교차부 바르기 → 넓은면 바르기의 순이다. 즉, ② → ① → ③ → ⑤ → ④이다.

014

03④

미장 공사 시 모르타르 바르기 순서를 보기에서 골라 번호를 쓰시오. (4점)

보기

① 바탕청소 ② 살붙임 바름
③ 천장, 벽면 ④ 보수
⑤ 천장돌림, 벽돌림

정답 및 해설 **미장 공사 시 모르타르 바름 순서**

바탕 청소 → 보수 → 살붙임 바름 → 천장돌림, 벽돌림 → 천장, 벽면의 순이다.
즉, ① → ④ → ② → ⑤ → ③의 순이다.

015

08②, 06①, 04①, 02④, 95

시멘트 모르타르 3회 바르기의 시공 순서이다. 바르게 나열하시오. (3점)

보기

① 초벌바름 ② 청소 및 물씻기 ③ 고름질
④ 물축이기 ⑤ 재벌 ⑥ 정벌

정답 및 해설 **미장 공사시 모르타르 바름 순서**

청소 및 물 씻기(바탕 처리) → 물 축이기 → 초벌 바름 → 고름질 → 재벌 → 정벌의 순이다.
즉, ② → ④ → ① → ③ → ⑤ → ⑥ 이다.

016

00, 99, 95

다음 해당되는 시멘트 모르타르의 바름 두께를 쓰시오. (4점)

① 바닥 ② 안벽
③ 바깥벽 ④ 천장

정답 및 해설 **시멘트 모르타르의 바름 두께**

부위	바닥	바깥벽	안벽	천장
두께(mm)	24		18	15

① 바닥 : 24mm, ② 안벽 : 18mm, ③ 바깥벽 : 24mm, ④ 천장 : 15mm

017

19②, 13②

다음은 미장 공사 시공 순서이다. 〈보기〉의 시공 순서를 바르게 나열하시오. (4점)

보기

고름질,　초벌바름 및 라스먹임,　정벌바름,　바탕처리,　재벌바름

정답 및 해설 미장 공사 시공 순서

바탕 처리 → 초벌 바름 및 라스 먹임 → 고름질 → 재벌 바름 → 정벌 바름의 순이다.

018

11①, 04④

실내 미장 바름 3면의 시공 순서를 쓰시오. (3점)

(①) → (②) → (③)

정답 및 해설 실내 미장 바름 3면의 시공 순서

① 천정,　② 벽,　③ 바닥

019

15④

미장 공사의 치장마무리 방법을 5가지만 쓰시오. (5점)

정답 및 해설 미장 공사의 치장 마무리 방법

① 시멘트 모르타르　② 석고 플라스터　③ 인조석 바름　④ 회반죽　⑤ 돌로마이트 플라스터

020

07④

미장 공사 시 결함 원인을 구조원인과 재료의 원인, 바탕면의 원인으로 나누어 각각 2개씩 쓰시오. (3점)

① 구조적인 원인 :
㉮
㉯
② 재료의 원인 :
㉮
㉯
③ 바탕면의 원인 :
㉮
㉯

정답 및 해설 **미장 공사 시 결함의 원인**

① 구조적인 원인
㉮ 구조재의 수축, 팽창 및 변형 ㉯ 하중 및 바름재의 두께의 적정성 부족
② 재료의 원인
㉮ 재료의 수축과 팽창 ㉯ 재료의 배합비 불량
③ 바탕면의 원인
㉮ 바탕면 처리 불량 ㉯ 이질재와의 접합부 처리 불량

021

16①

미장 공사 시 균열을 방지하기 위한 대책을 쓰시오. (4점)

정답 및 해설 **미장 공사 시 균열 방지 대책**

① 구조적인 대책 : 설계하중 계산 시 과부하가 걸리지 않도록 한다.
② 재료적인 대책 : 재료의 이상응결, 수화열에 의한 균열, 골재의 미립분, 골재의 품질 등을 고려하여야 한다. (철망 및 줄눈의 설치, 배합비와 혼화재를 사용)
③ 시공상 대책 : 재료의 배합을 충분히 하여 균열을 방지한다.
④ 시공 환경 대책 : 외부의 환경 요인(바람, 고온, 고습, 저온, 저습 등)에 의한 균열을 방지한다.

022

13①

석고보드에 대한 특징을 간략히 서술하시오. (3점)

① 장점 :
② 단점 :
③ 시공 시 주의사항 :

✓ 정답 및 해설 **석고보드의 특징**

① 장점 : 방부성, 방충성 및 방화성이 있고, 팽창 및 수축의 변형이 작으며 단열성이 높다. 특히 가공이 쉽고 열전도율이 작으며, 난연성이 있고 유성 페인트로 마감할 수 있다.

② 단점 : 흡수로 인해 강도가 현저하게 저하한다.

③ 시공시 주의 사항 : 보드의 설치는 받음목 위에서 이음을 하고, 그 양쪽의 주위에는 10cm 내외로 평두못으로 고정하며, 기타 못을 박을 수 있는 띠장이나 샛기둥 등은 15cm 내외로 보드용 못을 사용한다.

023

01④

도장 공사 시 석고보드의 이음새 시공 순서를 〈보기〉에서 골라 번호를 기입하시오. (5점)

보기

① TAPE 붙이기	② 샌딩	③ 바탕처리
④ 상도	⑤ 중도	⑥ 하도

✓ 정답 및 해설 **석고보드의 이음새 시공 순서**

바탕 처리 → 하도 → 테이프 붙이기 → 중도 → 상도 → 샌딩의 순이다.
즉, ③ → ⑥ → ① → ⑤ → ④ → ②의 순이다.

024

06④, 02②

미장 공사에서 바름 바탕의 종류 3가지만 쓰시오. (3점)

✓ 정답 및 해설 **미장 공사에서 바름 바탕의 종류**

① 콘크리트 바탕 ② 조적(벽돌, 블록 등)바탕 ③ 라스(메탈, 와이어)바탕 ④ 석고보드 바탕

025

09④

미장 공사에 대한 용어를 간략히 설명하시오. (4점)

① 바탕처리 :
② 덧먹임 :

정답 및 해설 용어 설명

① 바탕 처리 : 요철 또는 변형이 심한 개소를 고르게 손질바름하여 마감 두께가 균등하게 되도록 조정하고 균열 등을 보수하는 것. 또는, 바탕면이 지나치게 평활할 때 거칠게 처리하고 바탕면의 이물질을 제거하여 미장바름의 부착이 양호하도록 표면을 처리하는 것.
② 덧먹임 : 바르기의 접합부 또는 균열의 틈새, 구멍 등에 반죽된 재료를 밀어 넣어 때워주는 것.

026

18①, 15①, 14②, 10④, 05②, 03①

미장 공사 중 셀프레벨링(self leveling)재에 대해 설명하고, 혼합재료 두 가지를 쓰시오. (3점)

① 셀프레벨링(self leveling)재 :
② 혼합재료 : ㉮ ㉯

정답 및 해설 용어 설명

① 셀프레벨링(self leveling)재 : 미장 재료 자체가 유동성을 갖고 있기 때문에 평탄하게 되는 성질이 있는 석고계와 시멘트계 등의 바닥 바름공사에 적용되는 미장재료이다.
② 혼합 재료 : ㉠ 경화지연제 ㉡ 팽창재 등

027

04②

다음 ( ) 안에 알맞은 용어를 쓰시오. (3점)

인조석 갈기는 손갈기 또는 (①)갈기를 보통 3회로 한다. 그리고 (②)가루를 뿌려 닦아내고, (③)를(을) 바르며, 광내기로 마무리를 한다.

정답 및 해설 인조석 갈기

① 기계 ② 수산 ③ 왁스

028

12③, 94

다음 코너비드의 철물 사용 목적 및 위치를 쓰시오. (2점)

✓ 정답 및 해설 **코너비드의 사용 목적 및 위치**

코너비드의 사용 목적은 미장면을 보호하기 위한 것, 위치는 기둥과 벽 등의 모서리에 설치한다.

029

09④

회반죽의 주요재료 4가지를 쓰시오. (4점)

✓ 정답 및 해설 **회반죽의 주요재료**

① 소석회 ② 모래 ③ 해초풀 ④ 여물

030

04①, 98, 96

미장 공사 시 회반죽에 사용되는 혼화재료를 2가지 쓰시오. (2점)

✓ 정답 및 해설 **회반죽의 혼화재료**

① 해초풀, ② 여물

031

95

회반죽 시공 시 다음 용어를 간단히 설명하시오. (3점)

① 수염 :
② 코너비드 :
③ 소석회의 경화 :

✓ 정답 및 해설 **용어 설명**

① **수염** : 졸대 바탕 등에 거리간격 20~30cm 마름모형으로 배치하여 못을 박아대고 초벌 바름과 재벌 바름에 각기 한 가닥씩 묻혀 발라 바름벽이 바탕에서 떨어지는 것을 방지하는 역할을 하는 것으로, 충분히 건조되고 질긴 삼, 종려털 또는 마닐라 삼을 사용하며, 길이는 600mm(벽쌤수염은 350mm) 정도의 것을 사용한다.

② **코너비드** : 미장면을 보호하기 위한 것으로, 기둥과 벽 등의 모서리에 설치한다.

③ **소석회의 경화** : 소석회(석회암, 굴, 조개껍질 등을 하소하여 생석회를 만들고, 여기에 물을 가하면 발열하며 팽창, 붕괴되어 생성된다.)는 기경성(충분한 물이 있더라도 공기 중에서만 경화하고, 수중에서는 굳어지지 않는 성질)의 미장 재료이다.

032

03①, 01

회반죽에서 해초풀의 역할 4가지를 기술하시오. (4점)

✓ 정답 및 해설 **해초풀의 역할**

① 점성이 증대된다. ② 부착력이 증대된다.
③ 강도가 증대된다. ④ 균열 방지를 증대된다.

033

19④, 05④, 02②

미장 공사에서 회반죽으로 마감할 때 주의사항 2가지를 쓰시오. (2점)

✓ 정답 및 해설 **회반죽 마감 시 주의사항**

① 바름작업 중에는 가능한 한 통풍을 피하는 것이 좋지만 초벌바름 및 고름질 후, 특히 정벌바름 후 적당히 환기하여 바름면이 서서히 건조되도록 한다.
② 실내 온도가 5℃ 이하일 때에는 공사를 중단하거나 난방하여 5℃ 이상으로 유지한다.

034

00, 99, 98, 97, 96, 94

회반죽 바름 시공 순서를 ( ) 안에 써넣으시오. (6점)

바탕처리 → (①) → (②) → (③) → (④) → (⑤) → (⑥) → 보양

✓ 정답 및 해설 **회반죽 바름 시공 순서**

바탕 처리 → 재료의 조정 및 반죽 → 수염 붙이기 → 초벌 바름 → 고름질 및 덧먹임 → 재벌 바름 → 정벌 바름의 순이다. 그러므로, ① 재료의 조정 및 반죽 ② 수염 붙이기 ③ 초벌 바름 ④ 고름질 및 덧먹임 ⑤ 재벌 바름 ⑥ 정벌 바름

CHAPTER

06 타일 공사

001

97

타일 선정 시 고려해야 할 사항 3가지를 쓰시오. (3점)

✓ 정답 및 해설 **타일 선정 시 고려해야 할 사항**

① 치수, 색깔, 형상 등이 정확하여야 한다.
② 흡수율이 작아 동결 우려가 없어야 한다.
③ 용도에 적합한 타일을 선정하여야 한다.
④ 내마모성, 충격 및 시유를 한 것이어야 한다.

002

19②, 07②, 07④

타일공사에서 벽타일 붙이기공법 종류 4가지를 쓰시오. (4점)

✓ 정답 및 해설 **벽타일 붙이기공법**

① 떠붙이기 공법 ② 압착 붙이기 공법 ③ 개량 압착 붙이기 공법 ④ 판형 붙이기 공법

003

16②, 14④, 13①, 13②, 12②, 09②, 09④, 08①, 98, 96, 94

벽타일 붙이기 시공 순서이다. 〈보기〉에서 골라 그 번호를 나열하시오. (4점)

보기

① 타일 나누기 ② 치장줄눈 ③ 보양
④ 벽타일 붙이기 ⑤ 바탕정리

✓ 정답 및 해설 **벽타일 붙이기 시공 순서**

바탕 정리 → 타일 나누기 → 벽타일 붙이기 → 치장줄눈 → 보양의 순이다. 즉, ⑤ → ① → ④ → ② → ③이다.

004

10②, 05④, 04④, 02①

벽타일 붙이기 시공 순서를 쓰시오. (2점)

바탕처리 → (①) → (②) → (③) → 보양

정답 및 해설 **벽타일 붙이기 시공 순서**

① 타일 나누기 ② 타일 붙이기 ③ 치장줄눈

005

15②, 03①

벽타일 붙이기 시공 순서를 쓰시오. (4점)

(①) → (②) → (③) → (④) → (⑤)

정답 및 해설 **벽타일 붙이기 시공 순서**

바탕 정리 → 타일 나누기 → 벽타일 붙이기 → 치장줄눈 → 보양의 순이다.

006

03①, 00

타일 붙이기 공사에서 '바탕처리' 공정 시 주의사항을 기술하시오. (4점)

정답 및 해설 **'바탕처리' 공정 시 주의사항**

① 모르타르를 두껍게 발라 바탕면에 붙여 대는 방법을 사용한다.
② 콘크리트 또는 벽돌면이 심히 평탄치 않은 곳은 깎아내거나 살을 붙여 발라 평평하게 하고, 지나치게 평활한 면은 긁어 거칠게 하여 부착이 잘되게 한다.
③ 레이턴스, 회반죽, 모르타르, 흙, 먼지 등을 깨끗이 제거, 청소하여야 한다.
④ 모자이크 바탕면은 배수구가 있을 경우 물흘림경사를 두고, 완전 평면으로 흙손자국이 없게 모르타르 바탕면을 한다.
⑤ 바탕면 결합부는 모두 정리하고 청소한 다음 적당히 물 축이기를 한다.

007

08②

벽타일 붙이기 공법 중 하나인 접착 붙이기의 시공법에 대한 설명 중 맞는 것을 고르시오. (3점)

보기

① 내장공사 ② 외장공사 ③ 물 ④ 줄눈대
⑤ 충전재 ⑥ 클링커 타일 공사 ⑦ $1m^2$ ⑧ $2m^2$
⑨ $3m^2$ ⑩ $4m^2$

(가) (   )에 한하여 적용한다.
(나) 바탕이 고르지 않을 때에는 접착제에 적절한 (   )을 혼합하여 바탕을 바른다.
(다) 접착제 1회 바름 면적은 (   ) 이하로 하고, 접착제용 흙손으로 눌러 바른다.

✔ 정답 및 해설 **접착 붙이기의 시공법**

(가)－①(내장공사), (나)－⑤(충전재), (다)－⑩($4m^2$)

008

11④

타일 붙임공법 중 떠붙임공법의 장점에 대해 3가지만 기술하시오. (4점)

✔ 정답 및 해설 **떠붙임공법의 장점**

① 붙임 모르타르와 타일의 접착력이 비교적 좋다.
② 타일의 박리가 적다.
③ 시공 관리가 매우 간편하다.

009

17④, 01②

타일공법 중 압착공법의 장점에 대해 3가지를 기술하시오. (4점)

✔ 정답 및 해설 **압착공법의 장점**

① 타일의 이면에 공극이 적어 물의 침투를 방지할 수 있으므로 동해와 백화 현상이 적다.
② 작업 속도가 빠르고 고능률적이다.
③ 시공 부자재가 상대적으로 저렴하다.

010

19②, 05①

타일붙이기 시공방법 가운데 하나인 개량압착공법의 시공방법을 기술하시오. (3점)

✓ 정답 및 해설 **개량압착공법의 시공방법**

개량압착공법은 매끈하게 마무리된 모르타르 면에 바름 모르타르를 바르고, 타일 이면에도 모르타르를 얇게 발라 붙이는 공법이다.

011

16④

자기질 타일과 도기질 타일의 특징을 쓰시오. (3점)

- 자기질 타일 : ① ②
- 도기질 타일 : ① ②

✓ 정답 및 해설 **자기질 및 도기질 타일의 특징**

㈎ 자기질 타일 : ① 소성 온도(1,230~1,460℃)가 매우 높고, 흡수성(0~1%)이 매우 작다.
② 두드리면 금속음이 나고 양질의 도토 또는 장석분을 원료로 사용한다.

㈏ 도기질 타일 : ① 소성 온도(1,100~1,230℃)가 낮고, 흡수성(10% 이상)이 약간 크다.
② 두드리면 탁음이 나고 유약을 사용한다.

012

99

다음은 타일 붙이기에 대한 설명이다. (　　) 안을 채우시오. (3점)

타일 붙이기에 적당한 모르타르 배합은 경질 타일일 때 (①) 이고, 연질타일일 때는 (②) 이며, 흡수성이 큰 타일일 때는 필요시 (③)하여 사용한다.

✓ 정답 및 해설 **타일붙이기**

① 1 : 2, ② 1 : 3, ③ 가수

013

07④

다음 아래 내용의 빈칸을 채우시오. (3점)

① 타일의 접착력 시험은 (   ) m^2당 한 장씩 한다.
② 타일의 접착력 시험은 타일 시공 후 (   )주일 이상일 때 한다.
③ 바닥면적 $1m^2$에 소요되는 모자이크 유니트형(30cm×30cm)의 정미량은 (   )매이다.

✓ 정답 및 해설 **타일 공사**

① 600 ② 4 ③ 11.11

014

06②

다음은 타일공사에 관한 내용이다. 괄호 안을 채우시오. (4점)

(가) 한중공사 시 동해 및 급격한 온도변화의 손상을 피하도록 외기의 기온이 (①)℃ 이하일 때는 타일 작업장의 온도가 (②)℃ 이상 되도록 보호 및 난방한다.
(나) 타일을 붙인 후 (③) 일간은 진동이나 보행을 금지한다.
(다) 줄눈을 넣은 후 경화불량 우려가 있거나 (④) 시간 이내에 비가 올 우려가 있는 경우 폴리에틸렌 필름 등으로 차단보양한다.

✓ 정답 및 해설 **타일공사**

① 2 ② 10 ③ 3 ④ 24

015

13②

타일공사에서 OPEN TIME를 설명하시오. (2점)

✓ 정답 및 해설 **타일공사에서 OPEN TIME**

오픈 타임은 붙임 모르타르를 도포한 후 타일을 붙이기까지의 시간을 의미한다.

016

10④, 08①

타일의 박락을 방지하기 위해 시공 중 검사와 시공 후 검사가 있는데, 시공 후 검사 2가지를 쓰시오. (2점)

정답 및 해설 **타일의 박락을 방지하기 위한 시공 후 검사**

① 두들김 검사 ② 인장 접착 검사

017

05②

타일 시공 시 공법을 선정할 때 고려해야 할 사항을 3가지 쓰시오. (3점)

정답 및 해설 **타일 시공 시 공법 선정에 고려할 사항**

① 박리를 발생시키지 않는 공법일 것 ② 백화 현상이 생기지 않을 것 ③ 마무리의 정확도가 좋을 것

018

18①, 17①, 15①, 07②, 02②

타일의 동해(凍害) 방지를 위하여 취해야 할 조치 4가지를 쓰시오. (4점)

정답 및 해설 **타일의 동해 방지**

① 흡수율이 작은 소성 온도가 높은 타일(자기질, 석기질 타일)을 사용한다.
② 접착용 모르타르의 배합비(시멘트 : 모래=1 : 1~2)를 정확히 하고, 혼화제(아크릴)를 사용한다.
③ 물의 침입을 방지하기 위하여 줄눈 모르타르에 방수제를 넣어 사용한다.
④ 사용 장소를 가능한 한 내부에 사용한다.

019

05④

다음 사용 위치별 타일의 줄눈 두께를 쓰시오. (4점)

① (대형)외부타일
② (대형)내부타일
③ 소형타일
④ 모자이크

정답 및 해설 **타일의 줄눈 두께**

(단위 : mm임)

타일 구분	대형벽돌형(외부)	대형(내부 일반)	소형	모자이크
줄눈 너비	9	5~6	3	2

CHAPTER

07 금속 공사

001

11④, 10②

다음 설명이 의미하는 철물명을 쓰시오. (4점)

① 철선을 꼬아 만든 철망 : (　　)
② 얇은 철판에 각종 모양을 도려낸 것 : (　　)
③ 얇은 철판에 자른 금을 내어 당겨 늘린 것 : (　　)
④ 연강선을 직교시켜 전기용접한 철선망 : (　　)

✓ 정답 및 해설 **금속 제품**

① 와이어 라스 ② 펀칭 메탈 ③ 메탈 라스 ④ 와이어 메시

002

97

다음 용어에 해당되는 것을 〈보기〉에서 골라 번호를 쓰시오. (4점)

보기

① 와이어 메시	② 메탈 라스
③ 와이어 라스	④ 펀칭 메탈
⑤ 논슬립(미끄럼 막이)	⑥ 인서트
⑦ 코너 비스	⑧ 익스펜션 볼트

(가) 아연도금한 굵은 철선을 엮어 그물같이 만든 철망으로 미장 바름의 바탕용으로 사용
(나) 계단의 디딤판 모서리 끝부분에 대어 오르내릴 때 미끄러지지 않도록 하는 것
(다) 얇은 강판에 여러 가지 모양의 구멍을 뚫어 만든 것으로 환기 구멍이나 라디에이터 등에 사용
(라) 콘크리트 바닥판 밑에 반자틀이나 기타 구조물을 달아매고자 미리 매입하는 철물
(마) 미장 바름 시 벽이나 기둥의 모서리를 보호하기 위해 붙이는 철물
(바) 연강 철선을 전기 용접하여 정방형이나 장방형으로 만든 것으로 콘크리트 바닥의 균열 방지용으로 사용
(사) 콘크리트 벽돌 등의 면에 띠장, 문틀 등의 다른 부재를 고정하기 위해 미리 묻어두는 특수 볼트
(아) 얇은 철판에 얇은 절목을 내어 이를 옆으로 늘려 만든 것으로 미장 바름의 바탕용으로 사용

✓ 정답 및 해설 **금속 제품**

(가)－③(와이어 라스) (나)－⑤논슬립(미끄럼 막이) (다)－④(펀칭 메탈) (라)－⑥(인서트) (마)－⑦(코너 비드) (바)－①(와이어 메시) (사)－⑧(익스펜션 볼트) (아)－②(메탈 라스)

003

17④, 15④, 14①, 05④, 98, 96

다음은 금속공사에 사용되는 철물의 용어이다. 간략히 설명하시오. (4점)

① 와이어 메시 :
② 펀칭 메탈 :
③ 메탈 라스 :
④ 와이어 라스 :

정답 및 해설 금속 제품

① 와이어 메시 : 연강 철선을 전기 용접하여 정방형이나 장방형으로 만든 것으로 콘크리트 바닥의 균열 방지용으로 사용한다.

② 펀칭 메탈 : 얇은 강판에 여러 가지 모양의 구멍을 뚫어 만든 것으로 환기 구멍이나 라디에이터 등에 사용한다.

③ 메탈 라스 : 얇은 철판에 얇은 절목을 내어 이를 옆으로 늘려 만든 것으로 미장 바름의 바탕용으로 사용이다.

④ 와이어 라스 : 아연도금한 굵은 철선을 엮어 그물같이 만든 철망으로 미장 바름의 바탕용으로 사용한다.

004

19②, 16①, 13④

다음 용어에 대한 설치법 및 사용 목적을 기술하시오. (4점)

① 논슬립 :
② 익스펜션 볼트 :

정답 및 해설 용어 설명

① 논슬립 : 미끄럼을 방지하기 위하여 계단의 코 부분에 사용하며 놋쇠, 황동제 및 스테인리스 강재 등이 있다.

② 익스펜션 볼트 : 콘크리트 표면 등에 띠장, 문틀 등의 다른 부재를 고정하기 위하여 묻어두는 특수형의 볼트로서 콘크리트 면에 뚫린 구멍에 볼트를 틀어박으면 그 끝이 벌어져 구멍 안쪽면에 고정되도록 만든 볼트이다.

005

14④, 12②, 08④

익스펜션 볼트(Expansion Bolt)에 대해 간략히 설명하시오. (4점)

✓ 정답 및 해설 **익스펜션 볼트(Expansion Bolt)**

익스펜션 볼트는 콘크리트 표면 등에 띠장, 문틀 등의 다른 부재를 고정하기 위하여 묻어두는 특수형의 볼트로서, 콘크리트 면에 뚫린 구멍에 볼트를 틀어박으면 그 끝이 벌어져 구멍 안쪽 면에 고정되도록 만든 볼트이다.

006

01②, 93

다음 (　　) 안에 적당한 용어를 적으시오. (4점)

황동은 동과 (①)을 합금하여 강도가 크며 (②)이 크다.
청동은 동과 (③)을 합금하여 대기중에서 (④)이 우수하다.

✓ 정답 및 해설 **구리의 합금**

① 아연 ② 내구성 ③ 주석 ④ 내식성

007

98

다음 (　　) 안에 해당되는 용어를 쓰시오. (5점)

논슬립은 (①) 끝부분에 설치하여 계단을 오르내릴 때 미끄러지지 않게 하는 (②)이고, 때로는 계단 너비보다 양 옆을 (③)cm 짧게 설치하기도 하며, 계단 난간의 접합은 현장에서 (④)과 (⑤) 접합을 한다.

✓ 정답 및 해설 **논슬립**

① 디딤판 ② 미끄럼막이 ③ 5 ④용접 ⑤ 소켓

008

07②

다음은 창호철물의 명칭이다. 간단히 설명하시오. (2점)

① 도어스톱 :
② 레버토리 힌지 :

정답 및 해설 **창호철물**

① 도어스톱 : 여닫이문이나 장치를 고정하는 철물로, 문을 열어 제자리에 머물러 있게 한다.
② 래버터리 힌지 : 스프링 힌지의 일종으로 공중용 변소, 전화실 출입문 등에 사용하고, 저절로 닫히다 15 cm 정도 열려있어 표시기가 없어도 비어 있는 것을 알 수 있고, 사용 시 내부에서 꼭 닫아 잠그게 되어 있다.

009

10④

다음에 대해 설명하시오. (4점)

① 메탈 라스 :
② 데크 플레이트 :

정답 및 해설 **용어 설명**

① 메탈 라스 : 얇은 철판에 얇은 절목을 내어 이를 옆으로 늘려 만든 것으로 미장 바름의 바탕용으로 사용한다.
② 데크 플레이트 : 얇은 강판에 골 모양을 내어서 만든 재료로서 지붕이기, 벽널 및 콘크리트 바닥과 거푸집의 대용으로 사용한다.

010

12①, 96

다음 아래 용어를 간략히 설명하시오. (4점)

① 메탈 라스 :
② 인서트 :
③ 논슬립 :
④ 듀벨 :

정답 및 해설 용어 설명

① 메탈 라스 : 얇은 철판에 얇은 절목을 내어 이를 옆으로 늘려 만든 것으로 미장 바름의 바탕용으로 사용한다.
② 인서트 : 콘크리트 슬래브에 묻어 천장 달림재를 고정시키는 철물이다.
③ 논슬립 : 미끄럼을 방지하기 위하여 계단의 코 부분에 사용하며 놋쇠, 황동제 및 스테인리스 강재 등이 있다.
④ 듀벨 : 볼트와 함께 사용하는데 듀벨은 전단력에, 볼트는 인장력에 작용시켜 접합재 상호간의 변위를 막는 강한 이음을 얻기 위해 또는 목재의 접합에서 목재와 목재 사이에 끼워서 전단에 대한 저항 작용을 목적으로 한 철물에 사용한다. 큰 간사이의 구조, 포갬보 등에 쓰이고 파넣기식과 압입식이 있다.

011

19④, 16①, 96

다음은 금속공사에 사용되는 철물이다. 해당 철물을 간략히 기술하시오. (3점)

① 메탈 라스 :
② 코너 비드 :
③ 인서트 :

정답 및 해설 용어 설명

① 메탈 라스 : 얇은 철판에 얇은 절목을 내어 이를 옆으로 늘려 만든 것으로 미장 바름의 바탕용으로 사용한다.
② 코너 비드 : 기둥 모서리 및 벽체 모서리면에 미장을 쉽게 하고 모서리를 보호할 목적으로 설치하며, 아연도금제와 황동제가 있다.
③ 인서트 : 콘크리트 슬래브에 묻어 천장 달림재를 고정시키는 철물이다.

012

09①

다음 용어를 설명하시오. (3점)

① 메탈 라스 :
② 펀칭 메탈 :

정답 및 해설 **용어 설명**

① 메탈 라스 : 얇은 철판에 얇은 절목을 내어 이를 옆으로 늘려 만든 것으로 미장 바름의 바탕용으로 사용한다.

② 펀칭 메탈 : 얇은 강판에 여러 가지 모양의 구멍을 뚫어 만든 것으로 환기 구멍이나 라디에이터 등에 사용한다.

013

14④

다음은 금속공사에 사용되는 철물의 용어이다. 간략히 설명하시오. (4점)

① 와이어 메시 :
② 메탈 라스 :

정답 및 해설 **용어 설명**

① 와이어 메시 : 연강 철선을 전기 용접하여 정방형이나 장방형으로 만든 것으로 콘크리트 바닥의 균열 방지용으로 사용한다.

② 메탈 라스 : 얇은 철판에 얇은 절목을 내어 이를 옆으로 늘려 만든 것으로 미장 바름의 바탕용으로 사용한다.

014

19①, 18①, 09④, 00, 97

다음 용어를 설명하시오. (4점)

① wire mesh :
② joiner :

정답 및 해설 **용어 설명**

① 와이어 메시 : 연강 철선을 전기 용접하여 정방형이나 장방형으로 만든 것으로 콘크리트 바닥의 균열 방지용으로 사용한다.

② 조이너 : 텍스, 보드, 금속판, 합성수지판 등의 줄눈에 대어 붙이는 것으로서 아연 도금 철판제, 알루미늄제, 황동제 및 플라스틱제가 있다.

015

08④, 93

다음 용어에 대해 설명하시오. (4점)

① 페코 빔(Pecco Beam) :
② 데크 플레이트(Deck Plate) :

✓ 정답 및 해설 **용어 설명**

① 페코 빔 : 보우 빔(철골 트러스와 유사한 가설보를 양측에 고정시키고 바닥 거푸집을 형성하는 무지주 공법의 거푸집)과 유사하나 안 보에 의한 스팬의 조절이 가능한 무지주 공법의 거푸집이다.
② 데크 플레이트 : 얇은 강판에 골 모양을 내어서 만든 재료로서 지붕이기, 벽널 및 콘크리트 바닥과 거푸집의 대용으로 사용한다.

016

16②, 09①, 05①, 05④, 00, 99, 97

미장 공사에 사용하는 코너 비드(Coner bead)에 대하여 설명하시오. (3점)

✓ 정답 및 해설 **코너 비드**

코너 비드는 기둥 모서리 및 벽체 모서리면에 미장을 쉽게 하고 모서리를 보호할 목적으로 설치하며, 아연 도금제와 황동제가 있다.

017

05①

철근 콘크리트조 계단에서 논슬립을 시공하려고 할 때 고정시키는 방법 3가지를 설명하시오. (3점)

✓ 정답 및 해설 **논슬립**

논슬립은 미끄럼을 방지하기 위하여 계단의 코 부분에 사용하며 놋쇠, 황동제 및 스테인리스 강재 등이 있고, 논슬립의 고정법에는 ① 접착제 사용 공법, ② 나중 매입 공법 및 ③ 고정 매입 공법 등이 있다.

018

04④

창호철물 중 개폐 작동 시 필요한 철물의 종류를 4가지 쓰시오. (4점)

✓ 정답 및 해설 **개폐 작동용 창호 철물**

① 피벗 힌지(지도리, 돌쩌귀) ② 플로어 힌지 ③ 정첩(경첩) ④ 래버터리 힌지

CHAPTER
08
합성수지 공사

001

02②

비닐수지계 바닥재 중 유지계에 속하는 종류를 모두 골라 번호로 쓰시오. (2점)

보기

① 고무 타일
② 시트
③ 암색계 아스팔트 타일
④ 명색계 쿠마론 인덴수지 타일
⑤ 리놀륨
⑥ 비닐 타일
⑦ 리노 타일

정답 및 해설 유지계 비닐수지계 바닥재

⑤ 리놀륨 ⑦ 리노 타일

002

00, 97, 96, 95

다음 비닐계 수지 바닥재 중에서 관계가 있는 것을 〈보기〉에서 골라 쓰시오. (4점)

보기

① 비닐타일
② 명색계 쿠마론인덴 수지 타일
③ 리놀륨
④ 시트

(가) 유지계 (나) 아스팔트계 (다) 고무계 (라) 비닐수지계

정답 및 해설 비닐계 수지 바닥재

(가)－③(리놀륨) (나)－②(명색계 쿠마론인덴 수지) (다)－④(시트) (라)－①(비닐 타일)

003

04④, 99, 98

리놀륨 깔기 시공 순서를 쓰시오. (4점)

정답 및 해설 **리놀륨 깔기 시공 순서**

바탕 정리 → 깔기 계획 → 임시 깔기 → 정깔기 → 마무리 및 보양의 순이다.

004

07④, 06①

다음은 수장 공사에서 리놀륨(Linoleum) 깔기의 시공 순서이다. 괄호 안을 채우시오. (3점)

(①) → 깔기 계획 → (②) → (③) → (④)

정답 및 해설 **리놀륨 깔기 시공 순서**

바탕 정리 → 깔기 계획 → 임시 깔기 → 정깔기 → 마무리 및 보양의 순이다. 그러므로, ① 바탕 정리 ② 임시 깔기 ③ 정깔기 ④ 마무리 및 보양이 된다.

005

19④, 12④, 06①, 04②

바닥 플라스틱재 타일 붙이기의 시공 순서를 〈보기〉에서 골라 번호로 쓰시오. (3점)

보기

① 타일 붙이기 ② 접착제 도포
③ 타일면 청소 ④ 타일면 왁스먹임
⑤ 콘크리트 바탕건조 ⑥ 콘크리트 바탕마무리
⑦ 프라이머 도포 ⑧ 먹줄치기

정답 및 해설 **바닥 플라스틱재 타일 붙이기의 시공 순서**

콘크리트 바탕 마무리 → 콘크리트 바탕 건조 → 프라이머 도포 → 먹줄치기 → 접착제의 도포 → 타일 붙이기 → 타일면의 청소 → 타일면 왁스 먹임의 순이다. 즉, ⑥ → ⑤ → ⑦ → ⑧ → ② → ① → ③ → ④ 이다.

006

19①, 05④

바닥플라스틱재 타일의 시공 순서이다. 괄호 안을 채우시오. (3점)

바탕처리 → (①) → (②) → (③) → 타일붙임 → 청소 및 왁스 먹임

정답 및 해설 바닥플라스틱재 타일의 시공 순서

① 프라이머 도포 ② 먹줄치기 ③ 접착제 도포

007

00, 98, 93

실내 바닥 마무리 공법의 종류 (①)마무리, (②)마무리로 나뉜다. (2점)

정답 및 해설 실내 바닥 마무리 공법

① 붙임 ② 깔기

008

02①, 97

다음 설명이 뜻하는 건축 용어를 쓰시오. (4점)

① 볏짚 밑자리 위에 돗자리를 씌우고 천으로 옆면에 선을 둘러 댄 것
② 왕골이나 갈포 등의 식물섬유로 엮어 만든, 무늬 있는 자리류
③ 목재를 얇은 오리로 만들어 액진 제거 후, 시멘트로 교착, 압축 성형한 판
④ 반침, 벽장 등을 고정하여 가구적으로 치장하여 꾸민 고정식 창

정답 및 해설 건축 재료 제품

①－다다미 ②－돗자리 ③－목모 시멘트판 ④－고정식 창

009

14②

다음은 시트 방수공법이다. 순서에 맞게 나열하시오. (2점)

보기

① 접착제 칠　② 프라이머 칠　③ 마무리
④ 시트 붙이기　⑤ 바탕처리

✓ 정답 및 해설 **시트 방수공법**

바탕 처리 → 프라이머 칠 → 접착제 칠 → 시트 붙이기 → 마무리의 순이다. 즉, ⑤ → ② → ① → ④ → ③이다.

010

13②

싱크대 상판에 멜라민 수지를 발랐을 때의 장점을 쓰시오. (2점)

✓ 정답 및 해설 **멜라민 수지의 싱크대 상판**

멜라민 수지는 무색투명하여 착색이 자유로우며 빨리 굳고, 내수, 내약품성, 내용제성이 뛰어나며, 내열성(120~150℃), 기계적 강도, 전기적 성질 및 내노화성도 우수하다.

011

02④

다음은 합성수지에 관한 내용이다. (　　) 안을 채우시오. (5점)

합성수지의 비중은 (①)이고 인장강도는 (②) 압축강도는 (③) 가시광선 투과율에 대하여 아크릴수지는 (④)%이고, 비닐수지는 (⑤)%이다.

✓ 정답 및 해설 **합성수지의 성질**

① 0.9~1.5　② 300~900kg/㎠(=30~90MPa)　③ 700~2,400kg/㎠(=70~240MPa)　④ 91~92
⑤ 89

012

07②, 03②, 00

다음 합성수지 재료 중 열가소성 수지를 고르시오. (3점)

보기

① 염화비닐수지　② 멜라민수지　③ 아크릴수지
④ 폴리에틸렌수지　⑤ 에폭시수지　⑥ 석탄산 수지(페놀수지)

정답 열가소성 수지

①(염화비닐 수지)　③(아크릴산 수지)　④(폴리에틸렌 수지)

해설 열가소성 및 열경화성 수지의 분류

합성수지를 분류하면, 열경화성 수지(고형체로 된 후에 열을 가해도 연화되지 않는 수지)와 열가소성 수지(고형상의 것에 열을 가하면, 연화 또는 용융되어 가소성과 점성이 생기고 이를 냉각하면 다시 고형상으로 되는 수지)이다. 합성수지를 분류하면 다음 표와 같다.

구분	종류
열경화성 수지	페놀(베이클라이트, 석탄산) 수지, 프란 수지, 요소 수지, 멜라민 수지, 폴리에스테르 수지(알키드 수지, 불포화 폴리에스테르 수지), 실리콘 수지, 에폭시 수지, 폴리우레탄 수지
열가소성 수지	염화비닐 수지, 폴리에틸렌 수지, 폴리프로필렌 수지, 폴리스티렌 수지(스티롤 수지), ABS 수지, 아크릴산 수지, 메타아크릴산 수지, 불소수지, 폴리아미드 수지, 폴리카보네이드 수지, 아세트산비닐 수지,
섬유소계 수지	셀룰로이드, 아세트산 섬유소 수지

013

04①, 02④, 97

다음 〈보기〉에서 합성수지 재료 중 열가소성 수지를 골라 쓰시오. (3점)

보기

① 염화비닐 수지　② 멜라민 수지　③ 스티롤 수지
④ 아크릴산 수지　⑤ 석탄산 수지

정답 및 해설 열가소성 수지

①(염화비닐 수지)　③(스티롤 수지)　④(아크릴 수지)

014

01④, 97

다음 〈보기〉를 보고 열경화성 수지를 고르시오. (4점)

보기

① 페놀 수지	② 아크릴 수지	③ 에폭시 수지
④ 폴리에틸렌 수지	⑤ 멜라민 수지	⑥ 염화비닐 수지

정답 및 해설 **열경화성 수지**

(1)(페놀 수지) (3)(에폭시 수지) (5)(멜라민 수지)

015

15④

〈보기〉에서 열경화성, 열가소성 수지를 구분해서 쓰시오. (4점)

보기

① 염화비닐 수지	② 멜라민 수지	③ 스티롤 수지
④ 아크릴 수지	⑤ 석탄산 수지	

(가) 열경화성 수지
(나) 열가소성 수지

정답 및 해설 **열가소성 및 열경화성 수지**

㈎ 열가소성 수지 : ①(염화비닐 수지) ③(스티롤 수지) ④(아크릴산 수지)
㈏ 열경화성 수지 : ②(멜라민 수지) ⑤(석탄산 수지)

016

14④, 10①, 06④, 02①

다음 중 관련 있는 것을 〈보기〉에서 모두 골라 번호로 쓰시오. (4점)

보기

① 알키드 수지 ② 실리콘 수지 ③ 아크릴산 수지
④ 셀룰로이드 수지 ⑤ 프란 수지 ⑥ 폴리에틸렌 수지
⑦ 염화비닐수지 ⑧ 페놀 수지 ⑨ 에폭시 수지
⑩ 불소 수지

(가) 열가소성 수지 :
(나) 열경화성 수지 :

정답 및 해설 **열가소성 및 열경화성 수지**

(가) 열가소성 수지 : ③(아크릴산 수지) ④(셀룰로이드 수지) ⑥(폴리에틸렌 수지) ⑦(염화비닐 수지) ⑩(불소 수지)

(나) 열경화성 수지 : ①(알키드 수지) ②(실리콘 수지) ⑤(프란 수지) ⑧(페놀 수지) ⑨(에폭시 수지)

017

08①

다음 〈보기〉의 합성수지를 열가소성 수지와 열경화성 수지로 구분하여 기입하시오. (3점)

보기

① 페놀 수지 ② 염화비닐 수지 ③ 에폭시 수지
④ 폴리에틸렌 수지 ⑤ 아크릴산 수지 ⑥ 멜라민 수지

정답 및 해설 **열가소성 및 열경화성 수지**

(가) 열가소성 수지 : ②(염화비닐 수지) ④(폴리에틸렌 수지) ⑤(아크릴 수지)

(나) 열경화성 수지 : ①(페놀 수지) ③(에폭시 수지) ⑥(멜라민 수지)

018

17②, 15②, 11④

다음 보기 중에서 플라스틱의 종류 중 열가소성 수지와 열경화성 수지를 각각 4가지씩 쓰시오. (4점)

보기

① 페놀 수지　② 요소 수지　③ 염화비닐 수지
④ 멜라민 수지　⑤ 스티롤 수지　⑥ 불소 수지
⑦ 초산비닐 수지　⑧ 실리콘 수지

(가) 열가소성 수지
(나) 열경화성 수지

✓ 정답 및 해설　열가소성 및 열경화성 수지

㈎ 열가소성 수지 : ③ 염화비닐 수지, ⑤ 스티롤 수지, ⑥ 불소 수지, ⑦ 초산비닐 수지,
㈏ 열경화성 수지 : ① 페놀 수지, ② 요소 수지, ④ 멜라민 수지, ⑧ 실리콘 수지

019

18②, 13④, 12②

다음 〈보기〉는 합성 수지 재료이다. 열가소성 수지와 열경화성 수지로 구분하시오. (3점)

보기

① 아크릴 수지　② 에폭시 수지　③ 멜라민 수지
④ 페놀 수지　⑤ 폴리에틸렌 수지　⑥ 염화비닐 수지

(가) 열가소성 수지 :
(나) 열경화성 수지 :

✓ 정답 및 해설　열가소성 및 열경화성 수지

㈎ 열가소성 수지 : ①(아크릴산 수지)　⑤(폴리에틸렌 수지)　⑥(염화비닐 수지)
㈏ 열경화성 수지 : ②(에폭시 수지)　③(멜라민 수지)　④(페놀 수지)

020

12④

다음 〈보기〉의 주어진 합성수지 재료를 열경화성 수지와 열가소성 수지로 구분하시오. (4점)

보기

① 아크릴산 ② 염화비닐 ③ 폴리에틸렌 ④ 멜라민
⑤ 페놀 ⑥ 에폭시 ⑦ 스티롤 수지

(가) 열가소성 수지 :
(나) 열경화성 수지 :

정답 및 해설 **열가소성 및 열경화성 수지**

(가) 열가소성 수지 : ①(아크릴산) ②(염화비닐) ③(폴리에틸렌) ⑦(스티롤 수지)
(나) 열경화성 수지 : ④(멜라민) ⑤(페놀) ⑥(에폭시)

021

01②, 98

일반 플라스틱 제품의 장 · 단점을 2가지씩 기술하시오. (4점)

정답 및 해설 **플라스틱 제품의 장 · 단점**

① 장점
㉮ 비중이 0.9~2.0 정도로 목재보다 무거우나 강이나 콘크리트보다는 가벼운 재료로서 경량에 강인하다.
㉯ 저온에서 가공 · 성형이 가능하고, 정확히 가공할 수 있으며 방적이 가능하므로 우수한 가공성과 가방성이 있다.
㉰ 내수성, 내투습성, 내약품성 등이 우수하고, 착색이 자유로우며, 투명성이 높다.

② 단점
㉮ 구조재료로서의 압축강도 이외의 강도 및 탄성계수가 작다.
㉯ 내열성, 내후성이 약하고, 열에 의한 팽창, 수축이 크며, 내마모성과 표면 강도가 약하다.

022

12①

콘크리트 방수공사에 투수계수가 커져 방수성이 저하되는 경우에 해당하는 것을 모두 골라 번호로 쓰시오. (2점)

① 물 · 시멘트비가 클수록
② 단위 시멘트량이 많을수록
③ 굵은 골재의 최대치수가 클수록
④ 시멘트 경화제의 수화도가 클수록

✓ 정답 및 해설 **방수성이 저하되는 경우**

①(물 · 시멘트비가 클수록), ③(굵은 골재의 최대치수가 클수록)

023

05②, 02②

플라스틱재 시공 시 일반적인 주의사항 3가지를 쓰시오. (3점)

✓ 정답 및 해설 **플라스틱재 시공 시 주의사항**

① 강도 · 탄성 · 기타 성능의 특성을 고려하여야 한다.
② 열가소성 수지의 온도 상승에 따른 연화를 고려하여야 한다.
③ 플라스틱재의 절단 · 구멍뚫기 · 가위질 등의 급격한 힘을 가하면 노치효과 때문에 갈래금이 생긴다.
④ 온도의 저하로 취성이 되고, 플라스틱재는 열팽창계수가 크다.

024

17①

합성수지계 접착제 종류를 4가지만 쓰시오. (4점)

✓ 정답 및 해설 **합성수지계 접착제 종류**

① 요소수지 접착제 ② 페놀수지 접착제 ③ 에폭시수지 접착제 ④ 멜라민수지 접착제

CHAPTER
09
도장 공사

001

11①

다음 도료들이 해당하는 항목을 보기에서 골라 번호를 쓰시오. (4점)

보기

① 수지계 도료　② 합성수지 도료　③ 고무계 도료
④ 유성 도료　⑤ 수성 도료　⑥ 섬유계 도료

(가) 셀락 바니쉬 : (　)
(나) 페놀수지 도료, 멜라민수지 도료, 염화비닐수지 도료 : (　)
(다) 염화고무 도료 : (　)
(라) 건성유, 조합페인트, 알루미늄 도료 : (　)
(마) 셀룰로스, 래커 : (　)

정답 및 해설

(가)－①(수지계 도료), (나)－②(합성수지 도료), (다)－③(고무계 도료), (라)－④(유성 도료), (마)－⑥(섬유계 도료)

002

93

도료 종류에 의한 분류이다. 상호관계가 있는 것을 〈보기〉에서 골라 번호를 쓰시오. (5점)

보기

① 수성 도료　② 고무 유도체 도료　③ 수지 도료
④ 유성 도료　⑤ 합성수지 도료　⑥ 섬유소 도료

(가) 건성유, 조합 페인트, 알루미늄 페인트
(나) 세락니스, 속건니스　(다) 멜라민 수지 도료
(라) 니트로셀룰로오스 래커, 보드 래커　(마) 염화고무 도료

정답 및 해설 도료의 분류

(가)－④(유성 도료) (나)－③(수지 도료) (다)－⑤(합성수지 도료) (라)－⑥(섬유소 도료) (마)－②(고무 유도체 도료)

003

12②, 05①

도장의 원료 중 안료의 조건 4가지를 쓰시오. (4점)

✓ 정답 및 해설 **안료의 조건**

① 무수용성, 내수성 및 내알칼리성이 있어야 한다.
② 태양광선 또는 100℃ 이하에서는 변질되지 않아야 한다.
③ 퇴색되지 않는, 안정되고 미세분말인 것일수록 좋다.
④ 물, 기름, 기타 용제에 녹지 않아야 한다.

004

11④, 04①, 97, 96, 94

다음 재료에 해당되는 것을 〈보기〉에서 골라 번호를 기입하시오. (4점)

보기

① 아마인유	② 리사지(lithage)
③ 테레핀유	④ 아연화

(가) 안료 : (　)
(나) 건조제 : (　)
(다) 용제 : (　)
(라) 신전제(희석제) : (　)

✓ 정답 및 해설 **도장 재료**

㈎－④(아연화), ㈏－②(리사지), ㈐－①(아마인유), ㈑－③(테레핀유)

005

14②, 08②

다음은 도장 공사에 관한 설명이다. O, X로 구분하시오. (3점)

① 도료의 배합비율 및 시너의 희석비율은 부피로 표시한다. (　　)
② 도장의 표준량은 평평한 면의 단위면적에 도장하는 도장재료의 양이고, 실제의 사용량은 도장하는 바탕면의 상태 및 도장재료의 손실 등을 참작하여 여분을 생각해 두어야 한다. (　　)
③ 롤러 도장은 붓 도장보다 도장 속도가 빠르다. 그러나 붓 도장과 같이 일정한 피막 두께를 유지하기가 매우 어려우므로 표면이 거칠거나 불규칙한 부분에는 특히 주의를 요한다.

정답 및 해설 도장 공사

① × ② ○ ③ ○

006

93

일반적인 도장공정의 순서를 〈보기〉에서 골라 답란에 번호를 기입하시오. (4점)

보기

① 왁스갈기	② 고름질 및 퍼티
③ 초벌바름	④ 물갈기 또는 연마지 문지르기
⑤ 중벌바름	⑥ 정벌바름

바탕처리 → ( ) → ( ) → ( ) → ( ) → ( ) → ( )

정답 및 해설 도장 공정의 순서

바탕 처리 → 고름질 및 퍼티 → 물갈기 또는 연마지 문지르기 → 초벌 바름 → 중벌 바름 → 정벌 바름 → 왁스 갈기의 순이다. ② → ④ → ③ → ⑤ → ⑥ → ①의 순이다.

007

92

목 공사시 목부 바탕 만들기 공정 순서를 쓰시오. (5점)

✓ 정답 및 해설 **목부 바탕 만들기 공정 순서**

오염 및 부착물 제거 → 송진 처리 → 연마지 닦기 → 옹이땜 → 구멍땜의 순이다.

008

13②, 12④, 08④

금속재의 도장 바탕처리 방법 중 화학적 방법을 3가지 쓰시오. (3점)

✓ 정답 및 해설 **금속재의 도장 바탕처리 방법 중 화학적 방법**

① 용제에 의한 방법, ② 알칼리에 의한 방법
③ 산처리에 의한 방법 ④ 인산피막법에 의한 방법

009

12①

다음은 도장 공사에 사용되는 재료이다. 녹 방지를 위한 녹막이 도료를 모두 고르시오. (2점)

보기

① 광명단 ② 아연분말 도료
③ 에나멜 도료 ④ 멜라민수지 도료

✓ 정답 및 해설 **녹막이 도료**

①(광명단) ②(아연분말 도료)

010

17①, 16②

철재 녹막이 칠에 사용되는 도료의 종류를 5가지 쓰시오. (2점)

보기

① 광명단 ② 아연분말 도료
③ 에나멜 도료 ④ 멜라민수지 도료

✓ 정답 및 해설 **녹막이 도료**

① 광명단 도료 ② 방청 산화철 도료 ③ 알루미늄 도료 ④ 역청질 도료 ⑤ 워시 프라이머
⑥ 징크로메이트 도료 ⑦ 규산염 도료

011

19①, 05②, 95

알루미늄 초벌 녹막이 용도로 가장 적절한 도료를 쓰시오. (2점)

✓ 정답 및 해설 징크로메이트 도료

012

98

다음 ( ) 안에 알맞은 용어를 기입하시오. (4점)

바니시는 천연수지와 (①)을 섞어 투명 담백한 막으로 되고 기름이 산화되어 (②) 바니시, (③), (④)바니시로 나뉜다.

✓ 정답 및 해설 바니시

① 휘발성 용제 ② 래커 ③ 휘발성 ④ 기름

013

16④, 15①, 10④, 08①, 08②, 07①, 07②

목재면 바니시칠 공정의 작업순서를 〈보기〉에서 골라 번호로 쓰시오. (2점)

보기

① 색올림 ② 왁스 문지름 ③ 바탕처리 ④ 눈먹임

• 작업 순서 :

✓ 정답 및 해설 목재면 바니시칠 공정의 작업순서

③(바탕처리) → ④(눈먹임) → ①(색올림) → ②(왁스 문지름)

014

06④, 00

바니시칠에서의 작업공정을 3가지로 구분하여 쓰시오. (3점)

✓ 정답 및 해설 목재면 바니시칠 공정의 작업순서

바탕 처리 → 눈먹임 → 색올림

015

15①, 12①

다음은 비닐 페인트의 시공과정을 기술한 것이다. 시공 순서에 맞게 번호를 나열하시오. (3점)

보기

① 이음매 부분에 대한 조인트 테이프를 붙인다.
② 샌딩 작업을 한다.
③ 석고보드에 대한 면정화(표면정리 및 이어붙임)를 한다.
④ 조인트 테이프 위에 퍼티작업을 한다.
⑤ 비닐 페인트를 도장한다.

✓ 정답 및 해설 **비닐 페인트의 시공 순서**

석고 보드에 대한 면의 정화(표면정리 및 이어붙임)를 한다. → 이음매 부분에 대한 조인트 테이프를 붙인다. → 조인트 테이프 위에 퍼티 작업을 한다. → 샌딩 작업을 한다. → 비닐 페인트를 도장한다의 순이다. 즉, ③ → ① → ④ → ② → ⑤ 이다.

016

18④, 05①, 03②, 96, 94

도장 공사에서 스티플칠(Stipple coating)에 대하여 간략히 기술하시오. (3점)

✓ 정답 및 해설 **스티플칠**

스티플칠은 도료의 묽기를 이용하여 각종의 기구(솜뭉치, 주걱, 빗, 솔 등)를 사용하여 바른 면에 요철 무늬를 돋치고 다소 입체감을 낸 마무리로서, 주로 벽에 사용한다. 그 무늬의 명칭은 두드림칠, 솔자국칠, 긁어내기칠 등이 있다.

017

02②

도장 공사 시 스테인칠의 장점을 3가지 기술하시오. (3점)

✓ 정답 및 해설 **스테인칠의 장점**

① 도료의 작용으로 표면이 보호되고 내구성이 증대된다.
② 도장 작업이 매우 용이하다.
③ 착색이 자유롭다.

018

00, 95

다음 (　　) 안에 알맞은 말을 쓰시오. (4점)

> 페인트 공사의 뿜칠에는 도장용 (①)을 사용하며 노즐 구경은 (②)가 있고 뿜칠의 공기 압력은 (③)표준, 뿜칠 거리는 (④)를 표준으로 한다.

정답 및 해설 뿜칠 공법

① 스프레이건 ② 1.0~1.2mm ③ 2~4kg/㎠(=0.2~0.4MPa) ④ 30cm

019

17④, 16④, 10①, 01②, 96, 94

뿜칠(Spray) 공법에 의한 도장 시 주의사항 3가지를 쓰시오. (3점)

정답 및 해설 뿜칠 공법의 도장 시 주의사항

① 뿜칠은 보통 30cm 거리에서 항상 평행 이동하면서 칠면에 직각으로 속도가 일정하게 이행해야 큰 면적을 균등하게 도장할 수 있다.
② 건(gun)의 연행(각 회의 뿜도장) 방향은 제1회 때와 제2회 때를 서로 직교하게 진행시켜서 뿜칠을 해야 한다.
③ 뿜칠은 도막두께를 일정하게 유지하기 위해 1/2~1/3 정도 겹치도록 순차적으로 이행한다.
④ 매 회의 에어스프레이는 붓 도장과 동등한 정도의 두께로 하고, 2회분의 도막두께를 한 번에 도장하지 않는다.

020

17②, 02②, 97, 96, 94

수성도료의 장점 4가지만 기술하시오. (4점)

정답 및 해설 수성도료의 장점

① 속건성이므로 작업의 단축이 가능하다.
② 내수, 내후성이 좋아 햇볕과 빗물에 강하다.
③ 내알칼리성이므로 콘크리트, 모르타르 및 회반죽 면에 밀착이 우수하다.
④ 용제형 도료에 비해 냄새가 없어 안전하고 위생적이다.

021

13①, 10①

다음은 수성 페인트의 칠 공정단계이다. 빈 칸을 채우시오. (3점)

보기

바탕처리 → (①) → 초벌 → (②) → (③)

정답 및 해설 **수성 페인트의 칠 공정**

바탕 처리 → 바탕 누름(된반죽 퍼티로 땜질) → 초벌 → 연마(사포)질 → 정벌의 순이므로
① 바탕 누름(된반죽 퍼티로 땜질) ② 연마(사포)질 ③ 정벌

022

07④

도장 공사에서 사용되는 유성 페인트의 구성요소 3가지를 쓰시오. (3점)

정답 및 해설 **유성 페인트의 구성 요소**

① 건성유 ② 안료 ③ 건조제

023

92

다음 (　　) 안에 알맞은 용어를 쓰시오. (3점)

유성 페인트는 (①), 건성유 및 (②), (③)를 조합해서 만들어진 페인트이다.

정답 및 해설 **유성 페인트의 구성 요소**

① 안료 ② 건조제 ③ 희석제

024

02①, 95

유성 페인트의 종류를 구별하는 내용이다. (　　) 안에 알맞은 용어를 넣으시오. (3점)

유성 페인트는 그 섞는 재료에 따라 (①), (②), (③)로 나누어진다.

정답 및 해설 **유성 페인트의 종류**

① 조합 페인트(직접 사용할 수 있는 상태의 페인트) ② 된비빔 페인트(사용할 때 건조제와 희석제를 혼합하여 조제하는 페인트) ③ 속건 페인트(유성 페인트의 원료에 휘발유를 넣은 페인트)

025

99, 93

합성수지 도료를 유성 페인트와 비교했을 때의 장점을 〈보기〉에서 골라 번호를 기입하시오. (3점)

보기

① 방화성 도료이다. ② 도막이 단단하다.
③ 내마모성이다. ④ 형광도료의 일종이다.
⑤ 내산, 내알칼리성이다. ⑥ 건조가 빠르다.

✔ 정답 및 해설 합성수지 도료와 유성 페인트의 비교

합성수지 도료(합성수지를 주체로 하는 도료)가 유성 페인트보다 우수한 점은 다음과 같다.

(1) 건조시간이 빠르고 도막이 단단하다.
(2) 도막은 인화할 염려가 없어서 더욱 방화성이 있다.
(3) 내산, 내알칼리성이 있어 콘크리트나 플라스터 면에 바를 수 있다.
(4) 투명한 합성수지를 사용하면 더욱 선명한 색을 얻을 수 있다.

답 : ②(도막이 단단하다.)③(내마모성이다)⑤(내산, 내알칼리성이다)⑥(건조가 빠르다)

026

01④, 99, 95

다음 도장 공사에 관한 내용 중 (   ) 안에 알맞은 번호를 고르시오. (4점)

(가) 철제에 도장할 때에는 바탕에 (① 광명단 ② 내알칼리 페인트)을(를) 도포한다.
(나) 합성수지 에멀션 페인트는 건조가 (① 느리다. ② 빠르다.)
(다) 알루미늄 페인트는 광선 및 열반사력이 (① 강하다. ② 약하다.)
(라) 에나멜 페인트는 주로 금속면에 이용되는 광택이 (① 잘 난다. ② 없다.)

✔ 정답 및 해설 도장 공사

(가)－①(광명단) (나)－②(빠르다) (다)－①(강하다) (라)－①(잘 난다)

027

00, 99, 98

다음 칠 종류와 관계있는 설명을 〈보기〉에서 골라 쓰시오. (4점)

보기

① 뿜칠(Spray)　② 롤러칠　③ 문지름칠　④ 솔칠

(가) 가장 일반적인 칠 방법이나 건조가 빠른 래커에는 부적합하다.
(나) 벽, 천장 등의 평활한 면에 유리하나, 구석 등의 좁은 장소에는 불리하다.
(다) 평활하고 윤기있는 도장에 적합하다.
(라) 초기 건조성이 좋은 래커 칠에 이용되며, 작업능률이 좋아 래커 이외의 칠에도 많이 사용된다.

✓ 정답 및 해설　칠 공법

(가)－④(솔칠)　(나)－②(롤러칠)　(다)－③(문지름칠)　(라)－①(뿜칠(Spray))

028

17①

도료가 바탕에 부착을 저해하거나 부풀음, 터짐, 벗겨지는 원인이 될 수 있는 요소 4가지를 쓰시오. (3점)

✓ 정답 및 해설　도료가 바탕에 부착을 저해하거나 부품의 터짐, 벗겨지는 원인

① 부착 저해 원인 : 유지분, 수분, 녹, 진 등
② 박리 원인
㉮ 바탕 처리의 불량　㉯ 초벌과 재벌의 화학적 차이　㉰ 바탕 건조의 불량
㉱ 기존 도장 위의 재도장　㉲ 철재면 위의 비닐수지 도료 도포　㉳ 부적당한 작업 등

029

00

도장 공사 시 초벌 후 완전건조 상태에서 재벌을 하는 이유를 기술하시오. (3점)

✓ 정답 및 해설　초벌 후 완전건조 상태에서 재벌을 하는 이유

초벌 후 건조 수축에 의한 주름이 발생하는 것을 방지하기 위함이다.

030

04②

도장 공사에서 기후에 따른 공사 중지 조건 3가지를 쓰시오. (3점)

정답 및 해설 **기후에 따른 공사 중지 조건**

① 눈, 비가 오는 경우와 안개가 끼었을 때 ② 기온이 5℃ 이하인 경우 ③ 습도가 85% 이상인 경우

031

06①, 04④, 96

방화칠의 종류 3가지를 쓰시오. (3점)

정답 및 해설 **방화칠의 종류**

① 규산소다 도료 ② 붕산카세인 도료 ③ 합성수지 도료(요소, 비닐, 염화파라핀 등)

032

09④

문틀이 복잡한 플러시문의 규격이 0.9×2.1m 이다. 양면을 모두 칠할 때 전체 칠면적을 산출하시오. (단, 문매수는 20개이며, 문틀 및 문선을 포함한다.) (4점)

정답 및 해설 **칠면적의 산출**

플러시문의 양면칠의 경우

칠면적=(안목 면적)×(2.7~3.0)$=(0.9\times2.1)\times(2.7\sim3.0)=5.1\sim5.67m^2$

그런데, 창호의 수가 20개이므로 $(5.1\sim5.67)\times20=102\sim113.4m^2$

033

11②

문틀(문선)이 포함된 철문(양면 칠)의 규격이 1,000mm×2,200mm 이다. 이 철문의 개수가 10개일 때 전체 칠면적을 구하시오. (4점)

정답 및 해설 **칠면적의 산출**

철문의 양면칠의 경우

칠면적=(안목 면적)×(2.4~2.6)$=(1.0\times2.2)\times(2.4\sim2.6)=5.28\sim5.72m^2$

그런데, 창호의 수가 10개이므로 $(5.27\sim5.72)\times10=52.7\sim57.2m^2$

034 13④, 04②

출입문의 규격이 900mm×2,100mm이며 양판문이다. 전체 칠면적을 산출하시오. (단, 문 개수는 40개의 간단한 구조의 양면칠) (2점)

✔ 정답 및 해설 **칠면적의 산출**

양판문의 양면칠의 경우

칠면적=(안목 면적)×(3.0~4.0)=$(1.0\times2.2)\times(3.0\sim4.0)=6.6\sim8.8m^2$

그런데, 창호의 수가 40개이므로 $(5.27\sim5.72)\times40=210.8\sim228.8m^2$

그러므로, 간단한 경우는 210.8㎡이고, 복잡한 경우는 228.8㎡이다.

CHAPTER

10 내장 및 기타 공사

001 02④, 94

기능적인 벽지 선택방법 3가지를 쓰시오. (3점)

정답 및 해설 **기능적인 벽지 선택방법**

① 오염의 방지 ② 방화 성능 향상 ③ 방균 성능 향상

002 97

도배공사 시 필요한 연장을 4가지만 쓰시오. (4점)

정답 및 해설 **도배공사 시 필요한 연장의 종류**

① 귀얄(풀 귀얄, 마무리 귀얄 등) ② 칼(커터, 도련칼, 마무리칼 등) ③ 주걱 : 쇠주걱, 대주걱, 실패주걱 등 ④ 기타 : 도련자, 도련판, 분출통, 발판, 풀주머니, 거품기, 망치, 드라이버, 가위, 줄자 등

003 18②, 00

다음은 도배공사에 있어서 온도 유지에 관한 내용이다. (　　) 안에 알맞은 수치를 넣으시오. (4점)

> 도배지의 평상시 보관온도는 (①)℃이어야 하고, 시공 전 (②)시간 전부터는 (③)℃ 정도를 유지해야 하며, 시공 후 (④)시간까지는 (⑤)℃ 이상의 온도를 유지해야 한다.

정답 및 해설 **도배 공사 시 온도 유지**

① 4 ② 72 ③ 5 ④ 48 ⑤ 16

004

07②

사무실 칸막이벽에 사용되는 S.G.P의 특징을 3가지 쓰시오. (3점)

정답 및 해설 **S.G.P의 특징**

① 내화성과 방음 효과가 있다.
② 표면이 조형성을 갖고 있으므로 외장 마감이 필요 없다.
③ 조립과 해체가 쉽고, 해체한 후 재사용이 가능하므로 매우 경제적이다.

005

10④

도배공사에 쓰이는 풀칠방법이다. 간단히 설명하시오. (4점)

① 봉투바름 :
② 온통바름 :

정답 및 해설 **용어 설명**

① 봉투 바름 : 도배지 주위에만 풀칠을 하고 중앙 부분은 풀칠을 하지 않으며 종이에 주름이 생길 때에는 위에서 물을 뿜어둔다.
② 온통 바름 : 도배지의 모든 부분에 풀칠을 하는 바름법으로, 풀칠시 중앙 부분부터 주변 부분으로 순차적으로 풀칠한다.

006

04①, 01②

수장 공사에 사용되는 블라인드의 종류 3가지를 쓰시오. (3점)

정답 및 해설 **블라인드의 종류**

① 롤 블라인드, ② 로만 블라인드 ③ 베니션(수직 및 수평)블라인드

007

11④

다음 용어에 대해서 간략히 쓰시오. (3점)

엑세스 플로어 (Free access floor)

정답 및 해설 **엑세스 플로어 (Free access floor)**

엑세스 플로어는 배관이나 배선이 많은 기계실, 전산실 및 특수 목적 강당 등의 바닥에 주로 사용하는 바닥 재료이다.

008 06①, 04②

배관이나 배선이 많은 기계실, 전산실, 특수목적 강당 등의 바닥에는 주로 어떤 형태의 마루를 시공하는가? (2점)

✓ 정답 및 해설 **엑세스 플로어**

009 05②

다음은 장판지 붙이기의 시공 순서이다. 빈칸을 채우시오. (3점)

바탕처리 → (①) → (②) → 장판지붙이기 → (③) → 마무리 및 보양

✓ 정답 및 해설 **장판지 붙이기의 시공 순서**

바탕처리 → 초배 → 재배 → 장판지붙이기 → 걸레받이 → 마무리 및 보양의 순이므로
① 초배 ② 재배 ③ 걸레받이

010 17④, 96, 99, 01, 03②

장판지 붙이기의 시공 순서를 〈보기〉에서 골라 기호를 쓰시오. (4점)

보기

① 재배	② 걸레받이	③ 장판지
④ 마무리칠	⑤ 초배	⑥ 바탕처리

✓ 정답 및 해설 **장판지 붙이기의 시공 순서**

바탕 처리 → 초배 → 재배 → 장판지 붙이기 → 걸레받이 → 마무리 및 보양의 순이다. 즉, ⑥ → ⑤ → ① → ③ → ② → ④ 이다.

011 11④, 07①

카펫은 파일(pile)의 타입에 따라 3가지로 나뉜다. 이 중 2가지를 쓰시오. (2점)

✓ 정답 및 해설 **카펫의 파일(pile) 형태**

① 루프(loop, 고리)형태 ② 커트 형태 ③ 복합형(루프형과 커트 형태의 복합형)

012

95

카펫깔기 공법 3가지를 쓰고 그 내용을 간략히 기술하시오. (3점)

정답 및 해설 **카펫깔기 공법**

① 그리퍼 공법 : 가장 일반적인 공법으로, 목재 그리퍼를 주변의 바닥에 설치하여 카펫을 고정하는 방식이다. 바닥에 요철이 없도록 키커를 사용하여 팽팽하게 카펫을 당겨 고정한다.
② 붙임(직접 붙임)공법 : 바닥의 전체 면적에 직접 접착제를 도포하여 카펫을 고정하는 방법이다.
③ 깔기 공법 : 카펫(고급 카펫, 러그 등)을 깔기 위한 공법으로 바닥을 모르타르 마감을 한다.
④ 못박기 공법 : 벽의 주변을 따라 못을 박아 카펫을 고정하는 방법이다.

013

02①

카펫 타일 시공법 중 접합 공법 시 유의사항을 기술하시오. (4점)

정답 및 해설 **카펫 타일의 접합 공법 시 유의사항**

① 방의 구석(모서리)부분과 출입구 부분에는 카펫의 조각 등을 사용하지 않도록 한다.
② 타일의 교체가 가능하도록 하고, 소량의 접착제를 사용한다.
③ 카펫의 접착은 분할선을 따라 중앙부분에서 주변부로 붙이기 시작하고, 자르는 경우에는 절단이 용이하도록 뒷면부터 절단한다.

014

00, 97

커튼지 선택 시 유의사항을 3가지만 쓰시오. (3점)

정답 및 해설 **커튼지 선택 시 유의사항**

① 천의 재질, 특성 및 의장성에 유의하여야 한다.
② 방염 처리 : 화재 시 안전을 위하여 방염처리가 되었는지를 확인하여야 한다.
③ 천의 취급 : 세탁 후 변형, 변색이 없어야 한다.

015

06①, 04②

폴리 퍼티(Poly putty)에 대하여 설명하시오. (2점)

정답 및 해설 **폴리 퍼티**

불포화 폴리에스테르의 경량 퍼티로서 건조성, 후도막성, 작업(시공)성이 우수하고, 기포가 거의 없어 작업 공정을 단순화할 수 있으며, 금속 표면을 도장하는 경우, 바탕 퍼티 작업에 주로 사용되는 퍼티이다.

016

05②

T－bar 시스템의 장점 3가지를 쓰시오. (3점)

✓ 정답 및 해설 T－bar 시스템의 장점

① 천장의 마감재의 재사용이 가능하다.
② 천장의 마감재의 유지 및 보수관리가 쉽다.
③ 천장의 내부 시설의 유지 및 보수관리가 쉽다.

017

17④, 02①, 93

목재반자틀 시공 순서를 보기에서 골라 기호를 순서대로 기입하시오. (3점)

보기

① 달대받이	② 반자틀	③ 반자틀받이
④ 달대	⑤ 반자돌림대	

• 순서 :

✓ 정답 및 해설 목재반자틀 시공 순서

달대받이 → 반자돌림대 → 반자틀받이 → 반자틀 → 달대의 순이다.
즉, ① → ⑤ → ③ → ② → ④ 이다.

018

03②

천장판 붙임에 사용되는 재료의 종류 4가지를 쓰시오. (4점)

✓ 정답 및 해설 천장판 붙임 재료

① 합판 ② 섬유판(텍스) ③ 석고판 ④ 목모 시멘트판

019

16①

다음은 경량철골 천장틀 설치 순서이다. 시공 순서에 맞게 나열하시오. (2점)

① 달대의 설치　② 앵커의 설치　③ 텍스 붙이기　④ 천장틀 설치

✓ 정답 및 해설 **경량철골 천장틀 설치 순서**

앵커의 설치 → 달대의 설치 → 천장틀 설치 → 텍스 붙이기의 순이다. 즉, ② → ① → ④ → ③ 이다.

020

06③

환경에 대한 인식이 높아지면서 실내공사에 필수적으로 발생하는 공사장 폐자재 처리는 매우 중요한 공정 중 하나가 되어가고 있다. 이와 관련하여 공사장 폐자재 처리 시 유의사항을 3가지만 쓰시오. (3점)

✓ 정답 및 해설 **공사장 폐자재 처리 시 유의사항**

① 폐자재(종이, 플라스틱, 유리, 금속 등)를 분리 배출 및 처리를 할 수 있도록 컨테이너, 자루 등을 현장에 배치한다.
② 폐자재 배출시 덮개를 씌워 먼지의 비산과 공기의 오염을 방지하여야 한다.
③ 사전에 공정 계획을 철저히 하여 불필요한 자재의 손실을 방지한다.

021

19④, 18④, 14①, 14②, 10①, 08②

멤브레인(membrane) 방수공법 2가지를 쓰시오. (2점)

✓ 정답 및 해설 **멤브레인 방수공법**

① 아스팔트 방수,　② 시트 방수(개량 아스팔트 시트방수, 합성고분자 시트방수 등),　③ 도막 방수

022

04④, 99, 96, 94

합성수지 접착제 중 접착성이 약한 것부터 강한 순서를 다음 보기에서 골라 쓰시오. (3점)

보기

① 초산비닐수지　② 멜라민수지　③ 요소수지　④ 에스테르수지

✓ 정답 및 해설 **합성수지 접착제의 접착력(약한 것부터 강한 것의 순임)**

에폭시수지 접착제 → 초산비닐수지 접착제 → 에스테르수지 접착제 → 멜라민수지 접착제 → 요소수지 접착제의 순으로 강해진다. 즉, ①(초산비닐수지) → ④(에스테르수지) → ②(멜라민수지) → ③(요소수지)이다.

023

07④

다음 빈칸에 알맞은 말을 〈보기〉에서 골라 쓰시오. (4점)

보기

카페인, 아교, 페놀수지 접착제, 멜라민수지 접착제, 에폭시수지 접착제, 네오프렌, 비닐수지 접착제, 알부민

① 용제형과 에멀션형이 있으며 요소, 멜라민, 초산비닐을 중합시킨 것도 있다. 가열·가압에 의해 두꺼운 합판을 쉽게 접합할 수 있으며 목재, 금속재, 유리에도 사용된다. (　　　　　)
② 요소수지와 같이 열경화성 접착제로 내수성이 우수하여 내수합판에 사용되나 금속, 고무, 유리 등에는 사용하지 않는다. (　　　　　)
③ 기본 접착성이 크며 내수성, 내약품성, 전기절연성 모두 우수한 만능형 접착제로 금속, 플라스틱, 도자기 접착에 쓰인다. (　　　　　)
④ 내수성, 내화학성이 우수한 고무계 접착제로 고무, 금속, 가죽, 유리 등의 접착에 사용되며 석유계 용제에도 녹지 않는다. (　　　　　)

✓ 정답 및 해설 **접착제의 특성**

① 페놀수지 접착제　② 멜라민수지 접착제　③ 에폭시수지 접착제　④ 네오프렌

024

17②, 00, 93

단열재가 되는 조건 4가지를 보기에서 고르시오. (3점)

보기

① 열전도율이 높다.
② 비중이 작다.
③ 내식성이 있다.
④ 기포가 크다.
⑤ 내화성이 있다.
⑥ 어느 정도 기계적 강도가 있어야 한다.
⑦ 흡수율이 작다.

✓ 정답 및 해설 **단열재의 조건**

②(비중이 작다)　⑤(내화성이 있다)　⑥(어느 정도 기계적 강도가 있어야 한다)　⑦(흡수율이 작다)

025

16④, 14①

다음 〈보기〉에서 방음재를 골라 번호를 기입하시오. (3점)

보기

① 탄화코르크 ② 암면 ③ 어코스틱 타일 ④ 석면
⑤ 광재면 ⑥ 목재 루버 ⑦ 알루미늄 루버 ⑧ 구멍합판

정답 및 해설 방음재의 종류

③(어코스틱 타일), ⑥(목재 루버), ⑧(구멍 합판)

026

08①

다음 설명에 맞는 재료를 〈보기〉에서 골라 번호로 쓰시오. (4점)

보기

① 유리면 ② 암면 ③ 세라믹파이버 ④ 펄라이트
⑤ 규산칼슘판 ⑥ 셀로로즈섬유판 ⑦ 연질섬유판 ⑧ 경질우레탄폼
⑨ 경량기포콘크리트 ⑩ 단열모르타르

(가) 암석으로부터 인공적으로 만들어진 내열성이 높은 광물섬유를 이용해서 만든 것으로 내화성이 우수하고, 가볍고 단열성이 뛰어남
(나) 보드형과 현장 발포식으로 나누어진다. 발포에 프레온 가스를 사용하기 때문에 열전도율이 낮은 것이 특징이다.
(다) 결로수가 부착되면 단열성이 떨어져서 방습성이 있는 비닐로 감싸서 사용한다.
(라) 1000℃ 이상 고온에서도 잘 견디며, 철골 내화피복에 많이 사용됨

정답 및 해설 단열 재료 등

(가)－②(암면) (나)－⑧(경질우레탄폼) (다)－①(유리면) (라)－③(세라믹파이버)

027

16④, 12①, 09②

경량기포 콘크리트에 대해서 간략히 설명하시오. (4점)

✓ 정답 및 해설 **경량기포 콘크리트**

원료(생석회, 시멘트, 규사, 규석, 플라이애시, 알루미늄 분말 등)를 오토클레이브에 고압, 고온 증기 양생한 기포 콘크리트로서 특징은 다음과 같다.

① 경량(0.5~0.6), 단열성(열전도율이 콘크리트의 1/10정도), 불연 · 내화성, 흡음 · 차음성, 내구성 및 시공성이 우수

② 강도와 건조 수축 및 균열은 작다.

③ 흡습성이 크다.

028

11①, 02①, 92

다음 골재의 흡수율에 관한 사항을 찾아 쓰시오. (4점)

보기

① 흡수량　② 표면수량　③ 함수량　④ 유효 흡수량

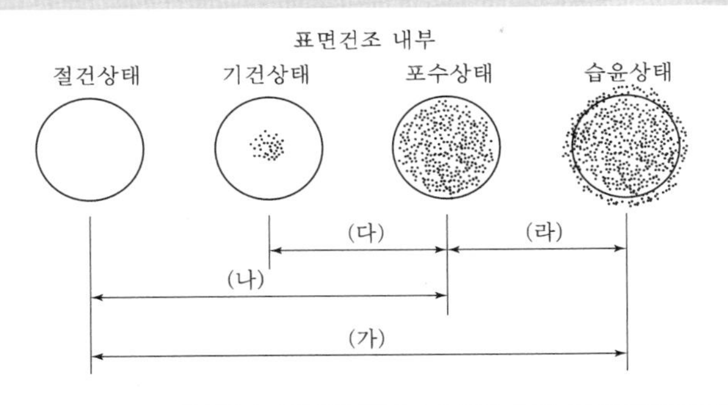

✓ 정답 및 해설 **골재의 함수 상태**

㈎－③(함수량), ㈏－①(흡수량), ㈐－④(유효 흡수량), ㈑－②(표면수량)

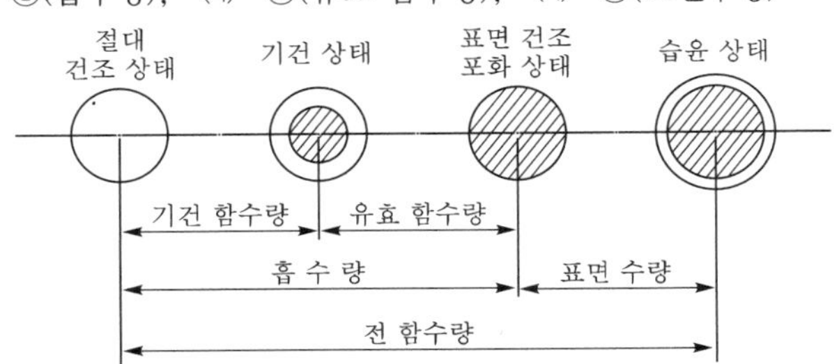

029

16④, 09②, 08①, 06①

철골구조물의 내화피복 공법 4가지를 쓰시오. (4점)

✓ 정답 및 해설 **내화피복 공법**

① 습식 공법 ② 건식 공법 ③ 합성 공법 ④ 복합 공법

031

09①

철골공사 시 철골에 녹막이 칠을 하지 않는 부분 3가지만 쓰시오. (4점)

✓ 정답 및 해설 **철골에 녹막이 칠을 하지 않는 부분**

① 콘크리트에 묻히는 부분 ② 서로 밀착되는 부재면 ③ 현장 용접부에서 50mm 이내의 부분

PART 02

적산

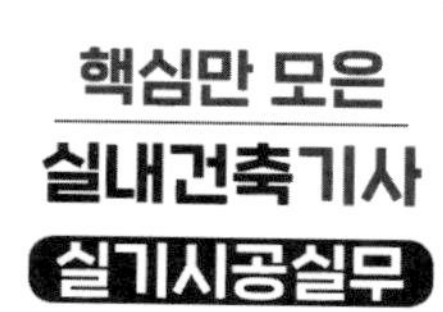

항상 인간적인 공간에 차 있는 건축, 명쾌하고 본질적인
순수한 상상력에 차 있는 건축을 그대들에게 요구하시오.
결정같이 순수한 예술을.

– Gio Ponti –

CHAPTER

01 총론

001

15④

공사비 구성의 분류를 나타낸 것이다. 해당 번호에 적당한 용어를 쓰시오. (4점)

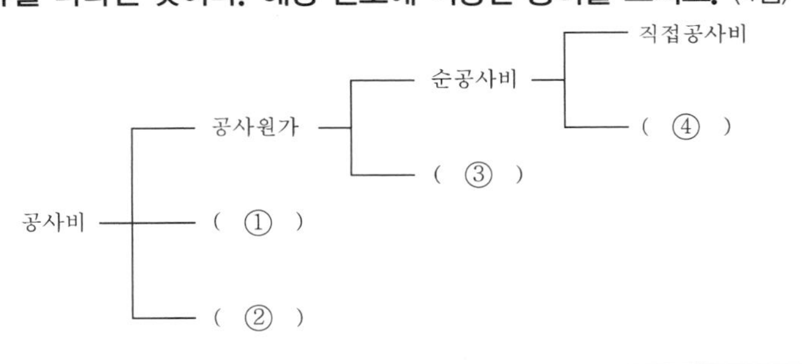

정답 및 해설 공사비 구성의 분류

① 부가 이윤 ② 일반관리비 부담금 ③ 현장 경비 ④ 간접 공사비

002

10②, 07④

건축공사의 공사원가 구성에서 직접공사비 구성에 해당하는 비목 4가지를 쓰시오. (4점)

정답 및 해설 직접공사비 구성

① 재료비 ② 노무비 ③ 외주비 ④ 경비

003

13④, 09①, 07①

다음 재료의 할증률을 쓰시오. (4점)

보기

① 목재(각재) ② 붉은 벽돌 ③ 유리 ④ 클링커 타일

정답 및 해설 재료의 할증률

① 목재(각재) : 5% ② 붉은 벽돌 : 3% ③ 유리 : 1% ④ 클링커 타일 : 3%

004

07④

다음 〈보기〉에서 할증률을 골라 쓰시오. (4점)

보기

1%　2%　3%　5%　8%　10%

① 붉은 벽돌
② 유리
③ 도료
④ 단열재

✓ 정답 및 해설 **재료의 할증률**

① 붉은 벽돌 : 3%　② 유리 : 1%　③ 도료 : 2%　④ 단열재 : 10%

005

11②, 02①

적산시 할증률을 (　　) 안에 써 넣으시오. (4점)

① 붉은 벽돌 : (　　)%
② 시멘트 벽돌 : (　　)%
③ 블록 : (　　)%
④ 타일 : (　　)%

✓ 정답 및 해설 **재료의 할증률**

① 붉은 벽돌 : 3%　② 시멘트 벽돌 : 5%　③ 블록 : 4%　④ 타일 : 3%

006

16②, 13②

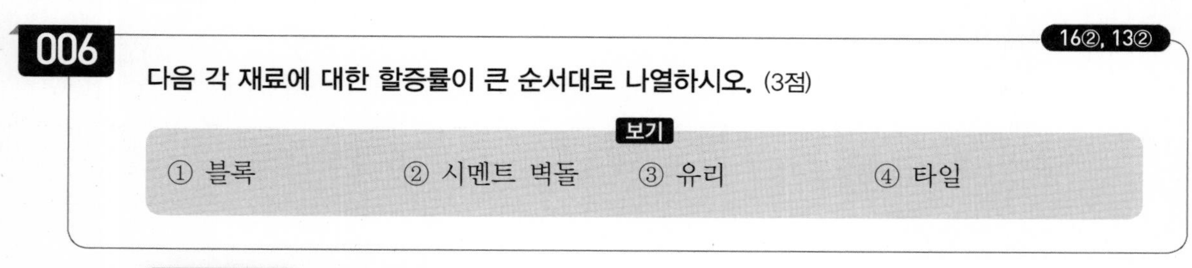

다음 각 재료에 대한 할증률이 큰 순서대로 나열하시오. (3점)

보기

① 블록　② 시멘트 벽돌　③ 유리　④ 타일

✓ 정답 및 해설 **재료의 할증률**

시멘트 벽돌(5%) → 블록(4%) → 타일(3%) → 유리(1%)이므로 ② → ① → ④ → ③이다.

007

17④

다음 재료에 대한 적산 시 할증률을 (　　) 안에 써 넣으시오. (4점)

① 비닐타일 : (①)%
② 리놀륨 : (②)%
③ 합판(수장용) : (③)%
④ 석고판(본드접착용) : (④)%
⑤ 발포폴리스틸렌 : (⑤)%
⑥ 단열시공 부위의 방습지 : (⑥)%

정답 및 해설

① 비닐타일 : 5%, ② 리놀륨 : 5%, ③ 합판(수장용) : 5%, ④ 석고판(본드접착용) : 8%, ⑤ 발포폴리스틸렌 : 10%, ⑥ 단열시공 부위의 방습지 : 15%

008

10①, 05①, 02①, 97

다음 괄호 안에 알맞은 용어를 쓰시오. (4점)

적산은 공사에 필요한 재료 및 수량 즉, (①)을 산출하는 기술 활동이고 견적은 (②)에 (③)을 곱하여 (④)를 산출하는 기술 활동이다.

정답 및 해설 **적산과 견적**

① 공사량 ② 공사량 ③ 단가 ④ 공사비

009

00

적산 요령 4가지를 쓰시오. (4점)

정답 및 해설 적산 요령

① 시공 순서대로 산정 ② 내부에서 외부로 산정 ③ 수평에서 수직으로 산정 ④ 부분에서 전체로 산정

CHAPTER 02

가설 공사

001

17②, 11①, 06①, 97, 94

다음 그림은 평면도이다. 이 건물이 지상 5층일 때 내부 수평비계 면적을 산출하시오. (3점)

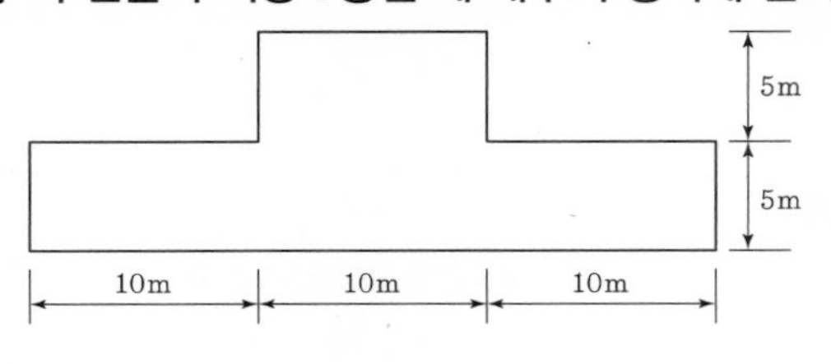

정답 및 해설 **내부 비계 면적의 산출**

내부 비계의 비계 면적은 연면적의 90%로 한다. 즉, 연면적×0.9이다.

그러므로, 내부 비계의 면적=연면적×0.9=각 층의 바닥면적×0.9

$=[(30\times5)+(10\times5)]\times5\times0.9=900\text{m}^2$이다.

002

15②

다음과 같은 건물을 대상으로 실내장식을 하려고 한다. 내부 비계 면적을 산출하시오. (6점)

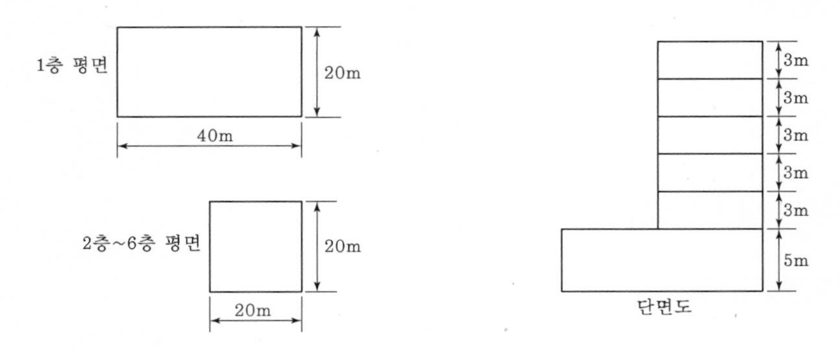

정답 및 해설 **내부 비계 면적의 산출**

내부 비계의 비계 면적은 연면적의 90%로 한다. 즉, 연면적×0.9이다.

그러므로, 내부 비계의 면적=연면적×0.9=각 층의 바닥면적×0.9

$=[(20\times40)+(20\times20)\times5]\times0.9=2{,}520\text{m}^2$이다.

003

15①

다음 평면도와 같은 건물에 외부 외줄비계를 설치하고자 한다. 비계면적을 산출하시오. (단, 건물높이 12m) (4점)

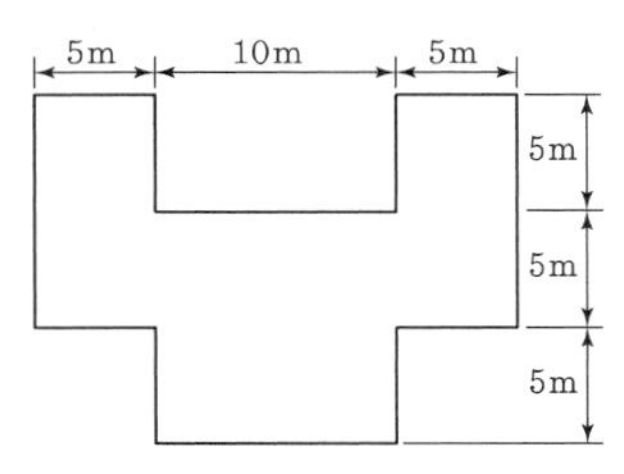

✓ 정답 및 해설 **외줄비계의 면적 산출**

벽 중심선에서 45cm 거리의 지면에서 건물 높이까지의 외부 면적으로 산출한다.

∴ A(외줄비계의 면적) $= H(l+3.6) = 12 \times [(5+10+5+5+5+5) \times 2 + 3.6] = 883.2m^2$

004

12④

다음 외부 쌍줄비계 면적을 산출하시오. (단, H = 8m) (4점)

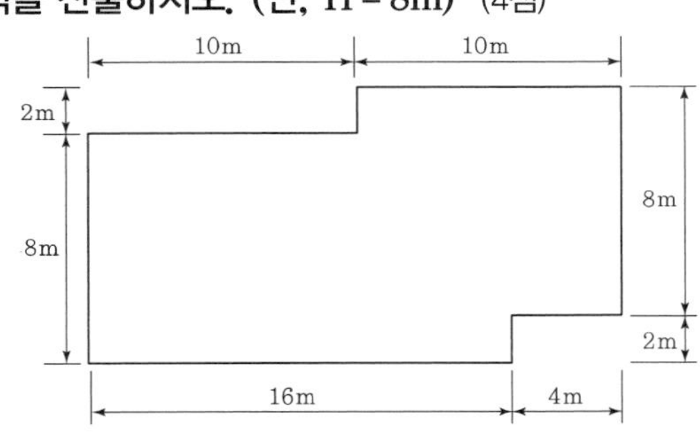

✓ 정답 및 해설 **쌍줄비계의 면적 산출**

벽 중심선에서 90cm 거리의 지면에서 건물 높이까지의 외부 면적으로 산출한다.

그러므로, A(쌍줄비계의 면적) $= H(l+7.2) = 8 \times [(10+10+10) \times 2 + 7.2] = 537.6m^2$ 이다.

005

16①

그림과 같은 건물의 외부 쌍줄비계 면적을 산출하시오. (3점)

2m 8m
15m
20m
5m
10m
8층 7층 6층 5층 4층 3층 2층 1층
3.5m

✓ 정답 및 해설 **쌍줄비계의 면적 산출**

벽 중심선에서 90cm 거리의 지면에서 건물 높이까지의 외부 면적으로 산출한다.

그러므로, A(쌍줄비계의 면적) $= H(l+7.2) = (3.5\times8)\times[(2+8+20)\times2+7.2] = 1{,}881.6\text{m}^2$이다.

006

97

다음 평면도에서 쌍줄비계로 할 때 외부 비계면적을 산출하시오.(단, 건물 높이는 20m로 한다.) (4점)

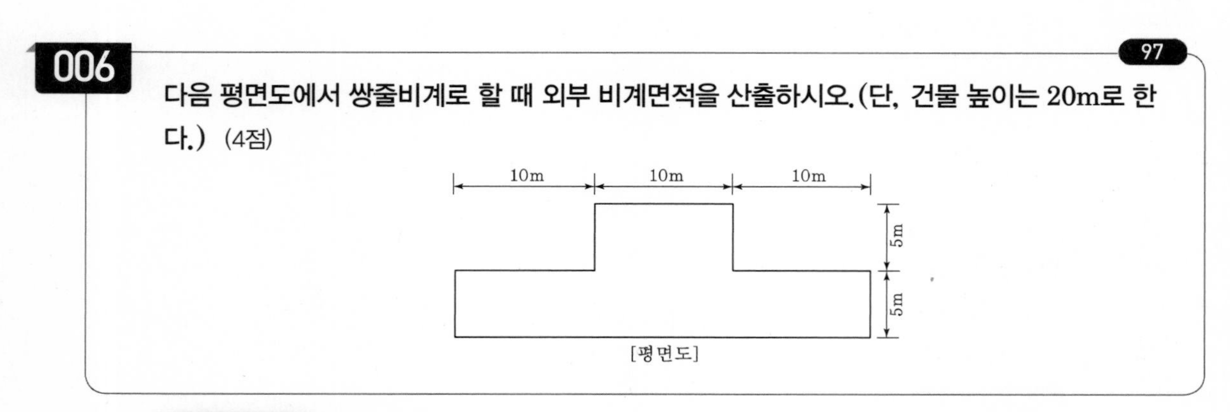

[평면도]

✓ 정답 및 해설 **쌍줄비계의 면적 산출**

벽 중심선에서 90cm 거리의 지면에서 건물 높이까지의 외부 면적으로 산출한다.

그러므로, A(쌍줄비계의 면적) $= H(l+7.2) = 20\times[(30+10)\times2+7.2] = 1{,}744\text{m}^2$이다.

007

14④, 97

다음 아래 조건의 평면규격을 기준으로 쌍줄비계를 설치할 때 외부비계 면적을 산출하시오. (4점)

보기

가로=30m, 세로=15m, 높이=20m의 건물

✔ 정답 및 해설 **쌍줄비계의 면적 산출**

벽 중심선에서 90cm 거리의 지면에서 건물 높이까지의 외부 면적으로 산출한다.

그러므로, A(쌍줄비계의 면적)$=H(l+7.2)=(3\times10)\times[(15+20)\times2+7.2]=2{,}316\text{m}^2$이다.

008

98

다음 그림은 평면도이다. 한 층의 높이가 3m이고 10층 건물일 경우 외부 쌍줄비계 면적을 산출하시오. (4점)

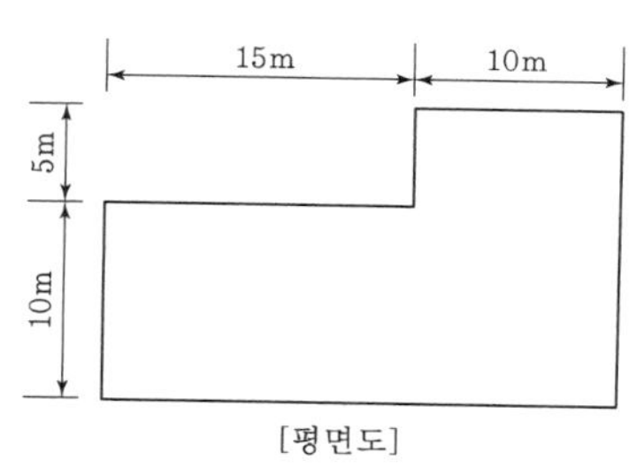

[평면도]

✔ 정답 및 해설 **쌍줄비계의 면적 산출**

벽 중심선에서 90cm 거리의 지면에서 건물 높이까지의 외부 면적으로 산출한다.

그러므로, A(쌍줄비계의 면적)$=H(l+7.2)=30\times[(20+15)\times2+7.2]=2{,}316\text{m}^2$이다.

009

12①, 98, 96, 94

다음 평면도에서 쌍줄비계를 설치할 때 외부비계 면적을 산출하시오. (단, H = 25m) (4점)

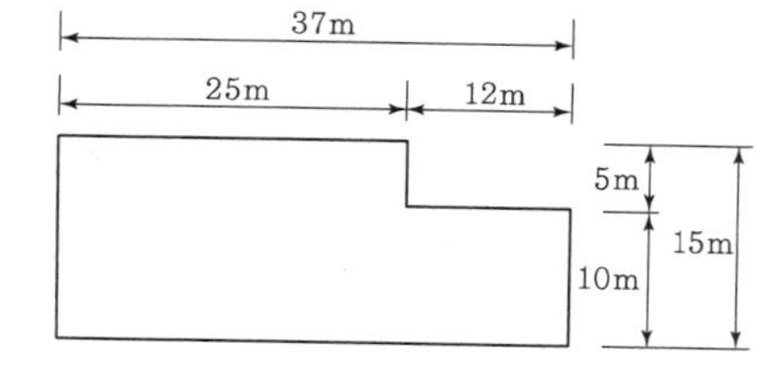

✔ 정답 및 해설 **쌍줄비계의 면적 산출**

벽 중심선에서 90cm 거리의 지면에서 건물 높이까지의 외부 면적으로 산출한다.

그러므로, A(쌍줄비계의 면적)$=H(l+7.2)=25\times[(37+15)\times2+7.2]=2{,}780\text{m}^2$이다.

09②, 02②, 96

010

다음 그림과 같은 철근콘크리트조 사무소 건축을 신축함에 있어 외부 쌍줄비계를 설치하고자 한다. 총 비계면적을 산출하시오. (4점)

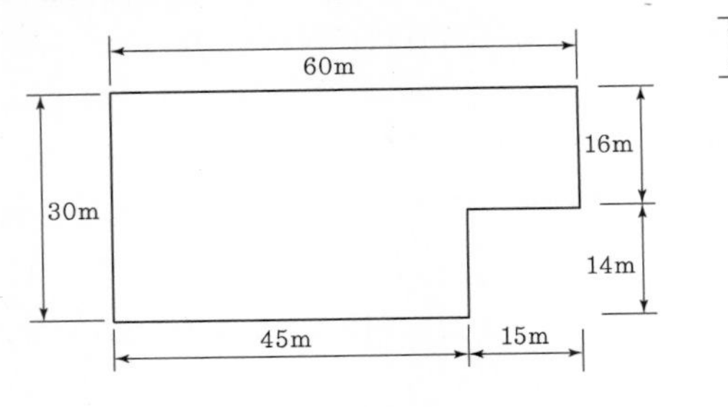

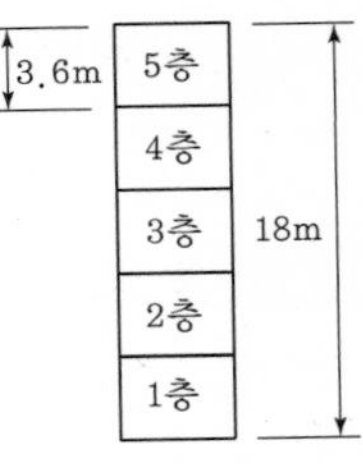

✔ 정답 및 해설 **쌍줄비계의 면적 산출**

벽 중심선에서 90cm 거리의 지면에서 건물 높이까지의 외부 면적으로 산출한다.

그러므로, A(쌍줄비계의 면적) $= H(l+7.2) = 18 \times [(60+16+14) \times 2 + 7.2] = 3{,}369.6\text{m}^2$이다.

01④, 99

011

다음 평면도에서 쌍줄비계를 설치할 때 외부 비계면적을 산출하시오. (단, h = 27m) (4점)

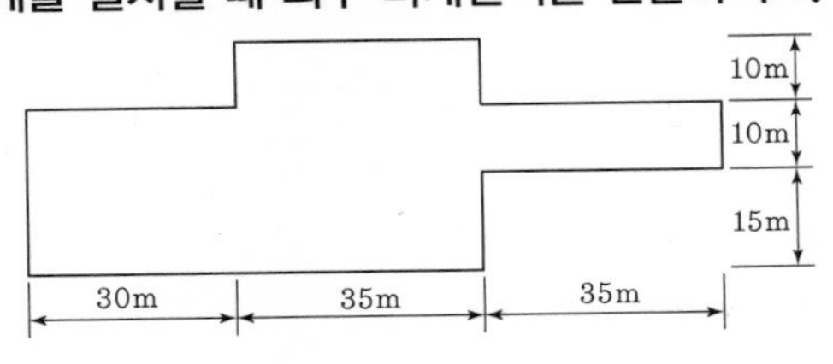

✔ 정답 및 해설 **쌍줄비계의 면적 산출**

벽 중심선에서 90cm 거리의 지면에서 건물 높이까지의 외부 면적으로 산출한다.

그러므로, A(쌍줄비계의 면적) $= H(l+7.2) = 27 \times [(35+100) \times 2 + 7.2] = 7{,}484.4\text{m}^2$이다.

CHAPTER 03

조적 공사

001

11②

다음 벽돌의 m^2당 단위 소요량을 써넣으시오. (4점)

	0.5B	1.0/B	1.5B	2.0B
기본형	(①)	(②)	(③)	(④)
표준형	(⑤)	(⑥)	(⑦)	(⑧)

정답 및 해설 벽돌의 소요량

① 65매 ② 130매 ③ 195매 ④ 260매 ⑤ 75매 ⑥ 149매 ⑦ 224매 ⑧ 298매

002

16④, 12②, 09④, 05④

벽의 높이가 2.5m이고, 길이가 8m인 벽을 시멘트 벽돌로 1.5B 쌓을 때 소요량을 구하시오. (단, 벽돌은 표준형 190×60×57mm) (3점)

정답 및 해설 벽돌의 소요량 산출

① 벽 면적의 산정 : 벽의 길이×벽의 높이 $=8\times2.5=20m^2$

② 표준형이고, 벽 두께가 1.5B이므로 224매/㎡이고, 할증률은 5%이다.

①, ②에 의해서 벽돌의 소요량 $=224$매$/m^2\times20m^2\times(1+0.05)=4{,}704$매이다.

003

19④, 13②

길이 10m, 높이 2m, 1.0B 벽돌벽의 정미량을 산출하시오. (단, 벽돌규격은 표준형임) (3점)

정답 및 해설 벽돌의 정미량 산출

① 벽 면적의 산정 : 벽의 길이×벽의 높이 $=10\times2=20\mathrm{m}^2$

② 표준형이고, 벽 두께가 1.0B이므로 149매/㎡이다.

①, ②에 의해서 벽돌의 소요량 $=149$매$/\mathrm{m}^2\times20\mathrm{m}^2=2{,}980$매이다.

004

96

폭 4.5m, 높이 2.5m의 벽체 1.5m×1.2m의 창이 있을 경우 19cm×9cm×5.7cm의 붉은 벽돌을 줄눈너비 10mm로 쌓고자 한다. 이때 붉은 벽돌의 소요량은 몇 매인가?(단, 벽돌쌓기는 0.5B이며, 할증은 고려하지 않는다.) (5점)

✓ 정답 및 해설 **벽돌의 정미량 산출**

① 벽 면적의 산정 : 벽의 길이×벽의 높이 $=(4.5\times2.5)-(1.5\times1.2)=9.45\text{m}^2$

② 표준형이고, 벽 두께가 0.5B이므로 75매/㎡이다.

①, ②에 의해서 벽돌의 소요량 $=75$매$/\text{m}^2\times9.45\text{m}^2=708.75\fallingdotseq709$매이다.

005

97

표준형 시멘트 벽돌로 높이 2.5m, 길이 8m의 벽을 1.5B 두께로 쌓을 때 소요되는 벽돌의 정미량을 구하시오. (4점)

✓ 정답 및 해설 **벽돌의 정미량 산출**

① 벽 면적의 산정 : 벽의 길이×벽의 높이 $=2.5\times8=20\text{m}^2$

② 표준형이고, 벽 두께가 1.5B이므로 224매/㎡이다.

①, ②에 의해서 벽돌의 소요량 $=224$매$/\text{m}^2\times20\text{m}^2=4{,}480$매이다.

006

16②, 07④, 92

길이 100m, 높이 2m, 1.0B 쌓기로 할 때 소요되는 붉은 벽돌량을 정미량으로 산출하시오. (단, 벽돌규격은 표준형이다.) (3점)

✓ 정답 및 해설 **벽돌의 정미량 산출**

① 벽 면적의 산정 : 벽의 길이×벽의 높이 $=100\times2=200\text{m}^2$

② 표준형이고, 벽 두께가 1.0B이므로 149매/㎡이다.

①, ②에 의해서 벽돌의 소요량 $=149$매$/\text{m}^2\times200\text{m}^2=29{,}800$매이다.

007

14④

다음 아래는 모르타르 배합비에 따른 재료량이다. 총 $25m^3$의 시멘트 모르타르를 필요로 한다. 각 재료량을 구하시오. (3점)

배합용적비	시멘트(kg)	모래	인부(인)
1 : 3	510	1.1	1.0

✓ 정답 및 해설 모르타르의 재료량

① 시멘트량 : $510kg/m^3 \times 25m^3 = 12,750kg$

② 모래량 : $1.1m^3 \times 25m^3 = 27.5m^3$

③ 인부수 : 1.0인/$m^3 \times 25m^3$ = 25명

008

04①

벽의 높이가 3m이고, 길이가 15m일 때 표준형 벽돌 1.0B 쌓기시의 모르타르량과 벽돌량을 산출하시오. (단, 표준형 시멘트 벽돌 정미량으로 산출하고, 모르타르량은 소수 3째 자리에서 반올림하여 소수 2째 자리까지 구하시오.) (5점)

✓ 정답 및 해설 벽돌의 정미량과 모르타르량의 산출

① 벽돌의 정미량 산출

㉮ 벽 면적의 산정 : 벽의 길이×벽의 높이 $= 15 \times 3 = 45m^2$

㉯ 표준형이고, 벽 두께가 1.0B이므로 149매/m^2이다.

㉮, ㉯에 의해서 벽돌의 소요량=149매/$m^2 \times 45m^2$ = 6,705매 이다.

② 모르타르의 소요량은 벽돌 1,000매당 $0.33m^3$이므로 $0.33 \times \frac{6,705}{1,000} = 2.21m^3$

그러므로, 벽돌의 소요(정미)량은 6,705매이고, 모르타르의 량은 $2.21m^3$이다.

009

05①

벽 길이 90m, 벽 높이 2.7m를 외부 붉은 벽돌(표준형) 1.0B, 내부 시멘트벽돌(표준형) 0.5B의 벽으로 쌓고자 한다. 이 때 소요되는 벽돌 구입량과 모르타르량을 구하시오. (4점)

✓ 정답 및 해설 **벽돌 소요량과 모르타르량의 산출**

① 외부 벽돌의 소요량 산출

㉮ 벽 면적의 산정 : 벽의 길이×벽의 높이$=90\times2.7=243m^2$

㉯ 표준형이고, 벽 두께가 1.0B이므로 149매/㎡이고, 할증률은 3%이다.

그러므로, ㉮, ㉯에 의해서 벽돌의 소요량$=149$매$/m^2\times243m^2\times(1+0.03)=37{,}294$매 이다.

㉰ 외부 모르타르의 소요량은 벽돌 1,000매당 0.33㎥이므로 $0.33\times\dfrac{36{,}207}{1{,}000}=11.95m^3$

그러므로, 외부 벽돌의 소요량은 37,294매이고, 모르타르량은 11.95㎥이다.

② 내부 벽돌의 소요량 산출

㉮ 벽 면적의 산정 : 벽의 길이×벽의 높이$=90\times2.7=243m^2$

㉯ 표준형이고, 벽 두께가 0.5B이므로 75매/㎡이고, 할증률은 5%이다.

그러므로, ㉮, ㉯에 의해서 벽돌의 소요량$=75$매$/m^2\times243m^2\times(1+0.05)=19{,}137$매 이다.

㉰ 내부 모르타르의 소요량은 벽돌 1,000매당 0.25㎥이므로 $0.25\times\dfrac{18{,}225}{1{,}000}=4.56m^3$

그러므로, 외부 벽돌의 소요량은 19,137매이고, 모르타르량은 4.56㎥이다.

010

95, 94

길이 10m, 높이 3m의 건물에 1.5B 쌓기 시 모르타르(m^3)와 벽돌 사용량은 얼마인가?(단, 표준형 벽돌) (4점)

✓ 정답 및 해설 **벽돌의 정미량과 모르타르량의 산출**

① 벽돌의 정미량 산출

㉮ 벽 면적의 산정 : 벽의 길이×벽의 높이$=10\times3=30m^2$

㉯ 표준형이고, 벽 두께가 1.5B이므로 224매/㎡이고, 할증률은 3%이다.

㉮, ㉯에 의해서 벽돌의 소요량$=224$매$/m^2\times30m^2=6{,}720$매 이다.

② 모르타르의 소요량은 벽돌 1,000매당 0.35㎥이므로 $0.35\times\dfrac{6{,}720}{1{,}000}=2.352m^3$

그러므로, 벽돌의 소요(정미)량은 6,720매이고, 모르타르량은 2.352㎥이다.

011

15④, 12④

표준형 벽돌 1.0B 벽돌쌓기 시 벽돌량과 모르타르량을 산출하시오. (단, 벽 길이 100m, 벽 높이 3m, 개구부 1.8m×1.2m 10개, 줄눈 두께 10mm, 정미량으로 산출) (3점)

✓ 정답 및 해설 **벽돌의 정미량과 모르타르량의 산출**

① 벽돌의 정미량 산출

㉮ 벽 면적의 산정 : 벽의 길이×벽의 높이 $=100\times3-(1.8\times1.2\times10)=278.4\text{m}^2$

㉯ 표준형이고, 벽 두께가 1.0B이므로 149매/m²이고, 할증률은 3%이다.

㉮, ㉯에 의해서 벽돌의 소요량 $=149\text{매}/\text{m}^2\times278.4\text{m}^2=41{,}482\text{매}$이다.

② 모르타르의 소요량은 벽돌 1,000매당 0.33m³이므로 $0.33\times\dfrac{41{,}482}{1{,}000}=13.69\text{m}^3$

그러므로, 벽돌의 소요(정미)량은 41,482매이고, 모르타르량은 13.69m³이다.

012

99, 96

표준형 벽돌로 10m^2를 1.5B 보통쌓기를 할 때 벽돌량과 모르타르량을 산출하시오. (4점)

✓ 정답 및 해설 **벽돌의 정미량과 모르타르량의 산출**

① 벽돌의 정미량 산출

㉮ 벽 면적의 산정 : 벽의 길이×벽의 높이 $=10\text{m}^2$

㉯ 표준형이고, 벽 두께가 1.5B이므로 224매/m²이고, 할증률은 3%이다.

㉮, ㉯에 의해서 벽돌의 소요량 $=224\text{매}/\text{m}^2\times10\text{m}^2=2{,}240\text{매}$이다.

② 모르타르의 소요량은 벽돌 1,000매당 0.35m³이므로 $0.35\times\dfrac{2{,}240}{1{,}000}=0.784\text{m}^3$

그러므로, 벽돌의 소요(정미)량은 2,240매이고, 모르타르량은 0.784m³이다.

013

18①, 14②, 03①

길이 10m 높이 2.5m인 벽돌벽을 1.5B로 쌓을 경우 벽돌의 실제 소요량과 모르타르량(m^3)을 산출 하시오.(단, 벽돌 규격은 표준형이고 시멘트 벽돌임) (4점)

✓ 정답 및 해설 **벽돌의 소요량과 모르타르량의 산출**

① 벽돌의 소요량 산출

㉮ 벽 면적의 산정 : 벽의 길이×벽의 높이 $=10\times2.5=25m^2$

㉯ 표준형이고, 벽 두께가 1.5B이므로 224매/m²이고, 시멘트 벽돌의 할증률은 5%이다.

㉮, ㉯에 의해서 벽돌의 소요량 $=224\text{매}/m^2\times25m^2\times(1+0.05)=5{,}880\text{매}$이다.

② 모르타르의 소요량은 벽돌 1,000매당 0.35m³이므로 $0.35\times\dfrac{5{,}600}{1{,}000}=1.96\text{m}^3$

그러므로, 벽돌의 소요(정미)량은 5,880매이고, 모르타르량은 1.96m³이다.

13①

014

표준형 벽돌 1.0B 벽돌쌓기 시 벽돌량과 모르타르량을 산출하시오. (벽 길이 50m, 벽높이 2.6m, 개구부 1.5m×2m 10개) (3점)

✓ 정답 및 해설 **벽돌의 정미량과 모르타르량의 산출**

① 벽돌의 정미량 산출

㉮ 벽 면적의 산정 : 벽의 길이×벽의 높이 $=50\times2.6-(1.5\times2\times10)=100\text{m}^2$

㉯ 표준형이고, 벽 두께가 1.0B이므로 149매/m²이다.

㉮, ㉯에 의해서 벽돌의 소요량 $=149$매$/\text{m}^2\times100\text{m}^2=14{,}900$매이다.

② 모르타르의 소요량은 벽돌 1,000매당 0.33m³이므로 $0.33\times\dfrac{14{,}900}{1{,}000}=4.92\text{m}^3$

그러므로, 벽돌의 소요(정미)량은 14,900매이고, 모르타르량은 4.92m³이다.

02①

015

길이 90m, 높이 2.7m 건물에 외벽은 1.0B 적벽돌과 내벽을 0.5B 시멘트 벽돌을 사용하여 벽을 쌓을 때 벽돌량과 모르타르량은 얼마인가? (5점)

✓ 정답 및 해설 **시멘트 벽돌과 모르타르량**

(1) 적벽돌과 모르타르량

① 시멘트 벽돌의 정미량 산출

㉮ 벽 면적의 산정: 벽의 길이×벽의 높이 $=90\times2.7=243\text{m}^2$

㉯ 표준형이고, 벽 두께가 0.5B이므로 75매/m²이다.

㉮, ㉯에 의해서, 시멘트 벽돌의 정미량 $=75$매$/\text{m}^2\times243\text{m}^2=18{,}225$매이다.

② 모르타르량의 산출

모르타르량은 벽돌 1,000매당 0.33m³이므로 $0.25\times\dfrac{18{,}225}{1{,}000}=4.56\text{m}^3$

그러므로 시멘트 벽돌의 소요량은 18,225매이고, 모르타르의 량은 4.56m³이다.

(2) 시멘트 벽돌과 모르타르량

① 시멘트 벽돌의 정미량 산출

㉮ 벽 면적의 산정: 벽의 길이×벽의 높이 $=90\times2.7=243m^2$

㉯ 표준형이고, 벽 두께가 0.5B이므로 75매/m²이다.

㉮, ㉯에 의해서, 시멘트 벽돌의 정미량 $=75$매$/\text{m}^2\times243m^2=18{,}225$매이다.

② 모르타르량의 산출

모르타르량은 벽돌 1,000매당 0.33m³이므로 $0.25\times\dfrac{18{,}225}{1{,}000}=4.56\text{m}^3$

그러므로 시멘트 벽돌의 소요량은 18,225매이고, 모르타르의 량은 4.56m³이다.

016

17④

다음 도면과 같은 벽돌조 건물의 벽돌 소요량과 쌓기용 모르타르량을 산출하시오. (단, 벽돌수량은 소수점 아래 첫째자리에서, 모르타르량은 소수점 아래 셋째자리까지 반올림 한다.) (7점)

보기

① 벽돌벽의 높이 : 3m
② 벽 두께 : 1.0B
③ 벽돌 크기 : 210×100×60mm
④ 창호의 크기 : 출입문－1.0×2.0m, 창문－2.4×1.5m
⑤ 벽돌의 할증률 : 5%

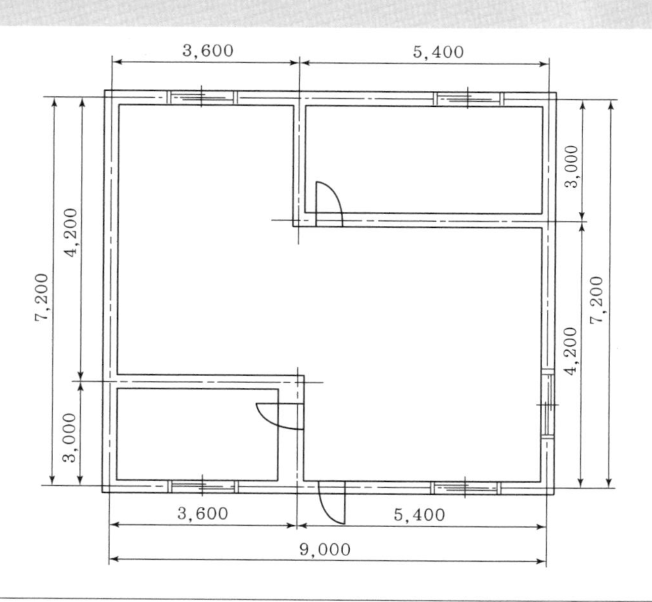

✓ 정답 및 해설 **벽돌량과 모르타르량의 산출**

외벽과 내벽을 구분하여 산출하고, 이를 합하여 총량을 계산한다.

(1) 벽돌 소요량

① 외벽 : 소요량 산정시 벽 면적＝(전체 벽 면적－창문의 면적－출입구의 면적)

∴ 벽 면적＝{(벽의 가로 길이＋벽의 세로 길이)×2×벽의 높이}－(창문의 면적＋출입구의 면적)

$=(9+7.2)\times2\times3-(2.4\times1.5\times5+1.0\times2.0\times1)=77.2\text{m}^2$

그런데, 벽 두께 1.0B인 경우 벽 면적 1m^2당 130매(재래형)가 소요되고, 할증률은 5%로 산정하므로 벽돌 소요량＝$77.2\times130\times(1+0.05)=10{,}537.8$매≒10,538매이다.

② 내벽 : 소요량 산정시 벽 면적＝(전체 벽면적－창문의 면적－출입구의 면적)

∴ 벽 면적＝{(벽의 가로 길이＋벽의 세로 길이－벽 두께의 1/2×외벽과 교차 부분의 개수)×벽의 높이}－(창문의 면적＋출입구의 면적)＝

$(5.4+3+3.6+3-\frac{0.21}{2}\times 4)\times 3-(1.0\times 2.0\times 2)=39.74m^2$ 그런데, 벽 두께 1.0B인 경우 벽 면적 1m²당 130매(재래형)가 소요되고, 할증률은 5%로 산정하므로 벽돌 소요량= $39.74\times 130\times(1+0.05)=5,424.5$ 매≒5,425매이다.

그러므로, ①+②=10,538+5,425=15,963매이다.

(2) 쌓기용 모르타르량 :

① 외벽 : 모르타르량은 정미량의 벽돌 1,000매당 0.37m³이다.

벽돌의 정미량= $77.2\times 130=10,036$ 매이므로

모르타르량= $\frac{10,036}{1,000}\times 0.37=3.3118 ≒ 3.31m^3$

② 내벽 : 모르타르량은 정미량의 벽돌 1,000매당 0.37m³이다.

벽돌의 정미량= $39.74\times 130\times = 5,166.2 ≒ 5,166$ 매이므로

모르타르량= $\frac{5,166}{1,000}\times 0.37=1.9118 ≒ 1.91m^3$

그러므로, ①+②= $3.71+1.91=5.62m^3$ 이다.

017 04④

표준형 시멘트벽돌 500장으로 쌓을 수 있는 1.5B 두께의 벽 면적은 얼마인가? (단, 할증은 고려하지 않는다.) (3점)

✓ 정답 및 해설 **벽 면적의 산출**

표준형이고, 벽 두께가 1.5B이므로 224매/m²이다. 그런데, 벽돌의 매수가 500매이다.

그러므로, 벽 면적= $\frac{\text{벽돌의 매수}}{\text{1.5B 벽체의 정미량}}=\frac{500}{224}=2.23m^2$ 이다.

018 09②, 06②, 03①, 00

표준형 벽돌 1,000장을 갖고 1.5B 두께로 쌓을 수 있는 벽면적은 얼마인가? (단, 할증률은 고려하지 않는다.) (4점)

✓ 정답 및 해설 **벽 면적의 산출**

표준형이고, 벽 두께가 1.5B이므로 224매/m²이다. 그런데, 벽돌의 매수가 1,000매이다.

그러므로, 벽 면적= $\frac{\text{벽돌의 매수}}{\text{1.5B 벽체의 정미량}}=\frac{1,000}{224}=4.46m^2$ 이다.

019

03④

표준형 시멘트 벽돌 3,000장으로 쌓을 수 있는 2.0B 두께의 벽 면적은? (단, 할증을 고려해야 함. 소수점 둘째자리 이하 버림) (4점)

✓ 정답 및 해설 **벽 면적의 산출**

표준형이고, 벽두께가 2.0B이므로 298매/m²이다. 벽돌의 매수가 3,000매지만 할증률을 고려하므로, $298 \times (1+0.05) = 312.9$매/$m^2$이다.

그러므로, 벽면적 $= \dfrac{\text{벽돌의 매수}}{\text{2.0B 벽체의 정미량}} = \dfrac{3,000}{312.9} = 9.58m^2$이다.

020

10②

1일 벽돌 5,000장을 편도거리 90m 운반하려 한다. 필요한 인부 수를 계산하시오. (단, 질통 용량 60kg, 보행속도 60m/분, 상하차 시간 3분, 1일 8시간 작업, 벽돌 1장의 무게 1.9kg) (5점)

✓ 정답 및 해설 **인부 수의 산출**

인부 수=총 운반량÷1일 1인 총 운반량

=총 운반량÷(1회 운반량×1일 작업시간당 왕복 횟수)

=총 운반량÷(1회 운반량×1일 작업시간÷1회 총 운반시간)

=총 운반량÷{1회 운반량×1일 작업시간÷(1회 순 운반시간+1회 상·하차 시간)}

=총 운반량÷{1회 운반량×1일 작업시간÷(1회 순 운반시간+1회 상·하차 시간)}

=총 운반량÷[(질통 용량÷벽돌 1장의 무게)×1일 작업시간÷{(1회 왕복거리÷보행 속도)+1회 상·하차 시간}]이다.

$= 5,000 \div [(60 \div 1.9) \times \{(8 \times 60) \div ((180 \div 60) + 3\}] = 2.02$인≒3인이다.

CHAPTER 04

목 공사

001

11①, 93

다음은 목 공사의 단면치수 표기법이다. (　　) 안에 알맞은 용어를 쓰시오. (3점)

보기

목재의 단면을 표시하는 치수는 구조재, 수장재 나무는 (①)로 하고 창호재, 가구재의 단면치수는 (②)로 한다.

정답 및 해설 **목 공사의 단면 치수**

① 제재 치수 ② 마무리 치수

002

17④, 11①, 01②

아래 창호의 목재량(m^3)을 구하시오. (3점)

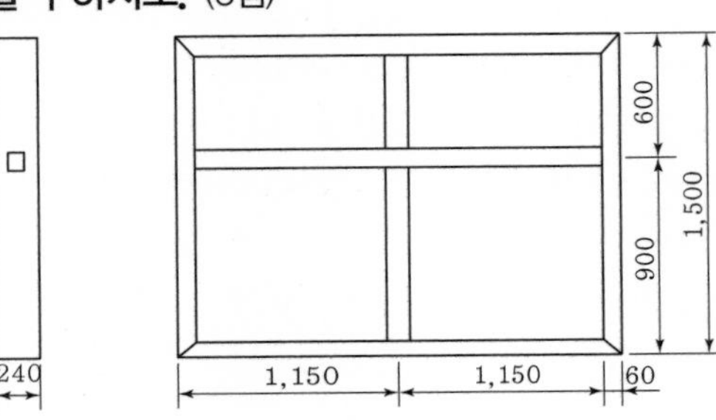

정답 및 해설 **목재의 소요량 산출**

목재의 양=수평재의 양+수직재의 양

=수평재의 체적×개수+수직재의 체적×개수

=수평재의 단면적×길이×개수+수직재의 단면적×길이×개수

$=(0.24\times0.06)\times2.3\times3+(0.24\times0.06)\times1.5\times3=0.164\text{m}^3$이다.

003

05②, 99

아래 목재창호의 목재량(m^3)을 구하시오. (4점)

✓ 정답 및 해설 **목재의 소요량 산출**

목재의 양=수평재의 양+수직재의 양

=수평재의 체적×개수+수직재의 체적×개수

=수평재의 단면적×길이×개수+수직재의 단면적×길이×개수

$=(0.24 \times 0.06) \times 3 \times 3 + (0.24 \times 0.06) \times 1.5 \times 3 = 0.1944m^3$이다.

004

98

다음 그림의 목재 창문틀 100조의 목재량 m^3과 재(才)수로 정미량을 구하시오.(단, 목재규격은 45×210mm이다.) (4점)

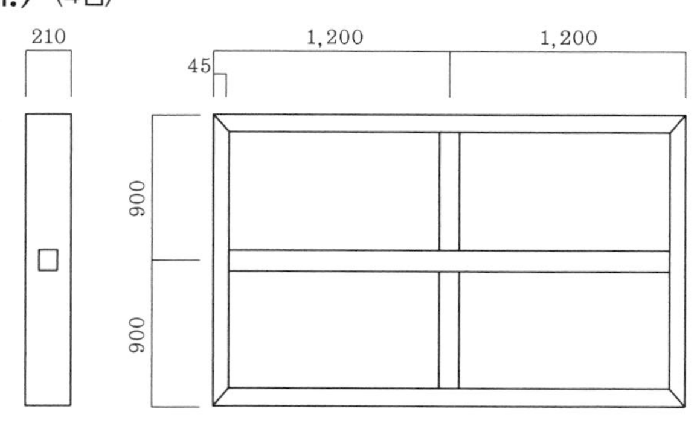

✓ 정답 및 해설 **목재의 소요량 산출**

(1) m^3의 목재량 산정

목재의 양=수평재의 양+수직재의 양

① 수평재의 양=$0.21m \times 0.045m \times 2.4 \times 3 = 0.068m^3$

② 수직재의 양=$0.21m \times 0.045m \times 1.8 \times 3 = 0.051m^3$

그러므로, ①+②=$0.068 + 0.051 = 0.119m^3$

그런데 100조를 제작하므로 $0.119 \times 100 = 11.9m^3$이다.

(2) m³의 목재량 산정

목재의 양=수평재의 양+수직재의 양

① 수평재의 양=$0.21\text{m} \times 0.045\text{m} \times 2.4 \times 3 = 0.068\text{m}^3$

② 수직재의 양=$0.21\text{m} \times 0.045\text{m} \times 1.8 \times 3 = 0.051\text{m}^3$

그러므로, ①+②=$0.068 + 0.051 = 0.119\text{m}^3$

그런데 100조를 제작하므로 $0.119 \times 100 = 11.9\text{m}^3$이다.

005

15②

그림과 같은 목재 창의 목재량(才)을 수를 산출하시오. (창문틀의 규격은 30mm×21mm 이다. 소수점 넷째 자리까지 산출하시오.) (5점)

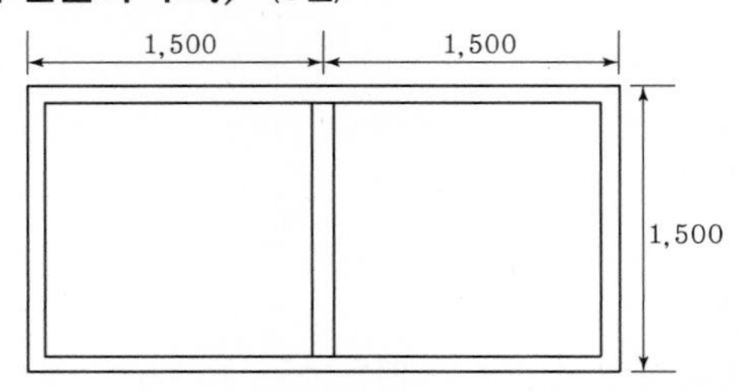

정답 및 해설 **목재의 소요량 산출**

1사이(才)=1치×1치×12자=3.03cm×3.03cm×(30.3cm×12)이다.

목재의 양=수평재의 양+수직재의 양

① 수평재의 양$= \dfrac{\text{수평재의 양}}{\text{1사이}} = \dfrac{33 \times 21 \times 3{,}000 \times 2}{30.3 \times 30.3 \times (12 \times 303)} = 1.2456$才이다.

② 수직재의 양$= \dfrac{\text{수직재의 양}}{\text{1사이}} = \dfrac{33 \times 21 \times 1{,}500 \times 3}{30.3 \times 30.3 \times (12 \times 303)} = 0.9342$才이다

그러므로, ①+②$= 1.2456 + 0.9342 = 2.1798$才이다.

006

17①, 11④, 00, 95

다음 가구의 목재량을 소수점 이하 끝까지 산출하시오. (단, 판재의 두께는 18mm이며, 각재의 단면은 30mm×30mm이다.) (4점)

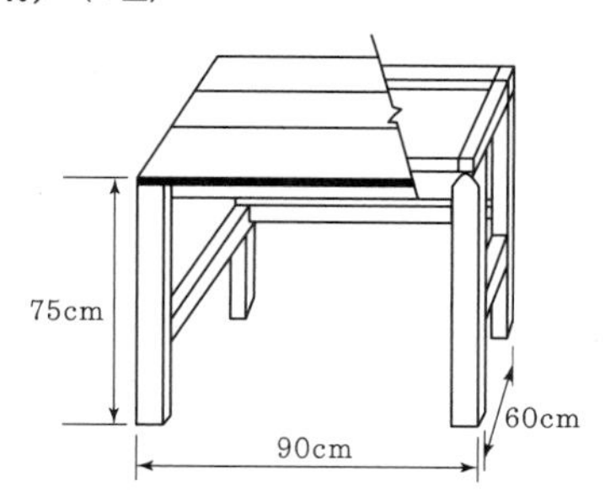

(가) 판재

(나) 각재

✓ 정답 및 해설 **목재의 소요량 산출**

㈎ 판재의 양=판재의 체적=가로×세로×높이=$0.9\times0.6\times0.018=0.00972\text{m}^3$

㈏ 각재의 양 산출

① 가로재의 양=가로재 1개의 체적×개수=$(0.03\times0.03\times0.9)\times3=0.00243\text{m}^3$

② 세로재의 양=세로재 1개의 체적×개수=$(0.03\times0.03\times0.6)\times4=0.00216\text{m}^3$

③ 수직재의 양=수직재 1개의 체적×개수=$(0.03\times0.03\times0.75)\times4=0.0027\text{m}^3$

그러므로 각재의 양=$0.00243+0.00216+0.0027=0.00729\text{m}^3$

007

02④, 00

원구 지름 10cm, 말구지름 9cm, 길이 5.4m인 통나무의 재적 수를 구하시오. (4점)

✓ 정답 및 해설

① 길이가 6m 미만인 경우, $V=D^2\times L\times\frac{1}{10,000}(m^3)$

$$V=D^2\times L\times\frac{1}{10,000}=9^2\times5.4\times\frac{1}{10,000}(m^3)=13.1(\text{재})$$

② 길이가 18자 미만인 경우, $V=D^2\times L\times\frac{1}{12}(\text{재})$

$$V=D^2\times L\times\frac{1}{12}=3^2\times18\times\frac{1}{12}=13.5(\text{재})$$

여기서, D: 통나무의 마구리 직경(cm), L: 통나무의 길이(m),

L' : 통나무의 길이로서 $1m$ 미만의 끝수를 끊어버린 길이(m)

CHAPTER

05 타일 공사

001

17②, 11①

다음과 같은 화장실의 바닥에 사용되는 타일 수량을 산출하시오. (단, 타일의 규격은 10cm×10cm이고, 줄눈 두께를 3mm로 한다.) (3점)

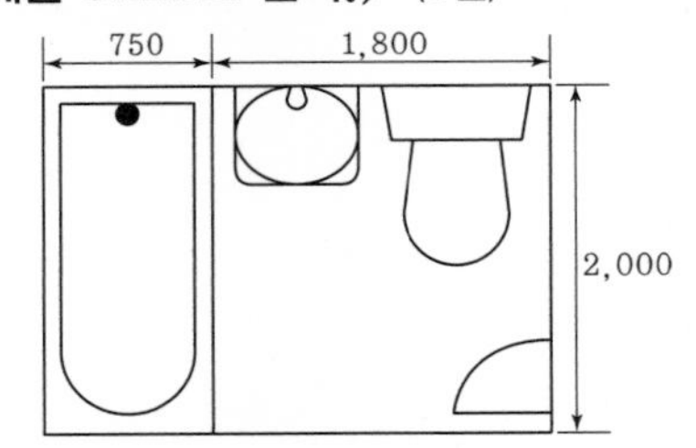

✔ 정답 및 해설 **타일의 소요량 산출**

타일의 소요량=시공 면적×단위 수량

$$=\text{시공 면적}\times\left(\frac{1\text{m}}{\text{타일의 가로 길이}+\text{타일의 줄눈}}\right)\times\left(\frac{1\text{m}}{\text{타일의 세로 길이}+\text{타일의 줄눈}}\right)$$

$$=1.8\times2\times\left(\frac{1}{0.1+0.003}\times\frac{1}{0.1+0.003}\right)=339.34\fallingdotseq340\text{매이다.}$$

002

14①

정사각형 타일 108mm에 줄눈 5mm로 시공할 때 바닥면적 8m^2에 필요한 타일수량을 산출하시오. (4점)

✔ 정답 및 해설 **타일의 소요량 산출**

타일의 소요량=시공 면적×단위 수량

$$=\text{시공 면적}\times\left(\frac{1\text{m}}{\text{타일의 가로 길이}+\text{타일의 줄눈}}\right)\times\left(\frac{1\text{m}}{\text{타일의 세로 길이}+\text{타일의 줄눈}}\right)$$

$$=8\times\left(\frac{1}{0.108+0.005}\times\frac{1}{0.108+0.005}\right)=626.52\fallingdotseq627\text{매이다.}$$

003

06④

모자이크 유니트형 타일 장수 크기가 30cm×30cm일 때, 200m^{2}의 바닥에 소요되는 모자이크 타일의 수량을 산출하시오. (4점)

✓ 정답 및 해설 **타일의 소요량 산출**

모자이크 타일의 소요 매수는 11.4매/㎡(재료의 할증률이 포함되고, 종이 1장의 크기는 30cm×30cm이다.)이다.

그러므로, 총 소요량=붙임 면적×11.40매/㎡=200×11.40=2,280매이다.

004

18④, 13②

바닥면적 12m×10m에 타일 180mm×180mm, 줄눈간격 10mm로 붙일 때 필요한 타일의 수량을 정미량으로 산출하시오. (4점)

✓ 정답 및 해설 **타일의 소요량 산출**

타일의 소요량=시공 면적×단위 수량

$$=\text{시공 면적}\times\left(\frac{1\text{m}}{\text{타일의 가로 길이}+\text{타일의 줄눈}}\right)\times\left(\frac{1\text{m}}{\text{타일의 세로 길이}+\text{타일의 줄눈}}\right)$$

$$=12\times10\times\left(\frac{1}{0.18+0.01}\times\frac{1}{0.18+0.01}\right)=3{,}324.1\fallingdotseq3{,}325\text{매이다.}$$

005

15②

타일의 크기가 10.5cm×10.5cm이며 줄눈 두께가 10mm일 때 120m^{2}에 필요한 타일의 정미 수량(매수)은? (4점)

✓ 정답 및 해설 **타일의 소요량 산출**

타일의 소요량=시공 면적×단위 수량

$$=\text{시공 면적}\times\left(\frac{1\text{m}}{\text{타일의 가로 길이}+\text{타일의 줄눈}}\right)\times\left(\frac{1\text{m}}{\text{타일의 세로 길이}+\text{타일의 줄눈}}\right)$$

$$=120\times\left(\frac{1}{0.105+0.01}\times\frac{1}{0.105+0.01}\right)=9{,}073.7\fallingdotseq9{,}074\text{매이다.}$$

006

17②

그림과 같은 평면도의 바닥을 리놀륨 타일로 마감하였을 경우 리놀륨 타일붙임에 소요되는 재료량을 산출하시오. (단, 벽두께는 20cm이다.) (4점)

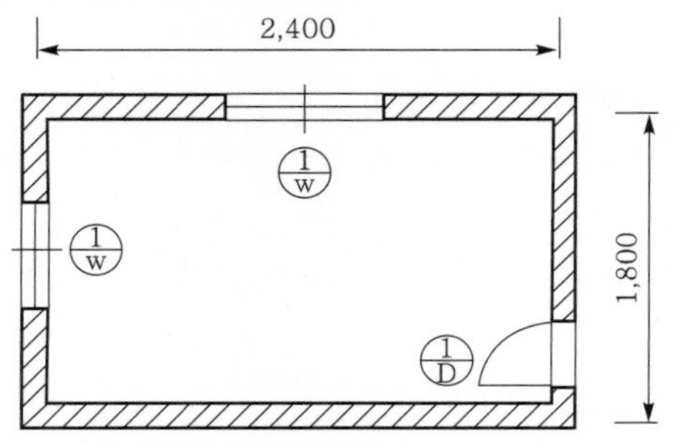

정답 및 해설

① 리놀륨 타일의 붙임면적

=바닥의 가로 길이×바닥의 세로 길이

=(바닥의 가로 중심거리-벽두께)×(바닥의 세로 중심거리-벽두께)

$=(2.4-0.2)\times(1.8-0.2)=3.52\text{m}^2$ 이다.

② 재료량의 산출

㉮ 리놀륨 타일: 붙임 면적×$1.05=3.52\times1.05=3.7\text{m}^2$

㉯ 접착제: 붙임 면적×$(0.39\ \ 0.45)=3.52\times(0.39\sim0.45)=1.37\sim1.58\text{kg}$

007

15②

다음 그림과 같은 평면도의 바닥에 아스팔트 타일로 마감하고 내벽에는 석고판을 본드로 접착하여 마감하였을 경우 소요재료량을 산출하시오. (단, 벽 두께는 30cm이고 벽 높이는 4.2m이다.) (4점)

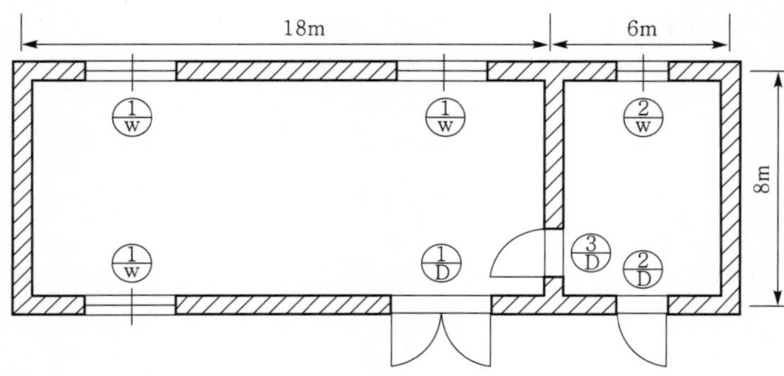

✔ 정답 및 해설

① 붙임 면적의 산정

㉮ 아스팔트타일 붙임 면적(바닥면적)

=바닥의 가로 길이×바닥의 세로 길이

=(바닥의 가로 중심거리-벽두께)×(바닥의 세로 중심거리-벽두께)

$=[(18-0.3)\times(8-0.3)]+[(6-0.3)\times(8-0.3)]=180.18\text{m}^2$

㉯ 석고판 붙임 면적(벽체의 표면적)

=(바닥의 가로 길이×벽의 높이)+(바닥의 세로 길이×벽의 높이)-창호의 면적

$=[[(18-0.3)+(6-0.3)]\times4.2\times2+[(8-0.3)\times4.2\times4]-(2.4\times2.6)-(1.2\times2.5)$

$-(2.1\times0.9)-(1.5\times1.5\times3)-(1.2\times0.9)=306.96\text{m}^2$

② 재료량 산출

㉮ 아스팔트타일

㉠ 아스팔트타일: 붙임면적$\times1.05=180.18\times1.05=189.19\text{m}^2$

㉡ 접착제: 붙임 면적$\times(0.39\sim0.45)=189.19\times(0.39\sim0.45)=73.78\sim85.14\text{kg}$

㉯ 석고판 붙임

㉠ 석고판: 붙임면적$\times1.08=306.96\times1.08=331.52\text{m}^2$

㉡ 접착제: 붙임 면적$\times2.43=306.96\times2.43=745.92\text{kg}$

008

17①, 00, 97, 96, 94

다음 도면을 보고 사무실과 홀의 바닥에 필요한 재료량을 산출하시오. (단, 화장실은 제외) (6점)

(m^2당)

종 류	수 량
타일(60mm 각형)	260(매)
인부 수	0.09인
도장공	0.03인
접착제	0.4kg

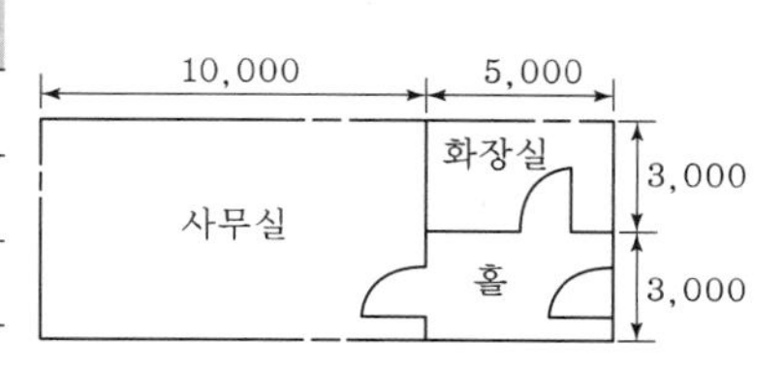

① 타일량
② 인부 수
③ 도장공
④ 접착제

✓ 정답 및 해설 **재료 등의 산출**

① 타일량의 산출 : 바닥면적×단위수량 $= [(10\times6)+(5\times3)]\times260 = 19{,}500$매이다.
② 인부 수의 산출 : 바닥면적×0.09인 $= [(10\times6)+(5\times3)]\times0.09 = 6.75 \fallingdotseq 7$인이다.
③ 도장공의 산출 : 바닥면적×0.03인 $= [(10\times6)+(5\times3)]\times0.03 = 2.25 \fallingdotseq 3$인이다.
④ 접착제의 산출 : 바닥면적×0.4kg $= [(10\times6)+(5\times3)]\times0.4 = 30$kg이다.

009

19①, 15①

도배시공에 관한 내용이다. 초배지 1회 바름 시 필요한 도배면적을 산출하시오. (4점)

보기

바닥면적 : 4.5×6.0m
높이 : 2.6m
문크기 : 0.9×2.1m
창문크기 : 1.5×3.6m

✓ 정답 및 해설 **도배 면적의 산출**

도배 면적 = 천장 면적(바닥 면적과 동일) + 벽 면적 − 창호의 면적

$$= 4.5\times6.0 + 2\times[(4.5+6.0)\times2.6] - [(0.9\times2.1)-(1.5\times3.6)] = 74.31\text{m}^2$$

PART

03

공정 및 품질 관리

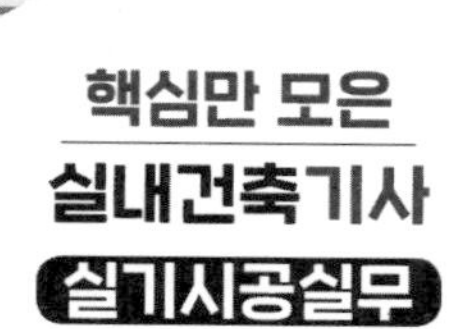

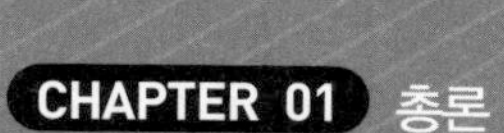

입체성(Solidirty)이라고 하는 것은 그 메스(Mass)에 의한
다고 하기 보다는, 각 재료를 조립하는 방법에 달려있다.
-Pierre Francois Henri Labroust -

CHAPTER 01

총론

001

10②, 00, 96

형태에 따른 공정표의 종류를 3가지 쓰시오. (3점)

✓ 정답 및 해설 **형태에 따른 공정표의 종류**

① 횡선식 공정표 ② 사선(절선)식 공정표 ③ 네트워크 공정표

002

98

각 공정표 중에서 인원 수배 계획과 자재 수급 계획을 세우는데 가장 우수한 공정표는? (2점)

✓ 정답 및 해설 **열기식 공정표**

공정표 중에서 열기식 공정표는 인원 수배 계획과 자재 수급 계획을 세우는 데 가장 우수한 공정표이다.

003

06②

다음이 설명하는 공정표를 쓰시오. (2점)

> 작업이 연관성을 나타낼 수 없으나, 공사의 기성고 표시에 대단히 편리하다. 공사지연에 대한 조속한 대처를 할 수 있으며, 절선공정표라고도 불린다.

✓ 정답 및 해설 **사선식 공정표**

004

07④, 03①

사선식 공정표의 장점 3가지를 쓰시오. (3점)

✓ 정답 및 해설 **사선식 공정표의 장점**

① 공사의 기성고 표시에 대단히 편리하므로 전체의 경향을 파악할 수 있다.
② 공사의 지연에 대한 신속한 대처를 할 수 있다.
③ 인원 수배 계획과 자재 및 장비 수급 계획을 세우는 데 가장 우수하다.
④ 예정과 실적의 차이를 파악(공사의 기성고)하기 쉽다.

005

15①

MCX(Minimum cost expediting) 이론에 대하여 간략히 설명하시오. (2점)

✓ 정답 및 해설 **MCX(Minimum cost expediting) 이론**

주공정상의 소요 작업 중 공기 대 비용의 관계를 조사하여 최소의 비용으로 공기를 단축하는 것이다. 가장 작은 요소 작업부터 단위 시간씩 단축해가며 이로 인해 변경되는 주공정이 발생되면 변경된 경로의 단축해야 할 요소 작업을 결정한다. 공기 단축 시에는 변경된 주공정을 확인하여야 하며 특급 공기 이하로는 공기를 단축할 수 없다.

006

11④, 02①

네트워크 공정표의 장점 4가지를 기술하시오. (4점)

✓ 정답 및 해설 **네트워크 공정표의 장점**

① 개개의 작업 관련이 세분 도시되어 있어 내용이 알기 쉽고, 공정 관리가 편리하다.
② 작성자 이외의 사람도 이해하기 쉽고, 공사의 진척상황이 누구에게나 알려지게 된다.
③ 숫자화되어 신뢰도가 높으며, 전자계산기 이용이 가능하다.
④ 개개 공사의 완급 정도와 상호 관계가 명료하고, 공사 단축 가능 요소의 발견이 용이하다.

007

03④

Net Work 공정표에서 PERT와 CPM의 특징을 쓰시오. (4점)

✓ 정답 및 해설 **PERT와 CPM의 특징**

구분	PERT	CPM
계획 및 사업의 종류	경험이 없는 비반복 공사	경험이 있는 반복 공사
소요 시간의 추정	소요 시간 3가지 방법 (3점 추정)	시간 추정 한 번(1점 추정)
더미의 사용	사용한다.	사용하지 않는다.
MCX(최소 비용)	이론이 없다.	핵심 이론
작업 표현	화살표로 표현	원으로 표현

008 05①

다음은 공정계획에 관한 용어의 설명이다. 해당되는 용어를 쓰시오. (2점)

① 네트워크 시간계산에 의하여 구해진 공기
② 가장 빠른 개시시각에 작업을 시작하고 후속작업도 가장 빠른 시각에 시작해도 존재하는 여유시간

✔ 정답 및 해설 **용어 정리**

① 계산 공기 ② 자유 여유

009 15①, 02④, 96

다음은 화살형 네트워크에 관한 설명이다. 해당되는 용어를 쓰시오. (2점)

보기

① 작업의 여유시간 (　　　　)
② 결합점이 가지는 여유시간 (　　　　)

✔ 정답 및 해설 **화살표 네트워크**

① 플로트(Float) ② 슬랙(Slack)

010 11①, 02④, 95

다음 (　　) 안에 알맞은 용어를 쓰시오. (3점)

① 화살표형 Network에서 정상 표현할 수 없는 작업의 상호관계를 표시하는, 파선으로 된 화살표 (　)
② 작업을 시작하는 가장 빠른 시간 (　)
③ 가장 빠른 개시시간에 시작해 가장 늦은 종료시간으로 종료할 때 생기는 여유시간 (　)

✔ 정답 및 해설 **네트워크 공정표의 용어**

① 더미(Dummy) ② EST(Earliest Starting Time) ③ TF(Total Float)

011

10①, 05②, 04①, 98

다음은 네트워크의 공정표에 관련된 용어설명이다. 해당하는 용어를 쓰시오. (3점)

① 작업을 완료할 수 있는 가장 빠른 시일 : ( )
② 최초의 개시 결합점에서 완료 결합점까지 이르는 최장 경로 : ( )
③ 임의의 두 결합점 간의 경로 중 가장 긴 경로 : ( )

✔ 정답 및 해설 **네트워크 공정표의 용어**

① EFT(Earliest Finishing Time), ② CP(Critical Path), ③ LP(Longest Path)

012

14②

다음은 네트워크 공정표에 사용되는 용어이다. 괄호 안에 해당하는 용어를 찾아 넣으시오. (4점)

보기

a. TF와 FF의 차
b. 프로젝트의 지연 없이 시작될 수 있는 작업의 최대 늦은 시간
c. 작업은 EST로 시작하고 LFT로 완료할 때 생기는 여유시간
d. 개시 결합점에서 종료 결합점에 이르는 가장 긴 패스
e. 후속작업의 EST에 영향을 주지 않는 범위 내에서 한 작업이 가질 수 있는 여유시간, 즉 각 작업의 지연가능일 수

① TF－( ) ② FF－( )
③ DF－( ) ④ CP－( )
⑤ LST－( )

✔ 정답 및 해설 **네트워크 공정표의 용어**

①(TF)－c, ②(FF)－e, ③(DF)－a, ④(CP)－d, ⑤(LST)－b

013

17②

다음 용어를 설명하시오. (4점)

① EST
② LT
③ CP
④ FF

정답 및 해설 **네트워크 공정표의 용어**

① EST(Earliest Starting Time) : 작업을 시작할 수 있는 가장 빠른 시간
② LT(Latest Time) : 임의의 결합점에서 최종 결합점에 이르는 경로 중 시간적으로 가장 긴 경로를 통과하여 종료 시각에 도달할 수 있는 개시 시간
③ CP(Critical Path) : 개시 결합점에서 종료 결합점에 이르는 가장 긴 패스 또는 네트워크 상에서 전체 공기를 규제하는 작업 과정
④ FF(Free Float) : 가장 빠른 개시 시각에 작업을 시작하여 후속작업도 가장 빠른 개시 시각에 시작해도 가능한 여유 시간으로 **후속 작업의 EST－그 작업의 EFT이다.**

014

98, 96

다음에 해당하는 용어를 쓰시오. (3점)

(1) 공사기간을 단축하는 경우 공사 종류별 1일 단축시마다 추가되는 공사비의 증가액 – (①)
(2) 어느 결합점에서 종료 결합점에 이르는 최장 패스의 소요기간 – (②)
(3) 임의의 두 결합점간의 패스 중 소요시간이 가장 긴 패스 – (③)

정답 및 해설 **네트워크 공정표의 용어**

① 비용 구배 ② 간공기 ③ LP(Longest Path)

015

00, 99, 94

공정표의 중요 원칙 4가지를 쓰시오. (3점)

① ② ③ ④

정답 및 해설 **공정표의 중요 원칙**

① 공정의 원칙 ② 단계의 원칙 ③ 연결의 원칙 ④ 활동의 원칙

016

06②

다음 보기에서 네트워크 수법의 공정계획 수립순서를 쓰시오. (2점)

보기

① 각 작업의 작업시간 작성	② 전체 프로젝트를 단위작업으로 분해
③ 네트워크 작성	④ 일정계산
⑤ 공정도 작성	⑥ 공사기일의 조정

✓ 정답 및 해설 **네트워크 수법의 공정계획 수립순서**

전체 프로젝트를 단위작업으로 분해 → 네트워크 작성 → 각 작업의 작업시간 작성 → 일정계산 → 공사기일의 조정 → 공정도 작성의 순이다.

그러므로, ② → ③ → ① → ④ → ⑥ → ⑤ 이다.

017

00, 98

다음 설명의 용어를 쓰시오. (4점)

① 임의의 결합점과 임의의 결합점에서 가장 긴 경로는?

② 정상 공기가 15일이다. 단축 공기를 13일로 잡을 때, 정상 공기에 투입되는 비용은 150,000원이고, 단축 공기 13일의 비용은 200,000원이다. 이때 공기 단축에 추가되는 비용 50,000원을 무엇이라 하는가?

✓ 정답 및 해설 **용어 정의**

① LP(Longest Path) ② 비용 구배

CHAPTER

02 공정표 작성

001

02①, 96, 94

다음과 같은 공정계획이 세워졌을 때 네트워크 공정표를 작성하시오.(단, 화살표형 네트워크로 표시하며 결합점 번호를 규정에 따라 반드시 기입하며 표시방법은 다음과 같다.) (3점)

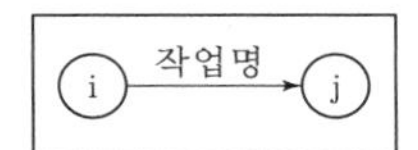

보기

① A, B, C작업은 최초의 작업이다.
② A작업이 끝나면 H, E작업을, C작업이 끝나면 D, G작업을 병행 실시한다.
③ A, B, C작업이 끝나면 F작업을, E, F, G작업이 끝나면 I작업을 실시한다.
④ H, I작업이 끝나면 공사가 완료된다.

✓ 정답 및 해설

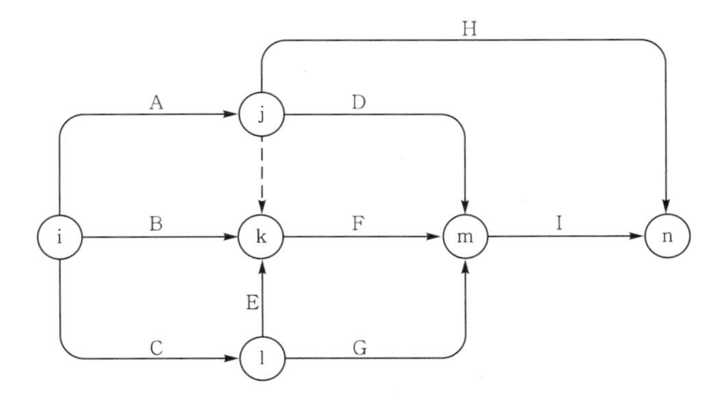

002

11④

다음 네트워크의 C.P를 구하시오. (4점)

✓ 정답 및 해설 **크리티컬 패스(C.P, Critical Path)**

C.P(Critical Path)는 네트워크상에서 전체 공기를 규제하는 작업 과정으로, 시작에서 종료 결합점까지의 가장 긴 소요일수의 경로이다.

㉮ ① → ② → ③ → ⑥ → ⑦ : 1+4+1+2=8일

㉯ ① → ② → ③ → ⑤ → ⑥ → ⑦ : 1+4+3+2=10일

㉰ ① → ② → ④ → ⑤ → ⑥ → ⑦ : 1+3+3+2=9일

㉱ ① → ② → ④ → ⑥ → ⑦ : 1+3+2+2=8일

그러므로, 가장 긴 소요일수는 10일인 ① → ② → ③ → ⑤ → ⑥ → ⑦이 크리티컬 패스이다.

003

19②, 12②

다음 네트워크 공정표의 주공정선을 찾고 공사완료에 필요한 최종일수를 구하시오. (4점)

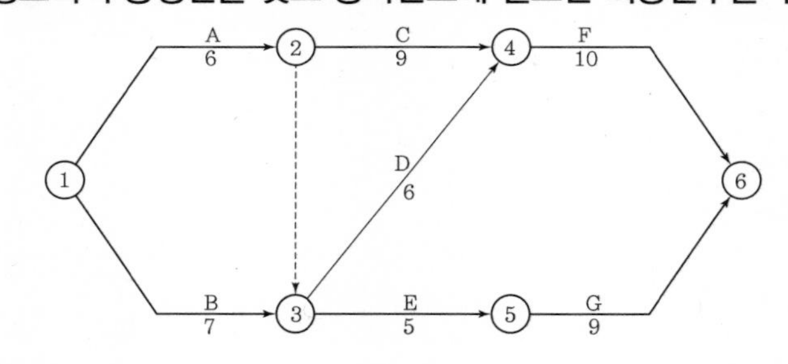

✓ 정답 및 해설 **크리티컬 패스(C.P, Critical Path)**

㉮ ① → ② → ④ → ⑥ : 6+9+10=25일

㉯ ① → ② → ③ → ④ → ⑥ : 6+6+10=22일

㉰ ① → ③ → ④ → ⑥ : 7+6+10=23일

㉱ ① → ③ → ⑤ → ⑥ : 7+5+9=21일

그러므로, 주공정선은 ① → ② → ④ → ⑥으로 소요일수는 25일이다.

004

11①, 93

다음은 네트워크 공정표이다. EST, EFT, LST, LFT를 구하시오. (6점)

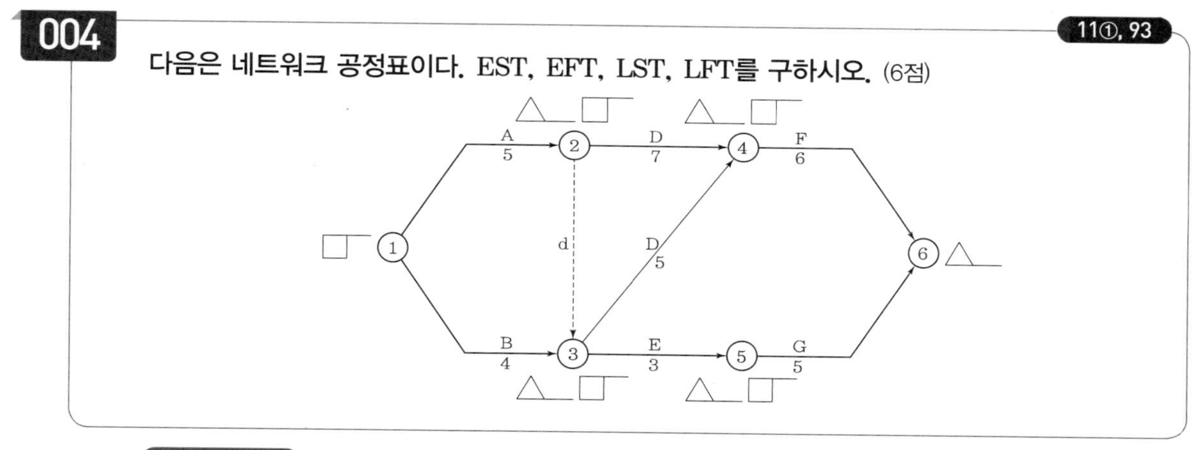

✓ 정답 및 해설

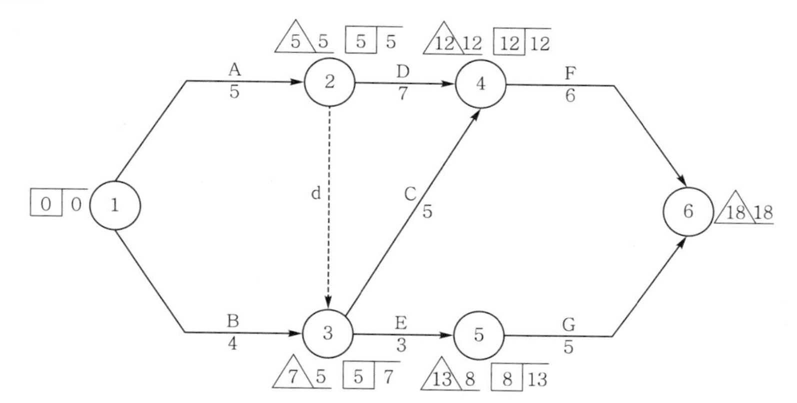

005

12①

다음 공정표에 제시된 작업일수를 근거로 하여 공정표를 완성하시오. (5점)

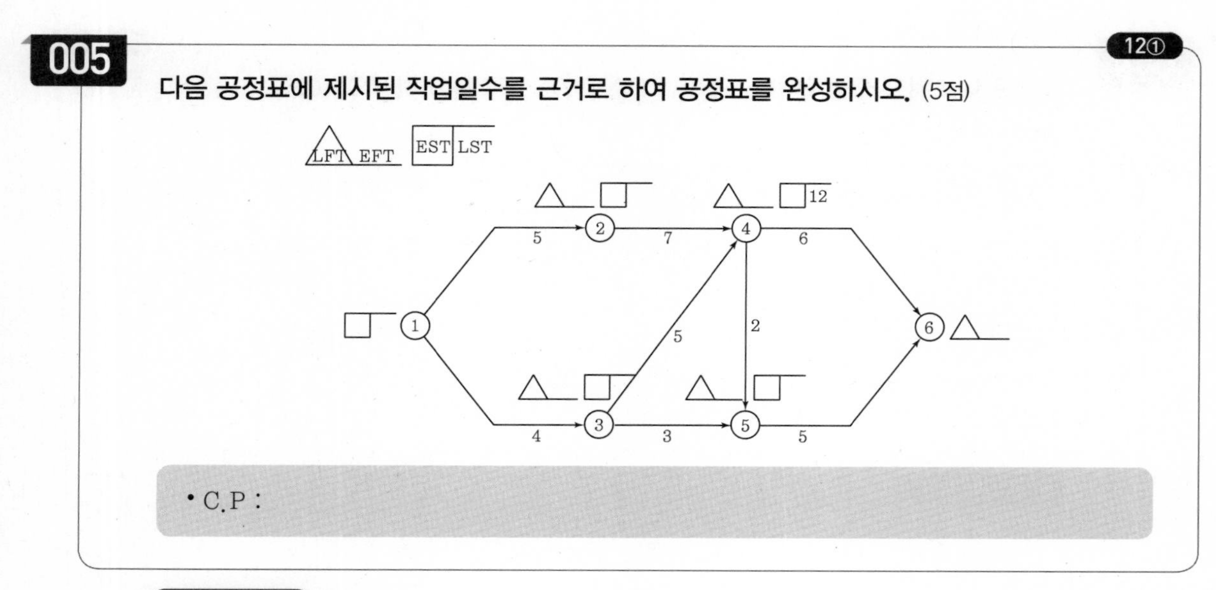

✔ 정답 및 해설

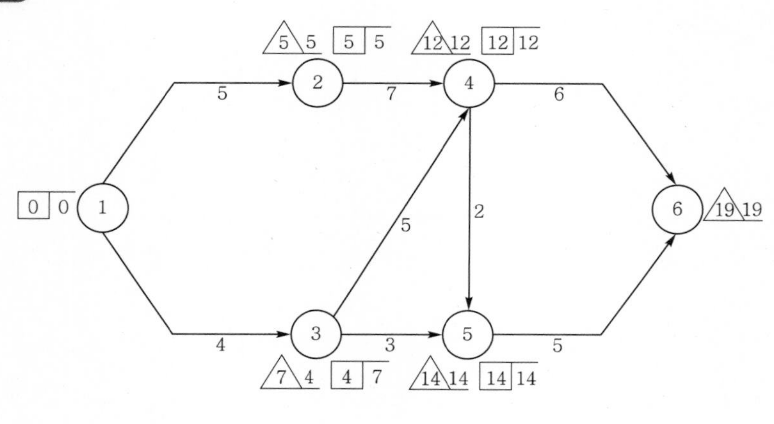

* C.P: ① → ② → ④ → ⑤ → ⑥ , 총 작업일수: 19일

006 13①

다음 자료를 이용하여 네트워크(Network) 공정표를 작성하시오. (단, 주공정선은 굵은 선으로 표시한다.) (5점)

작업명	작업 일수	선행작업	비 고
A	2	–	각 작업의 일정계산 표시방법은 아래 방법으로 한다. EST LST / LFT EFT ⓘ —작업명/공사일수→ ⓙ
B	1	–	
C	4	–	
D	3	A, B, C	
E	6	B, C	
F	5	C	

• C.P :

✓ 정답 및 해설

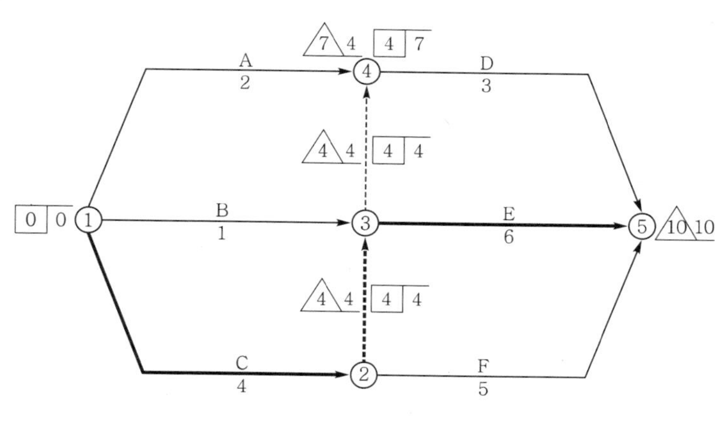

* C.P: ① → ② → ③ → ⑤

007

11②, 94

다음 자료를 이용하여 네트워크 공정표를 작성하시오. (단, 주공정선은 굵은 선으로 표시한다.) (6점)

작업명	작업일수	선행작업	비 고
A	1	없음	단, 각 작업의 일정계산 표시방법은 아래와 같이 한다. EST LST / LFT EFT ⓘ 작업명 / 공사일수 → ⓙ
B	2	없음	
C	3	없음	
D	6	A, B, C	
E	5	B, C	
F	4	C	

• C.P :

✔ 정답 및 해설

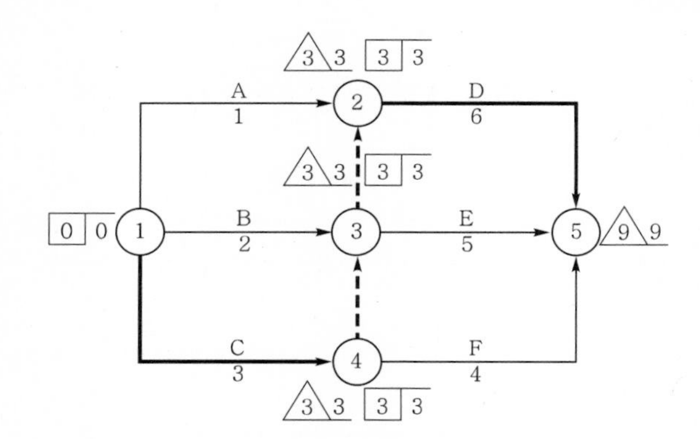

* C.P: C ⟶ D

008 05④, 95

다음 조건으로 네트워크 공정표를 작성하시오. (3점)

작업명	선행작업	작업일수	비 고
A	–	5	단, 각 작업의 일정계산 표시방법은 아래와 같이 한다. ET LT ET LT ⓘ —작업일수/작업명→ ⓙ
B	–	4	
C	–	3	
D	–	8	
E	A, B	2	
F	A	3	

✓ 정답 및 해설

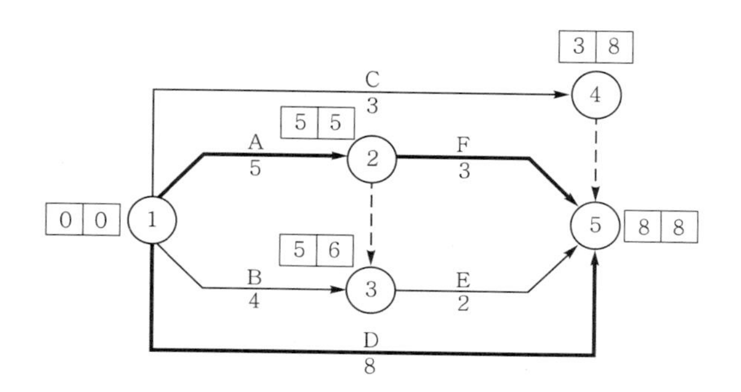

* C.P: (Activity) : A ⟶ F, D

(Event) : ① ⟶ ② ⟶ ⑤, ① ⟶ ⑤

009

06①

다음 자료를 이용하여 네트워크(network) 공정표를 작성하시오. (단, 주공정선은 굵은 선으로 표시한다.) (4점)

작업명	기간	선행작업	비 고
A	4	–	각 작업의 일정계산 표시방법은 아래 방법으로 한다. EST LST　LFT EFT ⓘ —작업명 / 공사일수→ ⓙ
B	2	–	
C	3	–	
D	2	A, B	
E	4	A, B, C	
F	3	A, C	

• C.P :

✔ 정답 및 해설

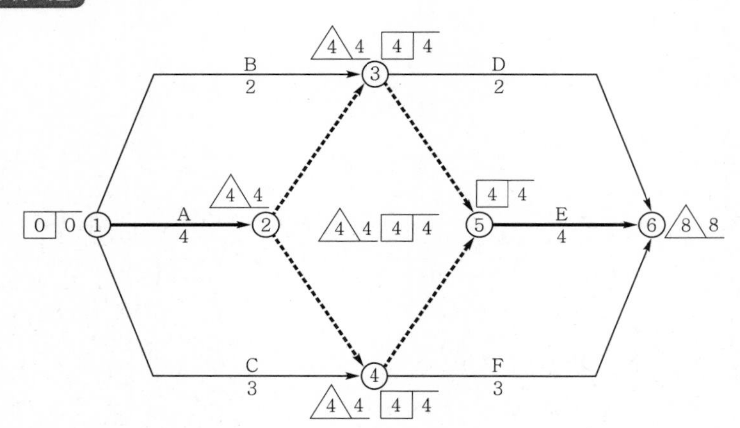

* C.P: (Activity) : A ⟶ E

(Event) : ① ⟶ ② ⟶ ③ ⟶ ⑤ ⟶ ⑥, ① ⟶ ② ⟶ ④ ⟶ ⑤ ⟶ ⑥

010

09④

다음과 같은 공정이 세워졌을 때 Network 공정표를 작성하시오. (단, 화살형 Network로 표시하며, 결합점 번호를 규정에 따라 반드시 기입하며 표시는 다음과 같은 방법으로 작성한다.) (4점)

ⓘ —작업명→ ⓙ [그림]

작업명	A	B	C	D	E	F	G	H
선행작업	없음	없음	없음	A	A, B, C	C	D, E, F	E, F

• 공정표 :

✓ 정답 및 해설

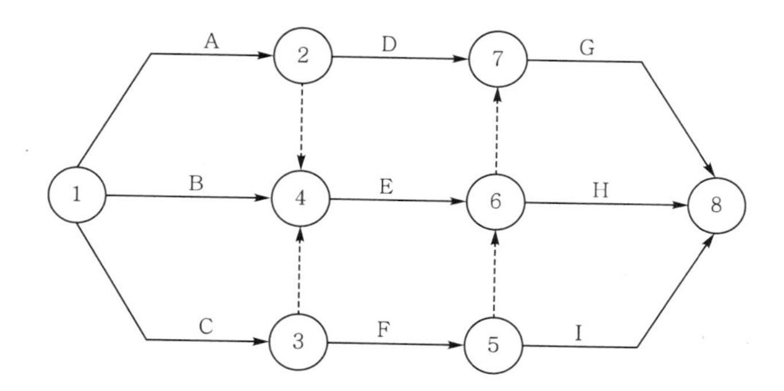

011

17①, 04④, 97, 95, 92

다음 데이터로 네트워크(Network) 공정표를 작성하고, 주공정선은 굵은 선으로 표시하시오.
(5점)

순서	작업명	선행작업	작업일수	비 고
1	A	–	5	각 작업의 일정계산 표시방법은 아래와 같은 방법으로 한다.
2	B	–	8	
3	C	A	7	
4	D	A	8	
5	E	B, C	5	
6	F	B, C	4	
7	G	D, E	11	
8	H	F	5	

• C.P :

정답 및 해설

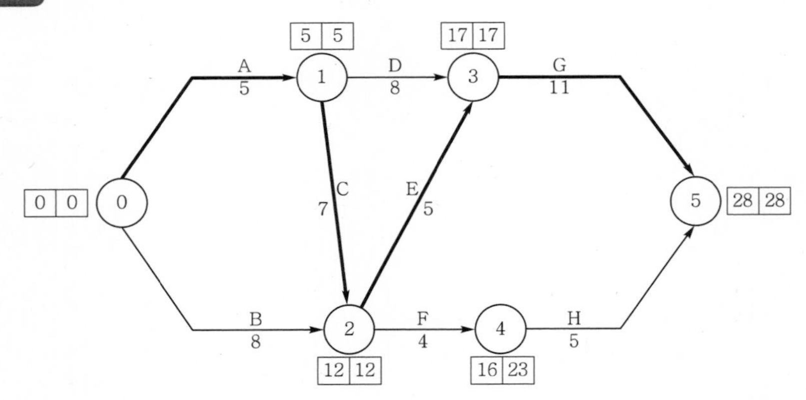

* C.P: A ⟶ C ⟶ E ⟶ G

012

15④

다음 작업의 네트워크 공정표를 작성하고 주공정선은 굵은 선으로 표시하시오. (5점)

작업명	선행작업	작업명	비 고
A	없음	8	표기하고, 주공정선은 굵은 선으로 표시하시오. EST LST / LFT EFT / ⓘ 작업명 공사일수 → ⓙ
B	없음	9	
C	A	9	
D	B, C	6	
E	B, C	5	
F	D, E	2	
G	D	5	
H	F	3	

✓ 정답 및 해설

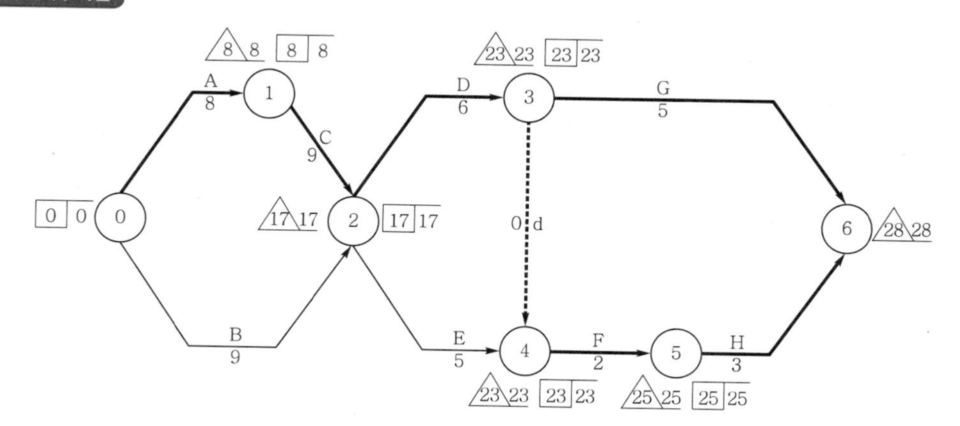

* 주공정선(C.P): 주공정선이 2개가 발생한다.
㉠ A ⟶ C ⟶ D ⟶ G
㉡ A ⟶ C ⟶ d ⟶ F ⟶ H

013

06④, 04②, 96, 94

다음 작업리스트에서 네트워크 공정표를 작성하시오. (단, 네트워크 공정표에 C, P는 굵은 선으로 표시하시오.) (5점)

작업명	선행작업	작업일수	비 고
A	없음	2	표기하고, 주공정선은 굵은선으로 표시하시오. EST LST LFT EFT ⓘ —작업명/공사일수→ ⓙ
B	A	6	
C	A	5	
D	없음	4	
E	B	3	
F	B, C, D	7	
G	D	8	
H	E, F, G	6	
I	F, G	8	

• C.P :

✓ 정답 및 해설

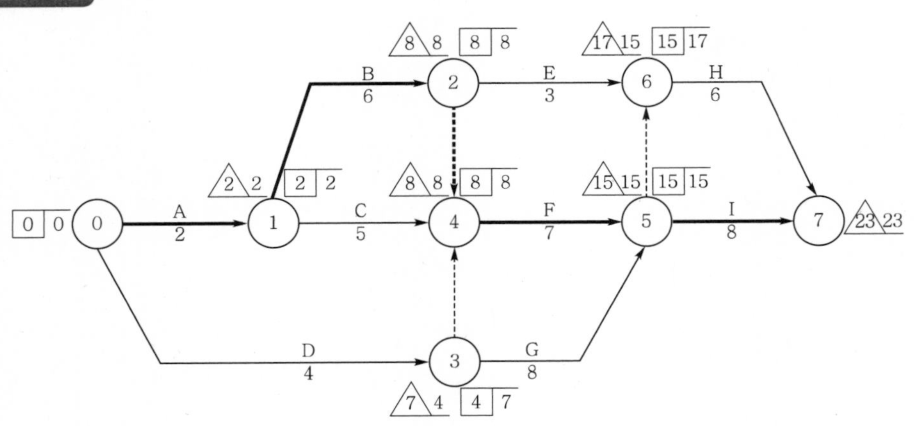

* C.P: A ⟶ B ⟶ F ⟶ I

014

15②, 95

다음 주어진 데이터를 보고 네트워크 공정표를 작성하시오. (단, 주공정선은 굵은 선으로 표시하시오.) (6점)

<table>
<tr><th>작업명</th><th>작업일수</th><th>선행작업</th><th>비 고</th></tr>
<tr><td>A</td><td>4</td><td>없음</td><td rowspan="10">표기하고, 주공정선은 굵은 선으로 표시하시오.
EST LST LFT EFT
i 작업명 공사일수 j</td></tr>
<tr><td>B</td><td>8</td><td>없음</td></tr>
<tr><td>C</td><td>11</td><td>A</td></tr>
<tr><td>D</td><td>2</td><td>C</td></tr>
<tr><td>E</td><td>5</td><td>B, J</td></tr>
<tr><td>F</td><td>14</td><td>A</td></tr>
<tr><td>G</td><td>7</td><td>B, J</td></tr>
<tr><td>H</td><td>8</td><td>C, G</td></tr>
<tr><td>I</td><td>9</td><td>D, E, F, H</td></tr>
<tr><td>J</td><td>6</td><td>A</td></tr>
</table>

✔ 정답 및 해설

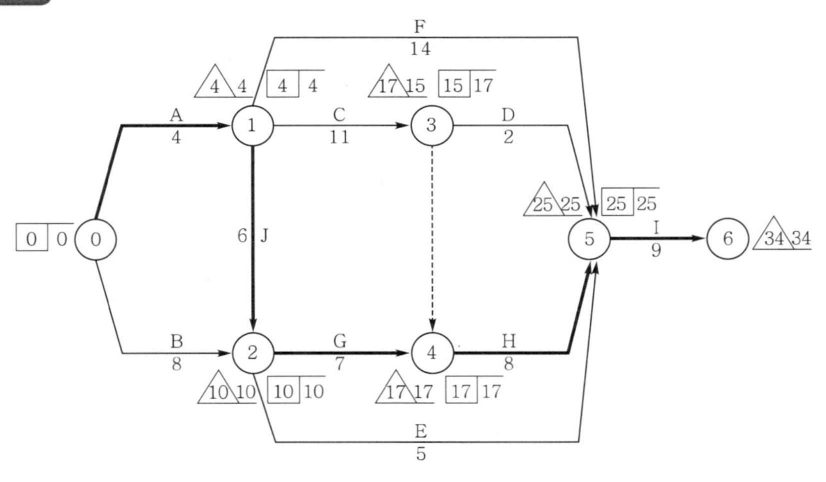

* C.P: A ⟶ J ⟶ G ⟶ H ⟶ I

015

93

다음 작업 List를 보고 네트워크 공정표를 작성하시오.(단, 주공정선은 굵은 선으로 표시하시오.) (7점)

작업명	A	B	C	D	E	F	G	H	I	J
작업일수	2	6	5	4	3	7	8	6	8	9
선행작업	None	A	A	None	B	B, C, D	D	E, F, G	F, G	G

정답 및 해설

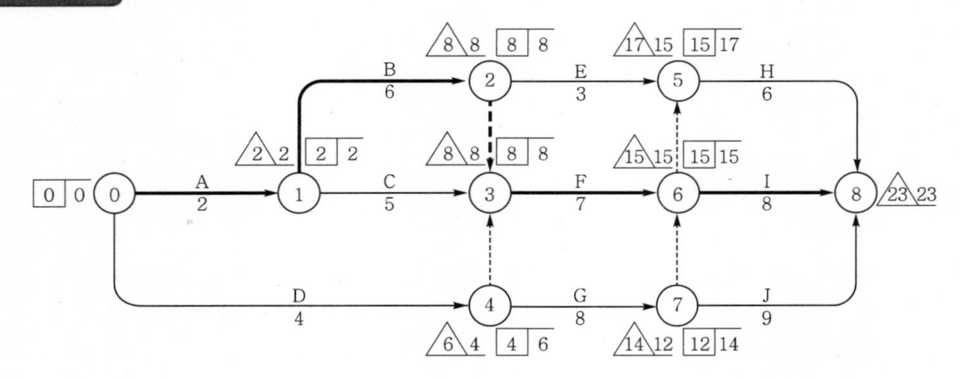

CHAPTER

03 공기 단축

001

18④, 16④, 14①, 13④

다음은 공기단축 시 필요한 비용구배(Cost slope)를 구하시오. (4점)

보기

조건 A : 표준공기 12일, 표준비용 8만원, 급속공기 8일, 급속비용 15만원
조건 B : 표준공기 10일, 표준비용 6만원, 급속공기 6일, 급속비용 10만원

① 조건 A :
② 조건 B :

✔ 정답 및 해설 **비용 구배의 산정**

① 조건 A :

$$\text{비용 구배} = \frac{\text{특급 공사비} - \text{표준 공사비}}{\text{표준 공기} - \text{특급 공기}} = \frac{150,000 - 80,000}{12 - 8} = 17,500\text{원/일이다.}$$

② 조건 B :

$$\text{비용 구배} = \frac{\text{특급 공사비} - \text{표준 공사비}}{\text{표준 공기} - \text{특급 공기}} = \frac{100,000 - 60,000}{10 - 6} = 10,000\text{원/일이다.}$$

002

17①, 16①, 15④, 00, 09①, 97

정상적으로 시공할 때 공사기일은 13일, 공사비는 170,000원이고, 특급으로 공사할 때 공사기일은 10일, 공사비는 320,000원이라면 공기단축 시 필요한 비용구배를 구하시오. (4점)

표준공기	표준비용	특급공기	특급비용
13일	170,000원	10일	320,000원

✔ 정답 및 해설 **비용 구배의 산정**

$$\text{비용 구배} = \frac{\text{특급 공사비} - \text{표준 공사비}}{\text{표준 공기} - \text{특급 공기}} = \frac{320,000 - 170,000}{13 - 10} = 50,000\text{원/일이다.}$$

003

19④, 14②

정상적으로 시공될 때 공사기일은 15일, 공사비는 1,000,000원이고, 특급으로 시공할 때 공사기일은 10일, 공사비는 1,500,000원이라면 공기단축 시 필요한 비용구배(Cost sloop)를 구하시오. (2점)

✓ 정답 및 해설 **비용 구배의 산정**

$$\text{비용 구배} = \frac{\text{특급 공사비} - \text{표준 공사비}}{\text{표준 공기} - \text{특급 공기}} = \frac{1,500,000 - 1,000,000}{15 - 10} = 100,000\text{원/일이다.}$$

004

10①

어느 건설공사의 한 작업이 정상적으로 시공할 때 공사기일은 13일, 공사비는 200,000원이고, 특급으로 시공할 때 공사기일은 10일, 공사비는 350,000원이라 하면, 이 공사의 단축 시 필요한 비용구배(Cost Slope)를 구하시오. (3점)

✓ 정답 및 해설 **비용 구배의 산정**

$$\text{비용 구배} = \frac{\text{특급 공사비} - \text{표준 공사비}}{\text{표준 공기} - \text{특급 공기}} = \frac{350,000 - 200,000}{13 - 10} = 50,000\text{원/일이다.}$$

005

13②, 10④, 09②, 07①, 07②

어느 인테리어 공사의 한 작업이 정상적으로 시공될 때 공사기일은 10일, 공사비는 10,000,000원 이고, 특급으로 시공할 때 공사기일은 6일, 공사비는 14,000,000원이라 할 때 이 공사의 공기단축 시 필요한 비용구배(cost slope)를 구하시오. (4점)

✓ 정답 및 해설 **비용 구배의 산정**

$$\text{비용 구배} = \frac{\text{특급 공사비} - \text{표준 공사비}}{\text{표준 공기} - \text{특급 공기}} = \frac{14,000,000 - 10,000,000}{10 - 6} = 1,000,000\text{원/일이다.}$$

006 18①, 18②, 14④, 11③

다음과 같은 작업 데이터에서 비용구배가 가장 작은 작업부터 순서대로 쓰시오. (4점)

작업명	정상 계획		급속 계획	
	공기(일)	비용(원)	공기(일)	비용(원)
A	4	60,000	2	90,000
B	15	140,000	14	160,000
C	7	50,000	4	80,000

(1) 산출근거
(2) 작업순서

정답 및 해설 **비용 구배의 산정**

(1) 산출근거

① A작업 : $\frac{90,000-60,000}{4-2}=15,000$ 원/일이다.

② B작업 : $\frac{160,000-140,000}{15-14}=20,000$ 원/일이다.

③ C작업 : $\frac{80,000-50,000}{7-4}=10,000$ 원/일이다.

(2) 작업순서

그러므로, 비용구배가 작은 것부터 큰 것의 순으로 나열하면, C작업 → A작업 → B작업의 순이다.

CHAPTER

04 품질관리

001

11②

관리의 목표인 품질, 공정, 원가관리를 성취하기 위하여 사용되는 수단관리 4가지를 쓰시오. (4점)

정답 및 해설 **수단 관리**

① 인력(노무, Man) ② 장비(기계, Machine) ③ 자원(재료, Material) ④ 자금(경비, Money)

002

12①, 04②, 02①, 00, 98

시공기술의 품질관리의 사이클을 4단계로 구분하여 쓰시오. (4점)

(①) → (②) → (③) → (④)

정답 및 해설 **품질 관리의 사이클**

계획(Plan) → 실시(Do) → 검토(Check) → 조치(시정, Action)의 순이다.

003

07①, 96

다음 〈보기〉에서 품질관리(Q.C)에 의한 검사 순서를 나열하시오. (3점)

보기

① 검토(Check) ② 실시(Do) ③ 시정(Action) ④ 계획(Plan)

• 순서 :

정답 및 해설 **품질관리의 검사 순서**

계획(Plan) → 실시(Do) → 검토(Check) → 조치(시정, Action)의 순이다. 즉, ④ → ② → ① → ③ 이다.

004

17②, 15④, 11②, 09②, 96

품질관리(QC) 도구의 종류 5가지를 나열하시오. (5점)

정답 및 해설 **품질관리(QC) 도구의 종류**

① 히스토그램 ② 파레토도 ③ 특성요인도 ④ 체크시트 ⑤ 산점도(산포도, 관리도)

005

15①, 09①

다음은 품질관리 기법에 관한 설명이다. 해당되는 설명에 관계되는 용어를 쓰시오. (4점)

① 모집단의 분포상태 막대그래프 형식 (　　　　)
② 층별 요인 특성에 대한 불량 점유율 (　　　　)
③ 특성요인과의 관계 화살표 (　　　　)
④ 점검 목적에 맞게 미리 설계된 시트 (　　　　)

정답 및 해설 **품질관리 도구**

① 히스토그램 ② 층별 ③ 특성요인도 ④ 체크시트

006

12④, 06①

다음은 품질관리에 관한 QC 도구의 설명이다. 해당하는 용어를 쓰시오. (3점)

① 계량치의 데이터가 어떠한 분포를 하고 있는지 알아보기 위하여 작성하는 그림
② 결과에 원인이 어떻게 관계하고 있는가를 한눈에 알아보기 위하여 작성하는 그림
③ 불량, 결점, 고장 등의 발생건수를 분류 항목별로 나누어 크기 순서대로 나열한 그림

정답 및 해설 **품질관리 도구**

① 히스토그램 ② 특성 요인도 ③ 파레토도

APPENDIX

부록

최근 기출문제

핵심만 모은 실내건축기사 실기시공실무

2018년 제1회 2018.04.14 시행
2018년 제2회 2018.06.30 시행
2018년 제4회 2018.11.10 시행
2019년 제1회 2019.04.14 시행
2019년 제2회 2019.06.29 시행
2019년 제4회 2019.11.10 시행

건축이란 얼어 붙은 음악이다.
-Johann Wolfgang von Goethe-

CHAPTER

01

2018년 1회

2018년 4월 14일 시행

001

다음에서 설명하고 있는 석재를 〈보기〉에서 골라 쓰시오. (3점)

보기

화강암	안산암	사문암
사암	대리석	화산암

① 석회석이 변화되어 결정화한 것으로 강도는 높지만 내화성이 낮고 풍화되기 쉬우며 산에 약하기 때문에 실외용으로 적합하지 않다.
② 수성암의 일종으로 함유광물이 성분에 따라 암석의 질, 내구성, 강도에 현저한 차이가 있다.
③ 강도, 경도, 비중이 크고, 내화력도 우수하여 구조용 석재로 쓰이지만 조직 및 색조가 균일하지 않고, 석리가 있기 때문에 채석 및 가공이 용이하지만 대재를 얻기 어렵다.

① ② ③

✓ 정답 **석재의 특징**

① 대리석, ② 사암, ③ 안산암

✓ 해설

㉮ 화강암 : 대표적인 화성암의 심성암으로 그 성분은 석영, 장석, 운모, 휘석, 각섬석 등이고, 석질이 견고(압축 강도 1,500 kg/cm^2 정도)하며 풍화 작용이나 마멸에 강하다. 바탕색과 반점이 아름다울 뿐만 아니라 석재의 자원도 풍부하므로 건축 토목의 구조재, 내 · 외장재 및 콘크리트용 골재로 많이 사용된다. 내화도가 낮아서 고열을 받는 곳에는 적당하지 않으며, 세밀한 조각이 필요한 곳에는 가공이 불편하여 적당하지 않다. 또한, 그 질이 단단하고 내구성 및 강도가 크고 외관이 수려하며 절리가 비교적 커서 큰 판재를 얻을 수 있으나, 너무 단단하여 조각 등에 부적당하다.

㉯ 사문암 : 흑록색의 치밀한 화강석인 감람석 중에 포함되어 있던 철분이 변질되어 흑록색 바탕에 적갈색의 무늬를 가진 석재로, 물갈기를 하면 광택이 나므로 대리석 대용으로 이용되기도 한다.

㉰ 화산암 : 비중이 0.7~0.8로 석재 중 가벼운 편이고, 화강암에 비하여 압축 강도가 작으며, 내화도가 높아 내화재로 사용된다.

002

다음 표는 공기단축의 공사계획이다. 비용구배가 가장 큰 작업순서대로 나열하시오. (3점)

구분	표준공기	표준비용	급속공기	급속비용
A	3	7,000	2	8,500
B	14	14,000	13	16,000
C	6	5,000	4	7,000

정답 및 해설 **비용 구배의 산정**

① 조건 A : 비용 구배 $= \dfrac{\text{특급 공사비} - \text{표준공사비}}{\text{표준 공기} - \text{특급 공기}} = \dfrac{8{,}500 - 7{,}000}{3-2} = 1{,}500$ 원/일이다.

② 조건 B : 비용 구배 $= \dfrac{\text{특급 공사비} - \text{표준공사비}}{\text{표준 공기} - \text{특급 공기}} = \dfrac{16{,}000 - 14{,}000}{14-13} = 2{,}000$ 원/일이다.

③ 조건 C : 비용 구배 $= \dfrac{\text{특급 공사비} - \text{표준공사비}}{\text{표준 공기} - \text{특급 공기}} = \dfrac{7{,}000 - 5{,}000}{6-4} = 1{,}000$ 원/일이다.

그러므로, 비용 구배가 큰 것부터 작은 것의 순으로 나열하면, B → A → C 이다.

003

다음 용어를 설명하시오. (3점)

① 짠마루 :
② 막만든 아치 :
③ 거친 아치 :

정답 및 해설 **용어 해설**

① 짠마루 : 이층 마루의 일종으로 큰 보 위에 작은 보를 걸고, 그 위에 장선을 대고 마루널을 깐 것으로 간사이가 6.4m 이상인 경우에 사용하는 마루이다.
② 막만든 아치 : 보통 벽돌을 쐐기 모양으로 다듬어 쓰는 아치이다.
③ 거친 아치 : 외관이 중요시되지 않는 아치는 보통 벽돌을 쓰고 줄눈을 쐐기모양으로 하는 아치이다.

004

도장 공사에서 본타일붙이기를 1~5단계로 설명하시오. (5점)

① ② ③
④ ⑤

✓ 정답 및 해설 **본타일 도장의 시공 순서**

① 바탕 조정 : 사용전 보양 작업을 철저히 하고, 주변의 오염을 막으며, 바탕면의 도장에 적합(양생, 수분 및 요철 등)하게 처리한다.
② 초벌(하도) : 바탕 조정을 한 후 초벌용 재료를 붓, 롤러 및 스프레이건 등을 사용하여 도장한다.
③ 재벌(중도)1회 : 초벌 도장 후 24시간을 방치한 후 재벌을 하고, 상황에 따라 표면누루기 및 연마를 실시한다.
④ 정벌(상도)1회 : 재벌 도장 후 24시간 방치한 후 붓, 롤러 및 스프레이건 등을 사용하여 도장한다.
⑤ 정벌(상도)2회 : 정벌 1회 후 24시간 방치한 후 표면 마감용 재료를 사용하여 재도장을 한다.

005

거푸집면 타일 먼저붙이기 공법을 2가지 쓰시오. (4점)

① ②

✓ 정답 및 해설

① 타일시트법, ② 줄눈 칸막이법, ③ 졸대법

006

미장 공사 중 셀프레벨링(self leveling)재에 대하여 설명하시오. (3점)

✓ 정답 및 해설 **셀프레벨링(self leveling)재**

셀프레벨링(self leveling)재는 미장 재료 자체가 유동성을 갖고 있기 때문에 평탄하게 되는 성질이 있는 석고계와 시멘트계 등의 바닥 바름공사에 적용되는 미장재료이다.

007

단열공법 중 주입단열공법과 붙임단열공법을 설명하시오. (2점)

① 주입단열공법 :
② 붙임단열공법 :

✓ 정답 및 해설 **단열 공법**

① 주입단열공법 : 압입 공법이라고도 하고, 단열재의 파편 또는 현장발포 단열재를 호스를 통하여 뿜어 넣는 방법 또는 벽체 등의 공극에 압입하여 충전하는 방법이다.
② 붙임단열공법 : 보드형 단열재를 접착제, 볼트, 못 등을 이용하여 벽면 등에 붙이는 공법이다.

008

190×90×57mm 크기의 표준형 벽돌로 20㎡를 2.0B 쌓기시 모르타르량과 벽돌사용량을 계산하시오. (할증을 고려하지 않는다.) (4점)

① 벽돌량
　㉮ 계산식 :
　㉯ 정답 　:
② 모르타르량
　㉮ 계산식 :
　㉯ 정답 　:

✓ 정답 및 해설　벽돌량과 모르타르량의 산출

벽돌은 표준형이고, 벽 두께가 2.0B이므로, 298매/㎡이고, 모르타르량은 0.36㎥/1,000매이다. 그러므로,

① 벽돌량
　㉮ 계산식: $298\text{매}/m^2 \times 20 = 5,960$매이다.
　㉯ 정답: 5,960매
② 모르타르량
　㉮ 계산식: $0.36 \times \frac{5,960}{1,000} = 2.146 ≒ 2.15m^3$매이다.
　㉯ 정답: $2.15m^3$

009

다음 용어를 차이점에 근거하여 설명하시오. (4점)

① 내력벽 :
② 장막벽 :

✓ 정답 및 해설　벽체의 종류

① 내력벽 : 벽, 지붕, 바닥등의 수직 하중과 풍력, 지진 등의 수평 하중을 받는 중요 벽체이다.
② 장막벽 : 벽, 지붕, 바닥등의 수직 하중의 수직 하중을 받지 않고, 오직 벽체 자체의 하중만을 받는 벽체이다.

010

타일의 동해방지를 위해 해야 할 조치 4가지를 쓰시오. (4점)

① ② ③ ④

정답 및 해설 **타일의 동해방지를 위한 조치**

① 흡수율이 작은 소성 온도가 높은 타일(자기질, 석기질 타일)을 사용한다.
② 접착용 모르타르의 배합비(시멘트 : 모래 = 1 : 1~2)를 정확히 하고, 혼화제(아크릴)를 사용한다.
③ 물의 침입을 방지하기 위하여 줄눈 모르타르에 방수제를 넣어 사용한다.
④ 사용 장소를 가능한 한 내부에 사용한다.

011

다음 용어를 설명하시오. (2점)

① 와이어메시 :
② 조이너 :

정답 및 해설 **용어 설명**

① 와이어메시 : 연강 철선을 전기 용접하여 정방형이나 장방형으로 만든 것으로 콘크리트 바닥의 균열 방지용으로 사용하는 금속제품이다.
② 조이너: 텍스, 보드, 금속판, 합성수지판 등의 줄눈에 대어 붙이는 것으로서 아연 도금 철판제, 알루미늄제, 황동제 및 플라스틱제가 있다.

012

금속부식 방지법 3가지를 쓰시오. (3점)

정답 및 해설 **금속의 부식 방지법**

① 다른 종류의 금속을 서로 잇대어 사용하지 않는다.
② 균질한 재료를 사용하고, 가공 중에 생긴 변형은 풀림, 뜨임 등에 의해 제거한다.
③ 표면은 깨끗하게 하고, 물기나 습기가 없도록 한다.
④ 도료나 내식성이 큰 금속으로 표면에 피막을 하여 보호한다.
⑤ 도료(방청 도료), 아스팔트, 콜타르 등을 칠하거나, 내식・내구성이 있는 금속으로 도금한다. 또한 자기질의 법랑을 올리거나, 금속 표면을 화학적으로 방식 처리를 한다.
⑥ 알루미늄은 알루마이트, 철재에는 사삼산화철과 같은 치밀한 산화 피막을 표면에 형성하게 하거나, 모르타르나 콘크리트로 강재를 피복한다.

CHAPTER 02

2018년 2회

2018년 6월 30일 시행

001

조적조에서 내력벽과 장막벽을 구분하여 기술하시오. (4점)

① 내력벽 :
② 장막벽 :

정답 및 해설 **벽체의 종류**

① 내력벽 : 벽, 지붕, 바닥등의 수직 하중과 풍력, 지진 등의 수평 하중을 받는 중요 벽체이다.
② 장막벽 : 벽, 지붕, 바닥등의 수직 하중의 수직 하중을 받지 않고, 오직 벽체 자체의 하중만을 받는 벽체이다.

002

다음 〈보기〉의 합성수지 중 열가소성수지와 열경화성수지로 나누어 구분하시오. (3점)

보기

① 아크릴수지	② 에폭시수지	③ 멜라민수지
④ 페놀수지	⑤ 폴리에틸렌수지	⑥ 염화비닐수지

(가) 열가소성수지 :
(나) 열경화성수지 :

정답 및 해설 **합성수지의 분류**

(가) 열가소성수지 : ①(아크릴수지), ⑤(폴리에틸렌수지), ⑥(염화비닐수지)
(나) 열경화성수지 : ②(에폭시수지), ③(멜라민수지), ④(페놀수지)

003

다음 그림과 같은 쪽매의 명칭을 넣으시오. (4점)

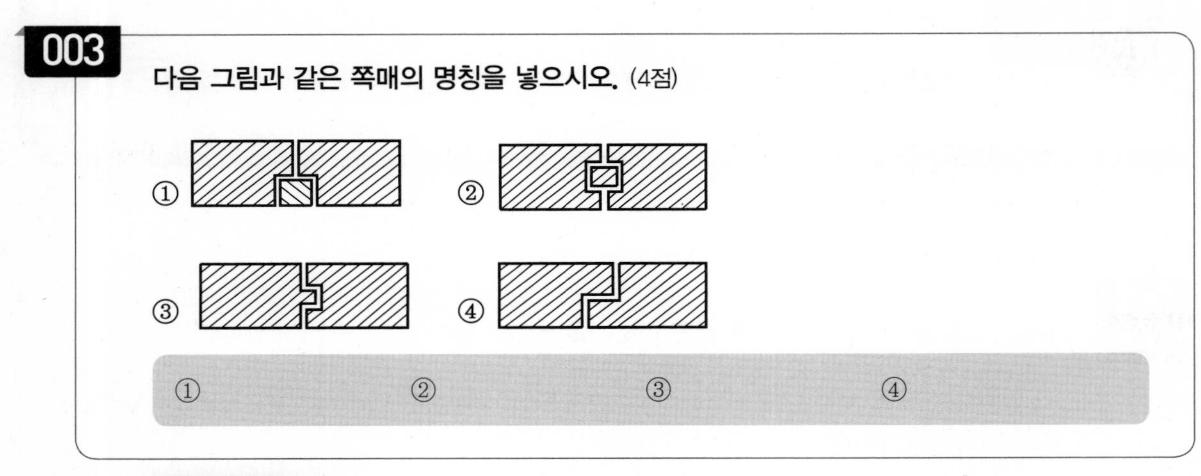

① ② ③ ④

정답 및 해설

① 틈막이대 쪽매, ② 딴혀 쪽매, ③ 제혀 쪽매, ④ 반턱 쪽매

004

벽돌 백화현상의 원인 1가지와 방지대책 2가지를 쓰시오. (3점)

① 원인 :
② 대책: ㉮
㉯

정답 및 해설 **백화현상의 원인과 대책**

① 원인 :

㉮ 1차 백화 : 줄눈 모르타르의 시멘트 산화칼슘이 물과 공기 중의 이산화탄소와 결합하여 발생하는 백화로서, 물청소와 빗물 등에 의해 쉽게 제거 된다.

㉯ 2차 백화 : 조적 중 또는 조적 완료 후 조적재에 외부로부터 스며 든 수분에 의해 모르타르의 산화칼슘과 벽돌의 유황분이 화학 반응을 일으켜 나타나는 현상이다.

② 대책

㉮ 양질의 벽돌을 사용하고, 모르타르를 충분히 채우며, 빗물이 스며들지 않게 한다.

㉯ 파라핀 도료를 발라 염류가 나오는 것을 방지한다.

㉰ 차양이나 루버 등으로 빗물을 차단한다.

005

250mm×290mm×5,800mm의 각재 1,000개의 재적(m^3)을 구하시오. (3점)

✓ 정답 및 해설 **목재의 재적**

목재의 재적(m^3) = 0.25m × 0.29m × 5.8m × 1,000개 = 420.5m^3

006

아스팔트 프라이머(Asphalt primer)에 대해서 설명하시오. (3점)

✓ 정답 및 해설 **아스팔트 프라이머**

아스팔트 프라이머(asphalt primer)는 블론 아스팔트를 휘발성 용제로 희석한 흑갈색의 액체로서 아스팔트 방수층을 만들 때 콘크리트, 모르타르 바탕에 부착력을 증가시키기 위하여 제일 먼저 사용하는 역청 재료, 아스팔트를 용제에 녹인 액상으로서 아스팔트 방수의 바탕 처리재로 사용되는 것 또는 아스팔트 타일 붙이기 시공을 할 때의 초벌용 도료이다.

007

다음 설명하는 도료의 명칭을 쓰시오. (3점)

① 안료, 건성유, 희석제, 건조제를 조합해서 만든 페인트이다.
② 철재 등에 녹슬지 않게 도료를 칠하는 것으로 철의 표면에 칠하고 그 위에 다시 페인팅을 한 것
③ 천연수지와 휘발성용제를 섞은 것으로 밑바탕이 보이는 투명한 도장재로 천연수지, 오일, 합성수지 등이 있다.

① ② ③

✓ 정답 및 해설 **도료의 특성**

① 유성페인트, ② 녹막이칠, ③ 바니시

008

장식용 테라코타의 용도를 3가지 쓰시오. (3점)

정답 및 해설 **테라코타**

테라코타는 석재 조각물 대신에 사용되는 장식용 공동의 대형 점토 제품으로서 속을 비게 하여 가볍게 만들고, 건축물의 패러핏, 버팀벽, 주두, 난간벽, 창대, 돌림띠 등의 장식에 사용한다.

① 건축물의 패러핏, ② 버팀벽, ③ 난간벽

009

인조석 표면 마감방법 3가지를 설명하시오. (3점)

정답 및 해설 **인조석 표면 마감방법**

① 인조석 갈기 : 배료, 배합, 바탕처리 및 바르기는 인조석 씻어내기와 같고, 인조석 바름의 경화 정도를 보아 갈기를 한다.

② 인조석 잔다듬 : 바탕모르타르 바름 또는 인조석바름은 부착이 잘 되어 들뜨지 않아야 하고, 인조석 바름이 충분히 경화한 다음 정, 도드락망치, 날망치 등으로 다듬는다.

③ 인조석 씻어내기 : 바탕 바름은 모르타르로 평면지게 발라 거칠게하고, 건조한 것은 적당히 물축임을 하며, 모르타르를 얇게 먹여 바른 위에 인조석을 흙손으로 눌러 붙인 후 물에 적신 솔로 2~3회 쓸어내고 돌의 배열이 심히 좋지 않은 곳은 조정하며, 물걷히기를 보아 분무기로 시멘트 페이스트를 씻어내린다.

010

다음은 도배공사에 있어서 온도의 유지에 관한 내용이다. ( )안에 알맞은 수치를 넣으시오. (4점)

도배지의 평상시 보관 온도는 (①)℃ 이어야 하고, 시공 전 (②)시간 전부터는 (③)℃ 정도를 유지해야 하며, 시공 후 (④)시간까지는 (⑤)℃ 이상의 온도를 유지하여야 한다.

① ② ③
④ ⑤

✓ 정답 및 해설 **도배공사**

도배지의 평상시 보관 온도는 4℃ 이어야 하고, 시공 전 72시간 전부터는 5℃ 정도를 유지해야 하며, 시공 후 48시간까지는 16℃ 이상의 온도를 유지하여야 한다.

011

다음은 석재의 가공순서의 공정이다. 바르게 나열하시오. (4점)

① 잔다듬 ② 정다듬 ③ 도드락다듬
④ 혹두기 또는 혹떼기 ⑤ 갈기

✓ 정답 및 해설 **석재의 가공순서**

석재의 가공 순서는 혹두기(쇠메, 망치)–정다듬(정)–도드락 다듬(도드락 망치)–잔다듬(양날 망치)–물갈기(와이어 톱, 다이아몬드 톱, 글라인더 톱, 원반 톱, 플레이너, 글라인더)의 순이다.
그러므로, ④→②→③→①→⑤

012

다음 공사의 공기단축 시 필요한 각 작업의 비용구배(Cost slope)를 구하시오. (3점)

구분	표준공기	표준비용	급속공기	급속비용
A	4	6,000	2	9,000
B	12	14,000	10	18,000
C	8	5,000	5	8,000

① ② ③

정답 및 해설 **비용 구배의 산정**

① 조건 A : 비용 구배 $= \dfrac{\text{특급 공사비} - \text{표준공사비}}{\text{표준 공기} - \text{특급 공기}} = \dfrac{9{,}000 - 6{,}000}{4 - 2} = 1{,}500$ 원/일이다.

② 조건 B : 비용 구배 $= \dfrac{\text{특급 공사비} - \text{표준공사비}}{\text{표준 공기} - \text{특급 공기}} = \dfrac{18{,}000 - 14{,}000}{12 - 10} = 2{,}000$ 원/일이다.

③ 조건 C : 비용 구배 $= \dfrac{\text{특급 공사비} - \text{표준공사비}}{\text{표준 공기} - \text{특급 공기}} = \dfrac{8{,}000 - 5{,}000}{8 - 5} = 1{,}000$ 원/일이다.

CHAPTER
03 2018년 4회

2018년 11월 10일 시행

001

타일 나누기 작업 시 주의사항 3가지를 쓰시오. (3점)

정답 및 해설 **타일 나누기 작업 시 주의사항**

① 설계도면과 실지 건물의 각 부 치수를 실측하여 확인하고 타일 나누기를 계획한다.

② 일정한 규격치의 타일을 사용하여 전체 온장이 쓰이도록 계획하고, 조각 내어 사용하는 곳이 없도록 한다.

③ 바닥과 벽의 접촉부, 구석, 모서리 또는 면 내의 한 구획부 등에 쓰이는 특수 타일을 정하고, 접촉부의 각도는 정확히 되도록 한다.

002

바닥면적 20m×30m, 클링커 타일 180mm각, 줄눈간격 10mm로 붙일 때, 필요한 타일의 수량을 구하시오. (할증은 고려하지 않음) (4점)

정답 및 해설 **타일의 소요량 산출**

타일의 소요량

=시공 면적×단위 수량

$=\text{시공 면적}\times(\frac{1\text{m}}{\text{타일의 가로 길이}+\text{타일의 줄눈}})\times(\frac{1\text{m}}{\text{타일의 세로 길이}+\text{타일의 줄눈}})$

$=20\times30\times(\frac{1}{0.18+0.01}\times\frac{1}{0.18+0.01})=16{,}620.5$매이다.

003

다음 용어를 설명하시오. (4점)

① 훈연법 :
② 스티플칠 :

정답 및 해설 **용어 설명**

① 훈연법 : 목재의 건조에 있어서 연기(짚이나 톱밥 등을 태운)를 건조실에 도입하여 건조시키는 방법이다.

② 스티플칠 : 도료의 묽기를 이용하여 각종의 기구(솜뭉치, 주걱, 빗, 솔 등)를 사용하여 바른 면에 요철 무늬를 돋치고 다소 입체감을 낸 마무리로서, 주로 벽에 사용한다. 그 무늬의 명칭은 두드림칠, 솔자국칠, 긁어내기칠 등이 있다.

004

다음은 조적공사 시 방습층에 대한 내용이다. ( )안을 채우시오. (3점)

(①)줄눈 아래에 방습층을 설치하며, 시방서가 없을 경우 현장에서 현장관리 감독하는 책임자에게 허락을 받아 (②)를 혼합한 모르타르를 (③)mm로 바른다.

① ② ③

정답 **방습층**

① 수평 ② 시멘트 액체 방수제 ③ 10

해설

방습층은 지면에 접하는 벽돌벽은 지중의 습기가 조적 벽체의 상부로 상승하는 것을 방지하기 위하여 설치하는 것으로 수평 줄눈 아래에 방습층을 설치하며, 시방서가 없을 경우 현장에서 현장관리 감독하는 책임자에게 허락을 받아 시멘트 액체 방수제를 혼합한 모르타르를 10~20mm로 바른다.

005

다음 각종 미장재료를 기경성 및 수경성 미장재료로 분류할 때 해당되는 재료명을 〈보기〉에서 골라 쓰시오. (4점)

보기

① 진흙 ② 순석고 플라스터 ③ 회반죽
④ 돌로마이트 플라스터 ⑤ 킨즈 시멘트 ⑥ 인조석 바름
⑦ 시멘트 모르타르

- 기경성 미장재료 :
- 수경성 미장재료 :

정답 및 해설 **미장재료의 분류**

가. 기경성 미장재료 : ①(진흙), ③(회반죽), ④(돌로마이트 플라스터)
나. 수경성 미장재료 : ②(순석고 플라스터), ⑤(킨즈 시멘트), ⑥(인조석 바름), ⑦(시멘트 모르타르)

006

조적조에서 공간쌓기에 대해서 설명하시오. (3점)

정답 및 해설 **공간 쌓기**

조적조의 공간 쌓기는 중공벽과 같은 벽체로서 단열, 방음, 방습 등의 목적으로 효과가 우수하도록 벽체의 중간에 공간을 두어 이중벽으로 쌓은 벽체이다.

007

다음은 벽돌쌓기에 관한 설명이다. (　)안에 알맞은 용어를 쓰시오. (2점)

㉮ 한 켜에 마구리와 길이를 번갈아 쌓고, 끝을 이오토막으로 처리한 벽돌쌓기 방법이다. (①)
㉯ 한 켜에 마구리, 다른 한 켜에 길이로 쌓고, 끝은 이오토막으로 처리한 벽돌쌓기 방법이다. (②)

① 　　　　　　②

✓ 정답 및 해설

① 프랑스식(불식)쌓기, ② 영식 쌓기

008

다음 벽돌공사의 용어를 간단히 설명하시오. (3점)

① 내력벽 :
② 장막벽 :
③ 중공벽 :

✓ 정답 및 해설 **용어 설명**

① **내력벽** : 수직 하중(위층의 벽, 지붕, 바닥 등)과 수평 하중(풍압력, 지진 하중 등) 및 적재 하중(건축물에 존재하는 물건 등)을 받는 중요한 벽체이다.
② **장막벽**(커튼월, 칸막이벽) : 내력벽으로 하면 벽의 두께가 두꺼워지고 평면의 모양 변경시 불편하므로, 이를 편리하도록 하기 위하여 상부의 하중(수직, 수평 및 적재 하중 등)을 받지 않고 벽체 자체의 하중만을 받는 벽체이다.
③ **중공벽** : 공간 쌓기와 같은 벽체로서 단열, 방음, 방습 등의 목적으로 효과가 우수하도록 벽체의 중간에 공간을 두어 이중벽으로 쌓은 벽체이다.

009

다음 공사의 공기단축 시 필요한 비용구배(Cost slope)를 구하시오. (4점)

① 조건 A : 표준공기 11일, 표준비용 90,000원, 급속공기 7일, 급속비용 160,000원
② 조건 B : 표준공기 12일, 표준비용 70,000원, 급속공기 8일, 급속비용 110,000원

① ②

정답 및 해설 비용 구배의 산정

① 조건 A : 비용 구배 $= \dfrac{\text{특급 공사비} - \text{표준 공사비}}{\text{표준 공기} - \text{특급 공기}} = \dfrac{160,000 - 90,000}{11 - 7} = 17,500$ 원/일이다.

② 조건 B : 비용 구배 $= \dfrac{\text{특급 공사비} - \text{표준 공사비}}{\text{표준 공기} - \text{특급 공기}} = \dfrac{110,000 - 70,000}{12 - 8} = 10,000$ 원/일이다.

010

멤브레인 방수 공법 3가지를 쓰시오. (3점)

① ② ③

정답 및 해설 멤브레인 방수공법

① 아스팔트 방수, ② 시트 방수(개량 아스팔트 시트방수, 합성고분자 시트방수 등), ③ 도막 방수

011

마루공사 시공순서를 〈보기〉에서 골라 나열하시오. (4점)

보기

바탕합판	장선	멍에
동바리	마루널(상부합판)	

정답 및 해설 마루공사의 시공순서

동바리 → 멍에 → 장선 → 바탕 합판 → 마루널(상부 합판)의 순이다.

012

석재의 백화현상 발생 원인을 3가지 쓰시오. (3점)

① ② ③

✓ 정답 및 해설 **석재의 백화현상 발생 원인**

① 설계상의 결함, ② 재료의 결함(시멘트, 흡수율 등), ③ 시공상의 결함(물 · 시멘트비, 시공연도, 재료의 계량 등)

CHAPTER

04 2019년 1회

2019년 4월 14일 시행

001

다음 용어를 간단히 설명하시오. (2점)

① 플래너 마감 :
② 버너 마감 :

✔ 정답 및 해설 **용어 설명**

① 플래너 마감 : 철판을 깎는 기계로 돌표면을 대패질하듯 훑어서 평탄하게 마무리하는 것
② 버너 마감 : 톱으로 켜낸 돌면을 산소불로 굽고, 찬물을 끼얹어 돌표면의 엷은 껍질이 벗겨지게 한 면을 마무리재로 사용하는 것

002

벽돌 공사 시 세로 규준틀에 기입해야 할 사항 4가지를 쓰시오. (4점)

① ② ③ ④

✔ 정답 및 해설 **세로 규준틀 기입 사항**

① 조적재의 줄눈 표시와 켜의 수 ② 창문 및 문틀의 위치와 크기
③ 앵커 볼트 및 나무 벽돌의 위치 ④ 벽체의 중심 간의 치수와 콘크리트의 사춤 개소

003

다음 용어를 간단히 설명하시오. (4점)

① 코너 비드 :
② 조이너 :

정답 및 해설 **용어 설명**

① 코너 비드 : 기둥 모서리 및 벽체 모서리면에 미장을 쉽게 하고 모서리를 보호할 목적으로 설치하며, 아연 도금제와 황동제가 있다.

② 조이너 : 텍스, 보드, 금속판, 합성수지판 등의 줄눈에 대어 붙이는 것으로서 아연 도금 철판제, 알루미늄제, 황동제 및 플라스틱제가 있다.

004

다음 용어를 간단히 설명하시오. (4점)

① 메쌓기(dry masonry) :
② 찰쌓기(wet masonry) :

정답 및 해설 **용어 설명**

① 메(건)쌓기 : 돌과 돌 사이에 모르타르, 콘크리트를 사춤쳐 넣지 않고 뒤고임돌만 다져 넣은 것으로, 뒤고임돌을 충분히 다져 넣어야 한다.

② 찰쌓기 : 돌과 돌 사이에 모르타르를 다져 넣고 뒤고임에도 콘크리트를 채워 넣은 것으로, 표면 돌쌓기와 동시에 안(흙과 접촉되는 부분)에 잡석 쌓기를 하고 그 중간에 콘크리트를 채워 넣은 것이다.

005

다음 용어를 간단히 설명하시오. (2점)

① 마름질 :
② 바심질 :

정답 및 해설 **용어 설명**

① 마름질 : 목재를 소요의 형과 치수로 먹물넣기에 따라 자르거나 오려내는 것으로 끝손질 치수보다 약간 크게 하여야 한다.

② 바심질 : 목재, 석재 등을 치수 금에 맞추어 깎고 다듬는 일 또는 목재의 구멍뚫기 · 홈파기 · 자르기 · 대패질 · 기타 다듬질을 하는 것이다.

006

멜라민 수지의 특징을 4가지 서술하시오. (4점)

① ② ③ ④

✓ 정답 및 해설 **멜라민 수지의 특징**

① 무색투명하여 착색이 자유롭다.
② 빨리 굳고, 내수, 내약품성이 우수하다.
③ 내용제성과 내열성(120~150℃)이 우수하다.
④ 기계적 강도, 전기적 성질 및 내노화성이 우수하다.

007

다음은 네트워크 공정표의 용어에 대한 설명이다. 알맞은 용어를 쓰시오. (3점)

① 화살선으로 표현할 수 없는 작업의 상호관계를 표시하는 점선의 화살표이다.
② 돈과 인원을 추가하여 더 이상 단축할 수 없는 시간
③ 공사 진행 도중 공기단축 시 드는 금액을 1일별 분할 계산한 것

① ② ③

✓ 정답 및 해설 **네트워크 공정표의 용어**

① 더미, ② 주공정선, ③ 비용 구배

008

인조석 바름의 재료 4가지를 쓰시오. (4점)

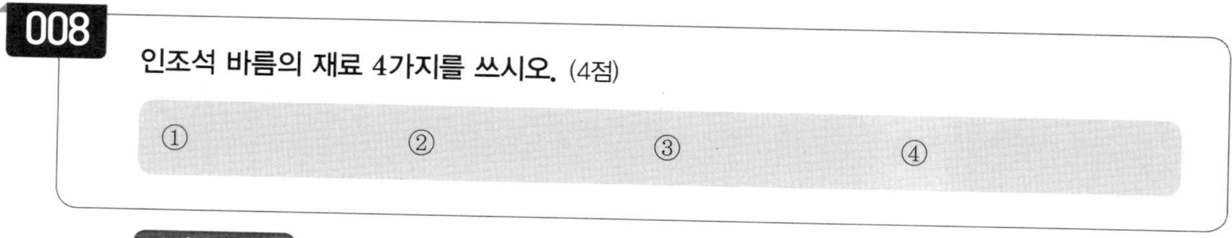

① ② ③ ④

✓ 정답 및 해설 **인조석 바름 재료**

① 쇄석 또는 종석(대리석, 화강암), ② 백색 포틀랜드 시멘트, ③ 안료, ④ 물

009

알루미늄의 녹막이 초벌 사용에 가능한 페인트를 쓰시오. (2점)

✓ 정답 및 해설 **알루미늄의 녹막이 초벌 도료**

징크 크로메이트(zinc chromemate)도료

010

다음은 벽돌쌓기에 대한 내용이다. ( )안을 채우시오. (2점)

시멘트 벽돌 표준형의 규격은 (①)mm이다. 1.0B의 소요량(할증률 제외)은 (②)매/m²이다.

① ②

✓ 정답 및 해설 **벽돌 쌓기**

① 190×90×57, ② 149

011

바닥 플라스틱재 타일붙이기 시공 순서에 해당하는 알맞은 내용을 쓰시오. (3점)

바탕 건조→(①)→(②)→ (③)→타일면 청소

① ② ③

✓ 정답 및 해설 **바닥 플라스틱재 타일붙이기 시공 순서**

① 프라이머 도포, ② 접착제 도포, ③ 타일 붙이기

012

다음은 도배 시공에 대한 설명이다. 초배지 1회 바름 시 벽면에 필요한 도배지 면적을 산출하시오. (4점)

① 바닥면적 : 4.5m × 6.5m
② 높이 : 2.5m
③ 문의 크기 : 0.9m × 2.0m
④ 창문 크기 : 1.6m × 3.5m

✓ 정답 및 해설 **도배 면적의 산출(벽면에 사용하는 도배지임에 유의할 것)**

도배 면적=벽 면적−창호의 면적

$$=2\times[(4.5+6.5)\times2.5]-[(0.9\times2.0)+(1.6\times3.5)]=47.6m^2$$

CHAPTER 05

2019년 2회

2019년 6월 29일 시행

001

석재 가공 시 손다듬기 4가지를 쓰시오. (4점)

① ② ③ ④

✓ 정답 및 해설 **석재 가공 시 손다듬기**

① 혹두기(쇠메), ② 정다듬(정), ③ 도드락다듬(도드락 망치) ④ 잔다듬(양날 망치)

002

다음 ( )안에 알맞은 용어를 쓰시오. (2점)

보통 유리에 비하여 3~5배의 강도로 내열성이 있어 200℃에서도 깨지지 않고, 일단 금이 가면 콩알만한 조각으로 깨지는 유리를 (①)유리라고 한다. 5mm 이상 유리에 파라핀을 바르고, 철필로 무늬를 새긴 후 그 부분을 부식시킨 유리를 (②)유리라고 한다.

① ②

✓ 정답 및 해설 **용어**

① 강화, ② 부식

003

로이(Low-e)유리에 대해서 설명하시오. (2점)

✓ 정답 및 해설 **로이 유리**

로이 유리는 열적외선을 반사하는 은소재 도막으로 코팅하여 방사율과 열관류율을 낮추고 가시광선의 투과율을 높인 유리로서 일반적으로 복층 유리로 제조하여 사용한다.

004

마룻널의 쪽매 방식을 3가지 쓰시오. (3점)

① ② ③

✔ 정답 및 해설 **마룻널의 쪽매 방식**

① 반턱 쪽매, ② 빗쪽매, ③ 딴혀 쪽매, ④ 제혀 쪽매, ⑤ 오늬 쪽매

005

표준형 벽돌 1.0B 벽돌 쌓기 시 벽돌량(정미량)을 산출하시오. (4점)

벽의 길이 : 100m, 높이 : 4m, 개구부 : 1.8m × 0.9m × 12개, 줄눈 : 10mm

✔ 정답 및 해설 **벽돌량 산출**

① 벽돌은 표준형이고, 벽 두께가 1.0B이므로 149매/m²이다.

② 벽 면적의 산정: (벽의 길이×벽의 높이)−(개구부의 면적×개구부의 개수)

$$=100 \times 4-(1.8 \times 0.9 \times 12)=380.56\text{m}^2$$

①, ②에 의해서, 벽돌의 소요(정미)량=149 × 380.56 = 56,703.44 ≒ 56,704매이다.

006

다음 용어를 간략히 설명하시오. (4점)

① 익스펜션 볼트 :
② 논슬립 :

✔ 정답 및 해설 **용어 설명**

① **익스펜션 볼트** : 콘크리트 표면 등에 띠장, 문틀 등의 다른 부재를 고정하기 위하여 묻어두는 특수형의 볼트로서 콘크리트 면에 뚫린 구멍에 볼트를 틀어박으면 그 끝이 벌어져 구멍 안쪽면에 고정되도록 만든 볼트이다.

② **논슬립(미끄럼 막이)** : 미끄럼을 방지하기 위하여 계단의 코부분에 사용하며 놋쇠, 황동제 및 스테인리스 강재 등이 있다.

007

다음은 미장공사 시공에 관한 내용이다. [보기]의 시공 순서를 바르게 나열하시오. (4점)

보기

① 바탕 처리　　② 초벌, 라스 먹임　　③ 재벌
④ 정벌　　⑤ 고름질

정답 및 해설　**미장공사 시공순서**

①(바탕 처리) → ②(초벌 바름 및 라스 먹임) → ⑤(고름질) → ③(재벌 바름) → ④(정벌 바름)

008

조적조에서 테두리보를 설치하는 목적 3가지만 쓰시오. (3점)

①　　②　　③

정답 및 해설　**테두리보의 설치 목적**

① 수직 균열의 방지와 수직 철근의 정착
② 하중을 균등히 분포
③ 집중하중을 받는 조적재의 보강

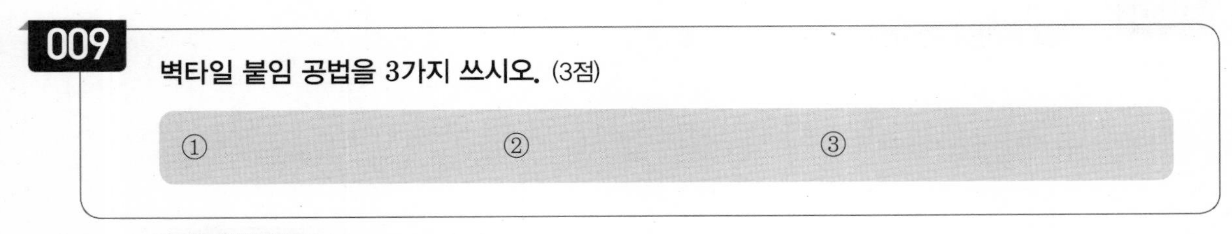

009

벽타일 붙임 공법을 3가지 쓰시오. (3점)

①　　②　　③

정답 및 해설　**벽타일 붙임 공법**

① 떠붙임(적층)공법
　㉮ 떠붙임 공법 : 타일 뒷면에 모르타르를 바르고 바탕면에 직접 붙이는 방법
　㉯ 개량 떠붙임 공법 : 모르타르를 바탕면과 타일 뒷면에 모두 바르고 붙이는 방법
② 압착붙임공법
　㉮ 압착공법 : 바탕 모르타르와 붙임 모르타르를 바르고 타일을 두드려 압착하는 방법
　㉯ 개량압착공법 : 바탕 모르타르와 붙임 모르타르 및 타일 뒷면에 모르타르를 바르고 압착하는 공법
③ 접착제 붙임공법 : 바탕면에 합성수지 접착제를 바르고 그 위에 타일을 붙이는 방법

010

목구조 벽체의 횡력에 대한 변형, 이동 등을 방지하기 위한 대표적인 보강방법을 3가지만 쓰시오. (3점)

① ② ③

정답 및 해설 **목조의 변형 방지**

① 가새, ② 버팀대, ③ 귀잡이

011

도배 공사 시 도배지 보관 방법에 대한 주의사항을 2가지 쓰시오. (4점)

① ②

정답 및 해설 **도배지 보관 방법**

① 도배지의 평상시 보관 온도는 4℃이어야 한다.

② 시공 전 72시간 전부터는 5℃ 정도를 유지해야 하고, 시공 후 48시간까지는 16℃ 이상의 온도를 유지하여야 한다.

012

다음 네트워크 공정표의 주공정선을 구하고, 공사 완료에 필요한 최종일수를 구하시오. (4점)

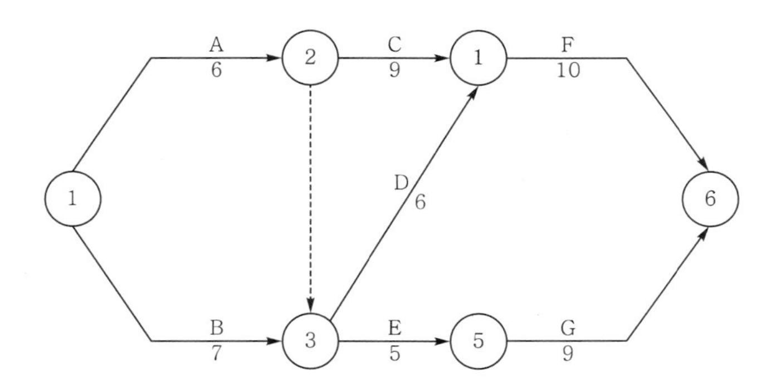

정답 및 해설

주공정선은 다음의 2가지 방법 중 하나를 이용하여 구한다.

① 일정계산에 의해 여유가 없는 공정선을 주공정선으로 하므로 아래의 일정 계산을 이용한다.

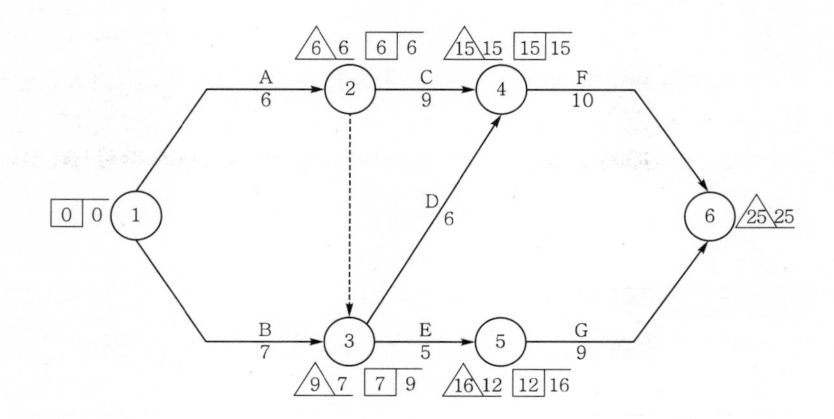

② 공사 소요일수를 구하여 주공정선을 구한다.

㉮ ①→②→④→⑥ : 6+9+10=25일

㉯ ①→③→④→⑥ : 7+6+10=23일

㉰ ①→③→⑤→⑥ : 7+5+9=21일

㉱ ①→②→③→④→⑥ : 6+6+10=22일

㉲ ①→②→③→⑤→⑥ : 6+5+9=20일

① 또는 ②에 의해서 주공정선은 ①→②→④→⑥ 또는 A→C→F로서 소요일수는 25일이다.

CHAPTER

06

2019년 4회

2019년 11월 10일 시행

001

ALC(Autoclaved Lightweight Concrete, 경량기포 콘크리트)블록의 장점을 3가지 쓰시오. (3점)

① ② ③

 정답 및 해설 **경량기포 콘크리트 블록**

원료(생석회, 시멘트, 규사, 규석, 플라이 애시, 알루미늄 분말 등)를 오토클레이브에 고압, 고온 증기 양생한 기포 콘크리트로서 장점은 다음과 같다.

① 경량(0.5~0.6), 단열성(열전도율이 콘크리트의 1/10정도), 불연 · 내화성이 우수하다.

② 흡음 · 차음성, 내구성 및 시공성이 우수

③ 건조 수축 및 균열은 작다.

002

다음은 목공사에 관한 설명이다. 알맞은 용어를 쓰시오. (3점)

① 마름질, 바심질을 하기 위하여 먹줄을 넣고 가공 형태를 그리는 것
② 목재를 크기에 따라 각 부재의 소요 길이로 잘라 내는 것
③ 구멍 뚫기, 홈파기, 면접기 및 대패질 등으로 목재를 다듬는 일

① ② ③

정답 및 해설 **목공사 용어**

① 먹매김, ② 마름질, ③ 바심질

003

미장공사에 있어서 회반죽으로 마감할 때 주의 사항을 2가지 쓰시오. (4점)

 ②

✓ 정답 및 해설 **회반죽 마감 시 주의 사항**

① 바름작업 중에는 가능한 한 통풍을 피하는 것이 좋지만 초벌바름 및 고름질 후, 특히 정벌바름 후 적당히 환기하여 바름면이 서서히 건조되도록 한다.

② 실내 온도가 5℃ 이하일 때에는 공사를 중단하거나 난방하여 5℃ 이상으로 유지한다.

004

어느 공사의 한 작업을 정상적으로 시공할 때 공사 기일은 12일이 소요되고, 공사비는 120,000원이다. 특급으로 시공할 때 공사기일은 9일이 소요되며 공사비는 60,000원이 추가될 때 이 공사의 공기단축 시 필요한 비용구배(cost slope)를 구하시오. (?점)

✓ 정답 및 해설 **비용 구배의 산정**

$$\text{비용 구배} = \frac{\text{특급 공사비} - \text{표준 공사비}}{\text{표준 공기} - \text{특급 공기}} = \frac{60{,}000}{12-9} = 20{,}000\text{원/일이다.}$$

여기서, 일반적으로 특급 공사비를 주는 경우에는 특급 공사비에서 표준 공사비를 빼어 산정하나, 이미 특급 공사비에서 표준 공사비를 뺀 추가 공사비를 준 경우이다.

005

친환경 유리의 특징을 재료적 측면에서 3가지 쓰시오. (3점)

  ③

✓ 정답 및 해설 **친환경 유리의 특징**

① 건축물의 채광의 관점에서 빛환경의 개선으로 전력의 소비를 절감한다.

② 건축물의 단열의 관점에서 열환경의 개선으로 에너지의 소비를 절감한다.

③ 재활용의 관점에서 자연 순환 자재를 사용한다.

006

바닥 플라스틱재 타일붙이기 시공 순서를 [보기]에서 골라 번호를 쓰시오. (4점)

보기

① 타일 붙이기 ② 접착제 도포 ③ 타일면 청소
④ 타일면 왁스먹임 ⑤ 콘크리트 바탕건조 ⑥ 콘크리트 바탕마무리
⑦ 프라이머 도포 ⑧ 먹줄치기

정답 및 해설 **바닥 플라스틱재 타일 붙이기의 시공순서**

⑥(콘크리트 바탕 마무리) → ⑤(콘크리트 바탕 건조) → ⑦(프라이머 도포) → ⑧(먹줄치기) → ②(접착제의 도포) → ①(타일 붙이기) → ③(타일면의 청소) → ④(타일면 왁스 먹임)

007

멤브레인 방수 공법 3가지를 쓰시오. (3점)

① ② ③

정답 및 해설 **멤브레인 방수 공법의 종류**

① 아스팔트 방수 ② 시트 방수(개량 아스팔트 시트방수, 합성고분자 시트방수 등), ③ 도막 방수

008

다음 철물의 사용 목적 및 위치를 쓰시오. (4점)

① 코너 비드 :
② 인서트 :

정답 및 해설 **철물의 사용 목적과 위치**

① 코너 비드의 사용 목적은 미장면을 보호하기 위한 것으로, 위치는 기둥과 벽 등의 모서리에 사용된다.
② 인서트 : 콘크리트 슬래브에 묻어 천장 달림재를 고정시키는 철물로서 천장에 사용된다.

009

타일 공법 중 개량압착공법에 대해서 설명하시오. (3점)

정답 및 해설 **개량압착공법**

개량압착공법은 매끈하게 마무리된 모르타르면에 바름 모르타르를 바르고, 타일 이면에도 모르타르를 얇게 발라 붙이는 공법이다.

010

백화의 원인과 대책을 각각 2가지씩 쓰시오. (4점)

① 원인:
㉮ ㉯
② 대책 :
㉮ ㉯

정답 및 해설 **백화의 원인과 대책**

① 백화 현상의 원인
㉮ 1차 백화 : 줄눈 모르타르의 시멘트 산화칼슘이 물과 공기 중의 이산화탄소와 결합하여 발생하는 백화로서, 물청소와 빗물 등에 의해 쉽게 제거 된다.
㉯ 2차 백화 : 조적 중 또는 조적 완료 후 조적재에 외부로부터 스며 든 수분에 의해 모르타르의 산화칼슘과 벽돌의 유황분이 화학 반응을 일으켜 나타나는 현상이다.
② 백화 현상의 방지 대책
㉮ 양질의 벽돌을 사용하고, 모르타르를 충분히 채우며, 빗물이 스며들지 않게 한다.
㉯ 파라핀 도료를 발라 염류가 나오는 것을 방지한다.
㉰ 차양이나 루버 등으로 빗물을 차단한다.

011

길이 150m, 높이 2.5m, 1.0B 벽돌벽의 정미량을 산출하시오. (벽돌 규격은 190×90×57mm 임) (3점)

정답 및 해설 **벽돌의 정미량 산출**

① 벽 면적의 산정 : 벽의 길이×벽의 높이 $= 150 \times 2.5 = 375m^2$
② 표준형이고, 벽 두께가 1.0B이므로 149매/㎡이다.
①, ②에 의해서 벽돌의 소요량 $= 149$매$/m^2 \times 375m^2 = 55{,}875$매 이다.

012

다음 그림은 돌쌓기의 종류이다. 명칭을 쓰시오. (4점)

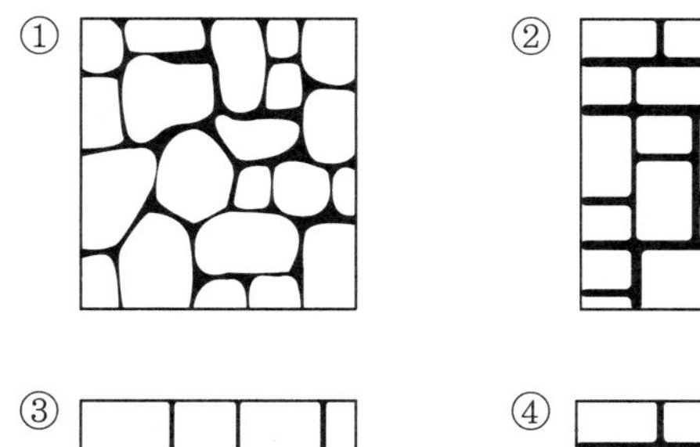

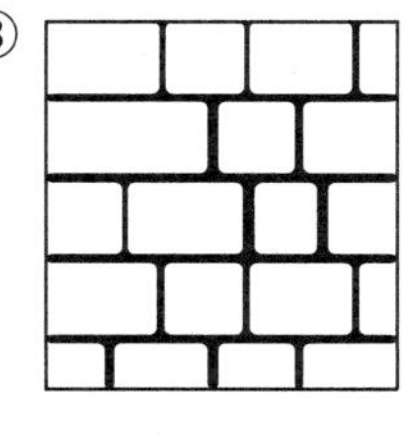

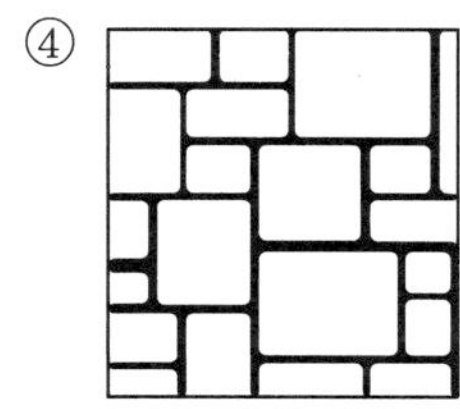

✓ 정답 및 해설 **돌쌓기의 명칭**

① 막쌓기 : 막 생긴 거친돌(잡석, 자연석, 둥근돌, 막돌 등)을 사용하여 맞댄 면(줄눈부분)을 직선으로 다듬지 않고 쌓는 방법

② 층지어쌓기 : 막돌, 둥근돌 등을 중간켜에서는 돌의 모양대로 수직, 수평줄눈에 관계없이 흐트려 쌓고, 2~3켜마다 수평줄눈이 일직선으로 연속되게 쌓는 것

③ 바른층쌓기 : 돌쌓기의 1켜는 모두 동일한 것을 쓰고 수평줄눈이 일직선으로 연결되게 쌓는 것

④ 허튼층쌓기 : 면이 네모진 돌을 수평줄눈이 부분적으로만 연속되게 쌓으며, 일부상하 세로줄눈이 통하게 된 것

CHAPTER

07 2020년 1회

2020년 5월 24일 시행

001

모르타르나 회반죽 등에 유성페인트나 산성도료를 이용하여 도장할 때, 완전히 건조하여 수분이 없는 상태에서 도장해야 하는 이유를 설명하시오. (3점)

✓ 정답 및 해설

건축물의 플라스터, 모르타르 및 콘크리트면은 시공 초기에 다량의 수분과 알칼리성을 함유하고 있어 도막의 변색이나 박리, 끈적임, 부풀음 등으로 경화 불량의 현상이 일어나고 건조 후에도 도막이 백색으로 변하는 백화 현상이 발생할 수 있으므로 도장 전에 충분히 건조시켜야 한다. 이 때, 바탕재는 온도 20℃를 기준으로 약 28일 이상 충분히 건조시켜야 하며(표면 함수율은 7% 이하), 알칼리도는 pH 9 이하의 상태가 이상적이다.

002

타일의 박락을 방지하기 위해 시공 중 검사와 시공 후 검사가 있는데, 시공 후 검사 2가지를 쓰시오. (4점)

✓ 정답 및 해설 **타일의 박락을 방지하기 시공 후 검사**

① 두들김 검사, ② 인장 시험 검사, ③ 주입 시험 검사

003

벽돌벽에서 발생할 수 있는 백화 현상의 방지대책 4가지를 쓰시오. (3점)

✓ 정답 및 해설 **백화 현상**

(1) 백화 현상의 원인

① 1차 백화 : 줄눈 모르타르의 시멘트 산화칼슘이 물과 공기 중의 이산화탄소와 결합하여 발생하는 백화로서 물청소와 빗물 등에 의해 쉽게 제거된다.

② 2차 백화 : 조적 중 또는 조적 완료 후 조적재에 외부로부터 스며 든 수분에 의해 모르타르의 산화칼슘과 벽돌의 유황분이 화학 반응을 일으켜 나타나는 현상이다.

(2) 백화 현상의 방지 대책

① 양질의 벽돌을 사용하고, 모르타르를 충분히 채우며, 빗물이 스며들지 않게 한다.

② 파라핀 도료를 발라 염류가 나오는 것을 방지한다.

③ 차양이나 루버 등으로 빗물을 차단한다.

004

다음은 목공사에 관한 설명이다. 맞는 용어를 쓰시오. (3점)

① 구멍 뚫기, 홈파기, 면접기 및 대패질 등으로 목재를 다듬는 일 : (　　)

② 목재를 크기에 따라 각 부재의 소요 길이로 잘라내는 일 : (　　)

③ 울거미재나 판재를 틀짜기나 상자짜기를 할 때 끝 부분을 각 45°로 깎고, 이것을 맞대어 접합하는 것 : (　　)

정답 및 해설 용어 설명

① 바심질

② 마름질

③ 연귀맞춤

005

현장에서 절단이 가능한 접합유리와 망입유리의 절단 방법에 대하여 서술하고, 현장에서 절단이 어려운 유리제품 3가지를 쓰시오. (4점)

정답 및 해설

① 접합(합판)유리의 절단 방법은 유리칼을 이용하여 양면의 유리 부분을 자르고, 일반칼을 이용하여 필름을 절단한다.

② 망입유리의 절단 방법은 유리칼을 이용하여 양면의 유리 부분을 자르고, 반복적으로 접었다 폈다하여 철망 부분을 자른다.

③ 현장에서 절단이 어려운 유리제품

㉠ 강화유리

㉡ 복층유리

㉢ 방탄유리

006

다음은 네트워크 공정표이다. EST, EFT, LST, LFT를 구하시오. (5점)

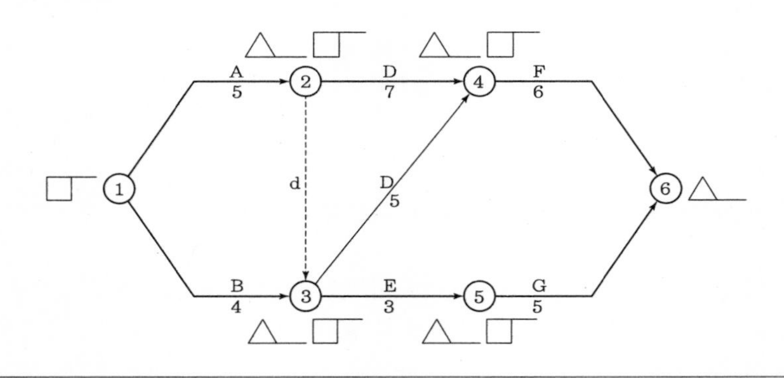

정답 및 해설

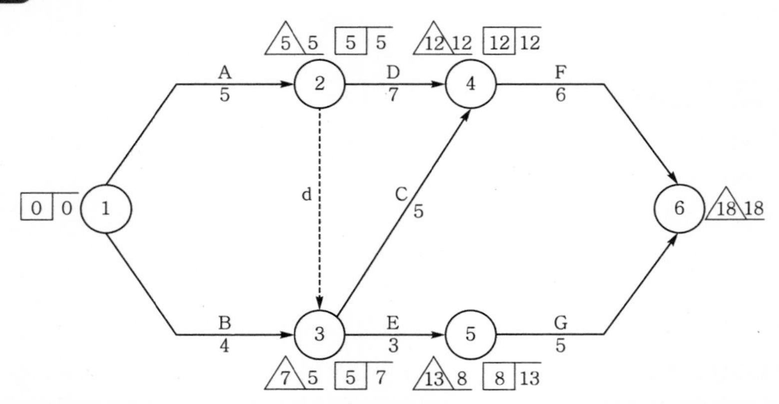

작업	EST(□)	EFT(□+소요일수)	LST(△−소요일수)	LFT(△)
A(5)	0	5	0	5
B(4)	0	4	3	7
C(5)	5	10	7	12
D(7)	5	12	5	12
d(0)	5	5	7	7
E(3)	5	8	10	13
F(6)	12	18	12	18
G(5)	8	13	13	18

007

벽돌공사 시 지면에 접하는 방습층을 설치하는 목적과 위치, 재료에 대하여 간단히 설명하시오. (3점)

✓ 정답 및 해설 **방습층 설치 목적과 위치, 재료**

조적 공사의 방습층은 지반에 접촉되는 부분의 벽에서는 지반 위, 마루 밑의 적당한 위치에 방습층을 수평줄눈의 위치에 설치한다. 방습층의 재료, 구조 및 공법은 도면 공사시방서에 따르고 그 정함이 없는 때에는 담당원이 공인하는 시멘트 액체방수제를 혼합한 모르타르로 하고, 바름 두께는 10mm로 한다.

① 목적 : 지면에 접하는 벽돌벽은 지중의 습기가 조적 벽체의 상부로 상승하는 것을 방지하기 위하여 설치한다.

② 위치 : 마루밑 GL(Ground Line)선 윗 부분의 적당한 위치, 지반 위 또는 콘크리트 바닥 밑부분에 설치한다.

③ 재료 : 아스팔트 펠트와 루핑, 비닐, 금속판, 방수 모르타르, 시멘트 액체 등이 있다.

008

다음은 도배공사에 쓰이는 풀칠방법이다. 간단히 설명하시오. (4점)

① 봉투바름 :
② 온통바름 :

✓ 정답 및 해설 **용어 설명**

① 봉투바름 : 도배지 주위에만 풀칠을 하고, 중앙 부분은 풀칠을 하지 않는 방식으로, 종이에 주름이 생길 때에는 위에서 물을 뿜어준다.

② 온통바름 : 도배지의 모든 부분에 풀칠을 하는 바름법으로 풀칠의 순서는 중앙 부분부터 주변 부분으로 순차적으로 풀칠하는 바름 방식이다.

009

익스펜션 볼트(Expansion Bolt)에 대해 간략히 설명하시오. (3점)

✓ 정답 및 해설 **익스펜션 볼트(Expansion Bolt)**

익스펜션 볼트는 콘크리트 표면 등에 띠장, 문틀 등의 다른 부재를 고정하기 위하여 묻어두는 특수형의 볼트로서 콘크리트 면에 뚫린 구멍에 볼트를 틀어 박으면 그 끝이 벌어지게 되어 있어 구멍 안쪽 면에 고정되도록 만든 볼트이다.

010

길이 10m, 높이 2m, 1.5B의 두께로 벽돌벽을 쌓을 경우, 벽돌벽의 정미량, 소요량 및 모르타르량을 산출하시오. (단, 벽돌규격은 표준형으로 시멘트 벽돌임) (3점)

✓ 정답 및 해설 **벽돌의 정미량, 소요량 및 모르타르량의 산출**

벽면적의 산정 : 벽의 길이×벽의 높이=10×2=20m^{2}이고, 표준형이고, 벽두께가 1.5B이므로 224매/m^{2}이다. 그러므로,

① 벽돌의 정미량 : 224매/m^2×20m^2=4,480매

② 벽돌의 소요량 : 벽돌의 할증이 5%이므로 4,480×(1+0.05)=4,704매

③ 모르타르량 : 모르타르량은 정미량을 기준으로 하고, 1,000매당 0.35m^{3}가 소요되므로

모르타르량$=\frac{0.35}{1,000}\times 4,480=1.568$m^{3}이다.

011

도장 공사 시 스프레이 도장 방법을 설명하시오. (4점)

✓ 정답 및 해설 **스프레이 도장 방법**

① 뿜칠은 보통 30cm 거리에서 항상 평행 이동하면서 칠면에 직각으로 속도가 일정하게 이행해야 큰 면적을 균등하게 도장할 수 있다.

② 건(gun)의 연행(각 회의 뿜도장) 방향은 제1회 때와 제2회 때를 서로 직교하게 진행시켜서 뿜칠을 해야 한다.

③ 뿜칠은 도막 두께를 일정하게 유지하기 위해 1/2~1/3 정도 겹치도록 순차적으로 이행한다.

④ 매 회의 에어스프레이는 붓 도장과 동등한 정도의 두께로 하고, 2회분의 도막 두께를 한 번에 도장하지 않는다.

012

벽타일 붙이기 시공순서를 쓰시오. (2점)

바탕처리 → (①) → (②) → (③) → 보양

✓ 정답 및 해설 **벽타일 붙이기 시공순서**

① 타일 나누기, ② 타일 붙이기, ③ 치장줄눈

CHAPTER

08 2020년 2회

2020년 7월 25일 시행

001

목조주택에 주로 사용되는 OSB(Oriented Stand Board)합판에 대하여 설명하시오. (3점)

✓ 정답 및 해설 OSB(Oriented Stand Board)합판

OSB는 직사각형 모양의 얇은 나무 조각을 서로 직각으로 겹쳐지게 배열하고, 내수수지로 압착가공한 패널로서 지붕, 벽, 바닥의 재료로 많이 사용되고 있으며, 파티클보드보다 높은 강도와 경도를 갖는다.

002

다음 설명은 표준시방서에 의한 코너비드에 대한 설명이다. ( ) 안에 알맞은 말을 쓰시오. (3점)

> 코너비드는 황동제 및 아연도금 철제, 스테인리스 스틸로 하고, 그 치수와 종별, 형상은 설계도서에서 정한 바에 따른다. 공사시방서에 정한 바가 없을 때에는 재료를 (①)하고, 길이는 (②)mm로 한다.

✓ 정답 및 해설

① 아연도금 철제, ② 1,800

003

치장줄눈의 종류 4가지를 쓰시오. (3점)

✓ 정답 및 해설 치장줄눈의 종류

① 민줄눈, ② 평줄눈, ③ 빗줄눈, ④ 둥근줄눈,
⑤ 오목줄눈, ⑥ 볼록줄눈, ⑦ 내민줄눈, ⑧ 실줄눈

004

다음은 도배공사에 사용되는 특수벽지이다. 서로 관계있는 것끼리 연결하시오. (3점)

① 종이 벽지　② 비닐 벽지　③ 섬유 벽지
④ 초경 벽지　⑤ 목질계 벽지　⑥ 무기질 벽지

가. 지사 벽지　나. 유리섬유 벽지　다. 직물 벽지
라. 코르크 벽지　마. 발포 벽지　바. 갈포 벽지

정답 및 해설 **벽지의 종류**

가. 지사 벽지 : 종이 벽지의 일종으로 종이를 실처럼 만들고 여러 가지 자연 색상으로 채색하여 만든 종이실, 즉 지사를 종이 위에 다양한 패턴으로 붙여 만든 벽지이다.
나. 유리섬유 벽지 : 질석 벽지, 금속박 벽지 등과 같이 무기질 벽지(외관상 비닐 벽지와 유사하나, 뒷면에 불연성 소재로 배접되기 때문에 방화에 유리한 벽지)의 일종이다.
다. 직물(섬유)벽지 : 직물이 갖는 부드러운 질감과 호화로운 느낌이 들며, 흡음과 단열의 효과가 우수하고, 종이 벽지에 비해 먼지를 많이 흡수하고, 퇴색하기 쉬운 단점이 있다. 천연섬유(견직, 모직, 마직물 등)와 합성섬유(나일론, 레이온, 아크릴 등)가 사용된다.
라. 코르크 벽지 : 안대기 종이 위에 얇게 자른 코르크 조각을 접착한 것으로 흡음효과가 우수한 벽지이다.
마. 발포 벽지 : 비닐 벽지 특유의 차가운 느낌을 없애기 위해 발포비닐을 사용하여 표면에 부드러움을 준 벽지이다.
바. 갈포 벽지 : 갈사와 면사로 직조한 것을 원지에 접착하여 만든 것으로 인공재료에서는 느낄 수 없는 거칠고 자연스러운 느낌이 돋보이는 벽지로서 대량생산이 어렵고 수명이 짧은 단점이 있다.
∴ 가－①, 나－⑥, 다－③, 라－⑤, 마－②, 바－④

005

폴리 퍼티(Poly putty)에 대하여 설명하시오. (2점)

정답 및 해설 **폴리 퍼티**

불포화 폴리에스테르의 경량 퍼티로서 건조성, 후도막성, 작업(시공)성이 우수하고, 기포가 거의 없어 작업 공정을 단순화할 수 있으며, 금속 표면을 도장하는 경우, 바탕 퍼티 작업에 주로 사용되는 퍼티이다.

006

석공사 시 석재의 접합에 사용되는 연결철물의 종류 3가지를 쓰시오. (3점)

정답 및 해설 **석재의 연결철물**

① 촉, ② 꺾쇠, ③ 은장

007

미장공사 중 회반죽 바름의 혼화재로 사용되는 여물의 종류를 3가지 쓰시오. (3점)

✔ 정답 및 해설 **회반죽의 여물 종류**

여물은 미장재료에 혼입하여 보강, 균열 방지의 역할을 하는 섬유질 재료를 말하고, 여물의 종류에는 짚여물, 삼여물, 기타 여물(종이여물, 털여물, 석면 등) 등이 있다.

① 짚여물, ② 삼여물, ③ 털여물

008

다음 표는 모르타르 배합비에 의한 재료량을 표시한 것이다. 30m^{3}의 시멘트 모르타르를 필요로 하는 경우, 각 재료량을 구하시오. (5점)

(m^3 당)

용적 배합비	시멘트	모래	인부
1:2	680kg	0.98m^3	1인

✔ 정답 및 해설 **재료량의 산출**

각 재료량은 모르타르 1m^{3}당 재료량임에 유의할 것

① 시멘트량 : 680×30=20,400kg

② 모래량 : 0.98×30=29.4m^3

③ 인부수 : 1×30=30인

009

벽타일 붙이기 시공순서이다. 〈보기〉에서 골라 그 번호를 나열하시오. (4점)

보기

① 타일 나누기	② 치장줄눈	③ 보양
④ 벽타일 붙이기	⑤ 바탕정리	

✔ 정답 및 해설 **벽타일 붙이기 시공순서**

바탕정리 → 타일 나누기 → 벽타일 붙이기 → 치장줄눈 → 보양의 순이다.

즉, ⑤ → ① → ④ → ② → ③

010

다음 〈보기〉는 합성수지 재료이다. 열가소성 수지와 열경화성 수지로 구분하시오. (4점)

보기

① 아크릴수지　② 에폭시수지　③ 멜라민수지
④ 페놀수지　⑤ 폴리에틸렌수지　⑥ 염화비닐수지

• 열가소성 수지 :
• 열경화성 수지 :

정답 및 해설 **열가소성 및 열경화성 수지**

㈎ 열가소성 수지 : ①(아크릴수지), ⑤(폴리에틸렌수지), ⑥(염화비닐수지)
㈏ 열경화성 수지 : ②(에폭시수지), ③(멜라민수지), ④(페놀수지)

011

조적재와 조적재가 접하는 부분의 팽창, 수축에 따른 균열 등이 발생하지 않도록 탄력성을 가질 수 있도록 미리 설치한 줄눈의 명칭을 쓰시오. (3점)

정답 및 해설

수축줄눈

012

다음과 같은 공기단축 계획을 비용구배가 가장 큰 작업부터 순서대로 나열하시오. (4점)

구분	표준공기	표준비용	급속공기	급속비용
A	4	6,000	2	9,000
B	15	14,000	14	16,000
C	7	5,000	4	8,000

정답 및 해설 **비용구배의 산정**

① A작업 : $\frac{9,000-6,000}{4-2}=1,500$ 원/일이다.

② B작업 : $\frac{16,000-14,000}{15-14}=2,000$ 원/일이다.

③ C작업 : $\frac{8,000-5,000}{7-4}=1,000$ 원/일이다.

그러므로, 비용구배가 큰 것부터 작은 것의 순으로 나열하면, B작업 → A작업 → C작업의 순이다.

CHAPTER 09

2020년 4회

2020년 11월 14일 시행

001

다음 ( ) 안에 해당되는 규격을 숫자로 쓰시오. (3점)

하루 벽돌쌓기의 높이는 (①)m, 보통 (②)m로 하고, 공간 쌓기 시 내외벽 사이의 간격은 (③)cm 정도로 한다.

✔ 정답 및 해설

① 1.2~1.5, ② 1.2, ③ 5~10

002

다음 가구의 목재량을 소수점 이하 끝까지 산출하시오. (단, 판재의 두께는 18mm이며, 각재의 단면은 30mm×30mm이다.) (4점)

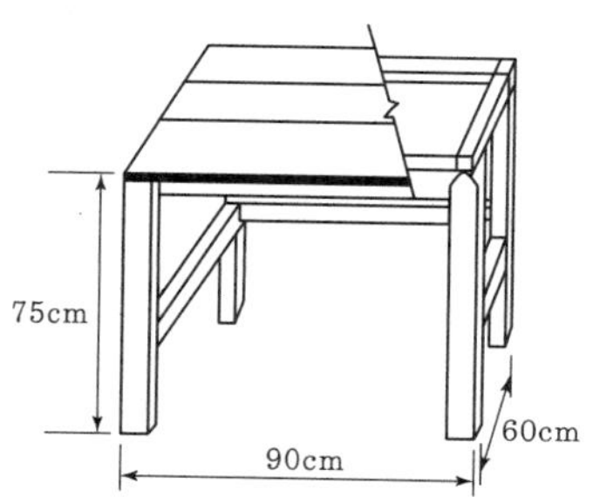

(가) 판재
(나) 각재

✔ 정답 및 해설 **목재의 소요량 산출**

(가) 판재의 양=판재의 체적=가로×세로×높이=$0.9 \times 0.6 \times 0.018 = 0.00972\text{m}^3$

(나) 각재의 양 산출

① 가로재의 양=가로재 1개의 체적×갯수=$(0.03 \times 0.03 \times 0.9) \times 3 = 0.00243\text{m}^3$

② 세로재의 양=세로재 1개의 체적×갯수=$(0.03 \times 0.03 \times 0.6) \times 4 = 0.00216\text{m}^3$

③ 수직재의 양=수직재 1개의 체적×갯수=$(0.03 \times 0.03 \times 0.75) \times 4 = 0.0027\text{m}^3$

∴ 각재의 양=$0.00243 + 0.00216 + 0.0027 = 0.00729\text{m}^3$

003

타일공법 중 압착공법의 장점에 대해 3가지를 기술하시오. (3점)

✓ 정답 및 해설 **압착공법의 장점**

① 타일의 이면에 공극이 적어 물의 침투를 방지할 수 있으므로 동해와 백화 현상이 적다.
② 작업 속도가 빠르고 고능률적이다.
③ 시공 부자재가 상대적으로 저렴하다.

004

목재의 수량 산출 시 사용하는 할증률에 대한 설명이다. (　　) 안을 알맞게 채우시오. (4점)

> 각재의 수량은 부재의 총길이로 계산하되, 이음 길이와 토막 남김을 고려하여 (①)%를 할증하고, 판재는 (②)% 할증하며, 합판은 총 소요면적을 한 장의 크기로 나누어 계산한다. 일반용은 (③)%, 수장용은 (④)%를 할증한다.

✓ 정답 및 해설

① : 5, ② : 10, ③ : 3, ④ : 5

005

집성목재의 장점을 3가지만 쓰시오. (3점)

✓ 정답 및 해설 **집성목재의 장점**

① 목재의 강도를 인공적으로 자유롭게 조절할 수 있다.
② 응력에 따라 필요한 단면을 만들 수 있으며, 필요에 따라서 아치와 같은 굽은 용재를 사용할 수 있다.
③ 길고 단면이 큰 부재를 간단히 만들 수 있다.

006

다음과 같은 작업 데이터에서 비용구배가 가장 작은 작업부터 순서대로 쓰시오. (3점)

작업명	정상 계획		급속 계획	
	공기(일)	비용(원)	공기(일)	비용(원)
A	4	60,000	2	90,000
B	15	140,000	14	160,000
C	7	50,000	4	80,000

(1) 산출근거
(2) 작업순서

정답 및 해설 **비용구배의 산정**

(1) 산출근거

① A작업 : $\frac{90,000-60,000}{4-2}=15,000$원/일이다.

② B작업 : $\frac{160,000-140,000}{15-14}=20,000$원/일이다.

③ C작업 : $\frac{80,000-50,000}{7-4}=10,000$원/일이다.

(2) 작업순서

비용구배가 작은 것부터 큰 것의 순으로 나열하면, C작업 → A작업 → B작업의 순이다.

007

수성도료의 장점 4가지만 기술하시오. (3점)

정답 및 해설 **수성도료의 장점**

① 속건성이므로 작업의 단축이 가능하다.
② 내수, 내후성이 좋아 햇볕과 빗물에 강하다.
③ 내알칼리성이므로 콘크리트, 모르타르 및 회반죽 면에 밀착이 우수하다.
④ 용제형 도료에 비해 냄새가 없어 안전하고 위생적이다.

008

다음은 욕실에 대한 평면도와 단면도이다. 욕실에 소요되는 타일 면적(m^2)과 붙임 모르타르량을 산출하시오. (단, 타일 붙임 모르타르의 두께는 20mm로 한다.) (4점)

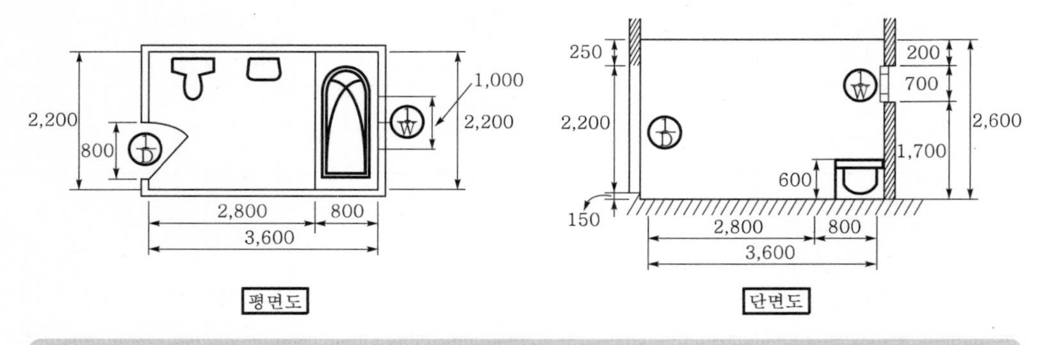

(가) 타일 면적 :
(나) 모르타르량 :

정답 및 해설

(가) 타일 면적=바닥 부분의 면적+벽 부분의 면적

=(전체 바닥 면적−욕조 부분의 면적)+(4면의 벽체 면적−개구부 부분−욕조의 면적)

$=(3.6\times2.2)-(2.2\times0.8)+(3.6\times2.6)\times2+(2.2\times2.6)\times2-(0.8\times2.2)-(0.7\times1)$
$-(0.6\times0.8)\times2-(2.2\times0.6)$

$=31.58\text{m}^2$

(나) 모르타르량$=31.58\times0.02=0.6316\text{m}^3$

009

일반적으로 넓은 의미의 안전유리로 분류할 수 있는 성질을 가진 유리 3가지를 쓰시오. (2점)

정답 및 해설 안전유리의 종류

① 접합유리, ② 강화판유리, ③ 배강도유리

010

목재의 결점 중 부식의 원인이 되는 요인을 4가지만 쓰시오. (3점)

정답 및 해설 목재의 부식 원인

① 온도, ② 습도(수분), ③ 공기(산소), ④ 양분

011

다음 용어를 설명하시오. (3점)

① EST
② LT
③ CP
④ FF

정답 및 해설 네트워크 공정표의 용어

① EST(Earliest Starting Time) : 작업을 시작할 수 있는 가장 빠른 시간
② LT(Latest Time) : 임의의 결합점에서 최종 결합점에 이르는 경로 중 시간적으로 가장 긴 경로를 통과하여 종료 시각에 도달할 수 있는 개시시간
③ CP(Critical Path) : 개시 결합점에서 종료 결합점에 이르는 가장 긴 패스 또는 네트워크 상에 전체 공기를 규제하는 작업 과정이다.
④ FF(Free Float) : 가장 빠른 개시시각에 시작하고 후속하는 작업도 가장 빠른 개시시각에 시작하여도 존재하는 여유시간으로 후속 작업의 EST－그 작업의 EFT이다.

012

비철금속에 대한 특징 중 ( ) 안에 적합한 비철금속을 다음 〈보기〉에서 고르시오. (3점)

보기

㈎ 납, ㈏ 주석, ㈐ 아연, ㈑ 알루미늄, ㈒ 청동

① (　　) : 전성과 연성이 풍부하고, 내식성이 크며, 주조성은 좋고, 청동의 제조에 사용된다.
② (　　) : 비교적 강도가 크고, 연성과 내식성이 우수하며, 공기 중에서 거의 산화하지 않고, 황동의 재료로 사용된다.
③ (　　) : 금속 중에서 비중이 가장 크고, 주조성과 단조성이 풍부하며, X선의 차단성능이 우수하다.
④ (　　) : 전기나 열전도율이 크고, 전성과 연성이 풍부하며, 은백색의 금속으로 창호 재료로 많이 이용된다.

정답 및 해설 비철금속의 특성

① － ㈏ 주석, ② － ㈐ 아연, ③ － ㈎ 납, ④ － ㈑ 알루미늄

013

환경에 대한 인식이 높아지면서 실내공사에 필수적으로 발생하는 공사장 폐자재 처리는 매우 중요한 공정 가운데 하나가 되고 있다. 이와 관련하여 공사장 폐자재 처리 시 유의사항을 3가지만 쓰시오. (3점)

✓ 정답 및 해설 **공사장 폐자재 처리 시 유의사항**

① 폐자재(종이, 플라스틱, 유리, 금속 등)를 분리 배출 및 처리를 할 수 있도록 컨테이너, 자루 등을 현장에 배치한다.
② 폐자재 배출 시 덮개를 씌워 먼지의 비산과 공기의 오염을 방지하여야 한다.
③ 사전에 공정계획을 철저히 하여 불필요한 자재의 손실을 방지한다.

CHAPTER

10 2021년 1회

2021년 4월 25일 시행

001

다음 용어를 간략히 설명하시오. (3점)

① 짠마루 :
② 막만든아치 :
③ 거친아치 :

✓ 정답 및 해설 **용어 설명**

① 짠마루 : 큰 보 위에 작은 보를 걸고 그 위에 장선을 대고 마루널을 깐 마루로서 스팬이 클 때 사용(6.4m 이상)하고, 큰 보+작은 보+장선+마루널 순의 구성이다.
② 막만든아치 : 벽돌을 쐐기 모양으로 다듬어 사용한 아치이다.
③ 거친아치 : 벽돌은 그대로 사용하고, 줄눈을 쐐기 모양으로 만들어 사용한 아치이다.

002

석재공사 시 가공 및 시공상 주의사항 4가지를 쓰시오. (4점)

① ② ③ ④

✓ 정답 및 해설 **석재공사 시 가공 및 시공상 주의사항**

① 크기의 제한, 운반상의 제한 등을 고려하여 최대 치수를 정한다.
② 석재를 다듬어 쓸 경우에는 그 질이 균일한 것을 써야 한다.
③ 내화가 필요한 곳에서는 열에 강한 석재를 사용한다.
④ 휨, 인장강도가 약하므로 압축력을 받는 장소에 사용한다.
⑤ 중량이 큰 석재는 아랫부분에, 작은 석재는 윗부분에 사용한다.

003

다음은 도배공사에 있어서 온도의 유지에 관한 내용이다. ( ) 안에 알맞은 수치를 넣으시오. (2점)

도배지의 평상시 보관온도는 (①)℃이어야 하고, 시공 전 (②)시간 전부터는 (③)℃ 정도를 유지해야 하며, 시공 후 (④)시간까지는 16℃ 이상의 온도를 유지하여야 한다.

① ② ③ ④

✓ 정답 및 해설

도배지의 평상시 보관온도는 4℃이어야 하고, 시공 전 72시간부터는 5℃ 정도를 유지해야 하며, 시공 후 48시간까지는 16℃ 이상의 온도를 유지해야 한다.

① 4, ② 72, ③ 5, ④ 48

004

다음 용어를 차이점에 근거하여 설명하시오. (4점)

① 내력벽 :
② 장막벽 :

✓ 정답 및 해설 **용어 설명**

① **내력벽** : 수직하중(위층의 벽, 지붕, 바닥 등)과 수평하중(풍압력, 지진하중 등) 및 적재하중(건축물에 존재하는 물건 등)을 받는 중요한 벽체이다.
② **장막벽**(커튼월, 칸막이벽) : 내력벽으로 하면 벽의 두께가 두꺼워지고 평면의 모양 변경 시 불편하므로, 이를 편리하도록 하기 위하여 상부의 하중(수직, 수평 및 적재하중 등)을 받지 않고 벽체 자체의 하중만을 받는 벽체이다.

005

파티클 보드(Particle board)의 특징 2가지를 쓰시오. (2점)

① ②

✓ 정답 및 해설 **파티클 보드의 특징**

① 표면이 평활하고 경도가 크며, 방충, 방부성이 크다.
② 균질한 판을 대량으로 제조할 수 있다.
③ 강도에 방향성이 없고, 가공성이 비교적 양호하다.

006

다음 유리의 특성을 기술하시오. (4점)

① 로이유리 :
② 접합유리 :

✓ 정답 및 해설 **유리의 종류**

① 로이유리 : 열적외선을 반사하는 은소재 도막으로 코팅하여 방사율과 열관류율을 낮추고 가시광선의 투과율을 높인 유리로서 일반적으로 복층유리로 제조하여 사용한다.
② 접합(합판)유리 : 투명 판유리 2장 사이에 아세테이트, 부틸셀룰로오스 등 합성수지막을 넣어 합성수지 접착제로 접착시킨 유리로서, 깨어지더라도 유리 파편이 합성수지막에 붙어 있게 하여 파편으로 인한 위험을 방지(방탄의 효과)하도록 한 것이다. 유색 합성수지막을 사용하면 착색 접합 유리가 된다. 접합유리는 보통 판유리에 비해 투광성은 약간 떨어지나 차음성, 보온성이 좋은 편이다.

007

다음 〈보기〉에서 수경성 미장재료를 고르시오. (3점)

보기

① 돌로마이트 플라스터　② 인조석 바름　③ 시멘트 모르타르
④ 회반죽　⑤ 킨즈 시멘트

✓ 정답 및 해설 **미장재료의 분류**

구 분	분 류		고결재
수경성	시멘트계	**시멘트 모르타르**, **인조석**, 테라초 현장바름	포틀랜드 시멘트
	석고계 플라스터	**혼합 석고**, 보드용, 크림용 석고 플라스터, 킨즈 시멘트	**헤미수화물**, **황산칼슘**
기경성	석회계 플라스터	**회반죽**, **돌로마이트 플라스터**, **회사벽**	돌로마이트, **소석회**
	흙반죽, 섬유벽, 아스팔트 모르타르		**점토**, 합성수지 풀
특수 재료	합성수지 플라스터, 마그네시아 시멘트		합성수지, 마그네시아

② 인조석 바름, ③ 시멘트 모르타르, ⑤ 킨즈 시멘트(경석고 플라스터)

008

다음 용어를 설명하시오. (3점)

① 이음 :
② 맞춤 :
③ 쪽매 :

정답 및 해설 **용어 설명**

① 이음 : 부재의 길이 방향으로 두 부재를 길게 접하는 것 또는 그 자리이다.
② 맞춤 : 두 부재가 직각 또는 경사로 물려 짜이는 것 또는 그 자리이다.
③ 쪽매 : 널재를 섬유방향과 평행으로 옆 대어 넓게 붙이는 것 또는 그 자리이다.

009

건축공사의 공사원가 구성에서 직접공사비 구성에 해당하는 비목 4가지를 쓰시오. (4점)

① ② ③ ④

정답 및 해설 **직접공사비 구성**

① 재료비, ② 노무비, ③ 외주비, ④ 경비

010

다음 〈보기〉의 단면형태를 보고 치장줄눈의 용어를 쓰시오. (3점)

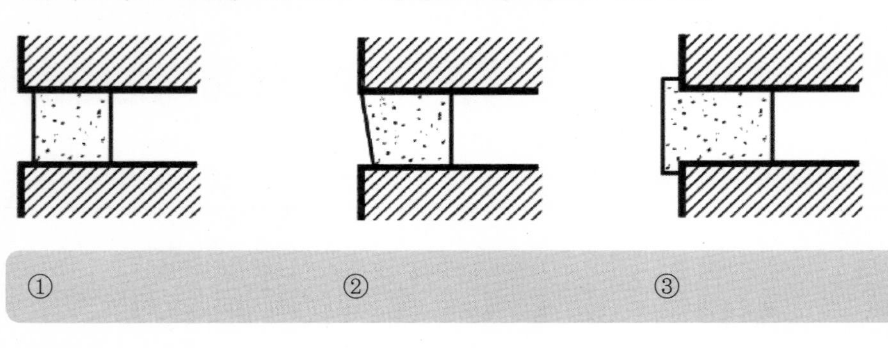

① ② ③

정답 및 해설

① 평줄눈, ② 엇빗줄눈, ③ 내민줄눈

011

정상적으로 시공될 때 공사기일은 30일, 공사비는 1,000,000원이고, 특급으로 시공할 때 공사기일은 20일, 공사비는 1,500,000원이라면 공기단축 시 필요한 비용구배(Cost slope)를 구하시오. (4점)

✓ 정답 및 해설 **비용구배의 산정**

$$\text{비용구배} = \frac{\text{특급 공사비} - \text{표준 공사비}}{\text{표준 공기} - \text{특급 공기}} = \frac{1{,}500{,}000 - 1{,}000{,}000}{30 - 20} = 50{,}000\text{원/일이다.}$$

012

다음 블록의 압축강도를 구하시오. (4점)

보기

- 블록치수 : 390×190×150mm
- 볼록무게 : 15kg
- 최대하중 : 3kN

✓ 정답 및 해설 **블록의 압축강도**

$$\text{블록의 압축강도} = \frac{\text{최대 하중}}{\text{시험체의 전단면적(구멍 부분을 포함)}}$$

$$= \frac{3{,}000\text{N}}{390\text{mm} \times 150\text{mm}} = 0.051\text{N/mm}^2 = 0.051\text{MPa}$$

CHAPTER 11

2021년 2회

2021년 7월 11일 시행

001

다음 평면도에서 쌍줄비계를 설치할 때 외부비계 면적을 산출하시오. (단, $H=25\text{m}$) (5점)

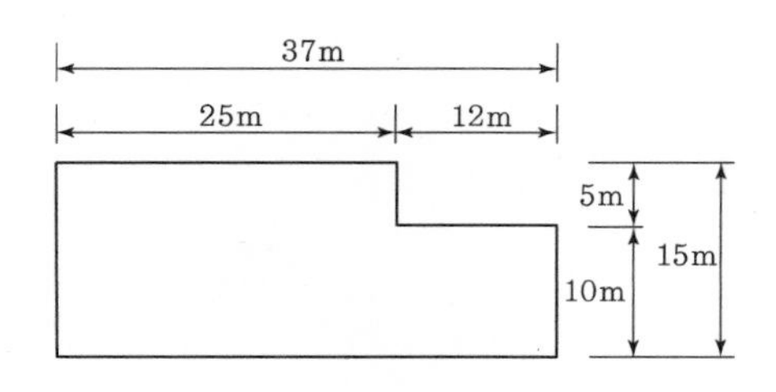

✓ 정답 및 해설 **쌍줄비계의 외부비계 면적 산출**

벽 중심선에서 90cm 거리의 지면에서 건물 높이까지의 외부 면적으로 산출한다.

그러므로, A(쌍줄비계의 면적)$=H(l+7.2)=25\times[(37+15)\times2+7.2]=2{,}780\text{m}^2$이다.

002

다음 횡선식 공정표와 사선식 공정표의 장점을 〈보기〉에서 고르시오. (4점)

보기

㉮ 공사의 기성고를 표시하는데 편리하다.
㉯ 각 공정별 전체의 공정시기가 일목요연하다.
㉰ 각 공정별 착수 및 종료일이 명시되어 판단이 용이하다.
㉱ 공사의 지연에 조속히 대처할 수 있다.

① 횡선식 공정표 : ② 사선식 공정표 :

✓ 정답 및 해설

① 횡선식 공정표 : ㉯, ㉰
② 사선식 공정표 : ㉮, ㉱

003

목재의 방부처리 방법 3가지를 쓰시오. (3점)

① ② ③

✔ 정답 및 해설 목재의 방부처리법

① 도포법, ② 침지법, ③ 상압주입법, ④ 가압주입법, ⑤ 생리적 주입법

004

조적 공사 시 세로 규준틀에 기입해야 할 사항을 4가지 쓰시오. (4점)

① ② ③ ④

✔ 정답 및 해설 세로 규준틀의 기입 사항

① 조적재의 줄눈 표시와 켜의 수
② 창문 및 문틀의 위치와 크기
③ 앵커 볼트 및 나무 벽돌의 위치
④ 벽체의 중심 간의 치수와 콘크리트의 사춤 개소

005

다음 〈보기〉에서 방음재료를 골라 번호로 기입하시오. (3점)

보기

① 탄화코르크	② 암면	③ 아코스틱타일
④ 석면	⑤ 광재면	⑥ 목재루버
⑦ 알루미늄	⑧ 구멍합판	

✔ 정답 및 해설 방음재료

③ 아코스틱타일, ⑥ 목재루버, ⑧ 구멍합판

006

안전유리 3가지를 쓰고 그 용어를 설명하시오. (3점)

① ② ③

✓ 정답 및 해설 **안전유리의 종류**

① **접합(합판)유리 : 투명 판유리 2장 사이에 아세테이트, 부틸셀룰로오스 등 합성수지막을 넣어 합성수지 접착제로 접착시킨 유리로서,** 깨지더라도 유리 파편이 합성수지막에 붙어 있게 하여 파편으로 인한 위험을 방지하도록 한 것이다. 유색 합성수지막을 사용하면 착색 접합유리가 된다. 접합유리는 보통 판유리에 비해 투광성은 약간 떨어지나 차음성, 보온성이 좋은 편이다. 절단 방법은 **유리칼을 이용하여 양면의 유리 부분을 자르고, 일반칼을 이용하여 필름을 절단**한다.

② **강화유리 :** 유리를 600℃로 고온 가열 후 급랭시킨 유리로 보통유리의 충격강도보다 3~5배 정도 크며, 200℃ 이상의 고온에서도 형태 유지가 가능한 유리이다.

③ **배강도유리 :** 판유리를 열처리하여 유리 표면에 적절한 크기의 압력층을 만들어 파괴강도를 증대시키고, 또한, 파손되었을 때 재료인 판유리와 유사하게 깨지도록 한 유리이다.

007

다음은 금속공사에 사용되는 철물의 용어이다. 간략히 설명하시오. (4점)

① 펀칭메탈 :
② 메탈라스 :

✓ 정답 및 해설 **용어 설명**

① **펀칭메탈 :** 얇은 강판에 여러 가지 모양의 구멍을 뚫어 만든 것으로 환기 구멍이나 라디에이터 등에 사용한다.

② **메탈라스 :** 얇은 철판에 얇은 절목을 내어 이를 옆으로 늘려 만든 것으로 미장 바름의 바탕용으로 사용한다.

008

바닥 플라스틱재 타일 붙이기의 시공순서를 〈보기〉에서 골라 번호로 쓰시오. (4점)

보기

① 타일붙이기	② 접착제 도포	③ 타일면 청소
④ 타일면 왁스먹임	⑤ 콘크리트 바탕건조	⑥ 콘크리트 바탕마무리
⑦ 프라이머 도포	⑧ 먹줄치기	

정답 및 해설 **바닥 플라스틱재 타일 붙이기의 시공순서**

콘크리트 바탕마무리 → 콘크리트 바탕건조 → 프라이머 도포 → 먹줄치기 → 접착제 도포 → 타일붙이기 → 타일면 청소 → 타일면 왁스먹임의 순이다.

⑥ → ⑤ → ⑦ → ⑧ → ② → ① → ③ → ④이다.

009

다음 용어를 간략히 설명하시오. (3점)

① 방습층 :
② 벽량 :
③ 백화 현상 :

정답 및 해설 **용어 설명**

① **방습층** : 지면에 접하는 벽돌벽은 지중의 습기가 조적 벽체의 상부로 상승하는 것을 방지하기 위하여 설치하는 것이다.

② **벽량** : 내력벽의 가로 또는 세로 방향 길이의 총합계를 그 층의 건물면적으로 나눈 값. 즉, 단위 면적에 대한 그 면적 내에 있는 내력벽 길이의 비를 말한다.

③ **백화 현상** : 시멘트 모르타르 중 알칼리 성분이 벽돌의 탄산나트륨 등과 반응을 일으켜 발생시키는 현상으로, 벽돌 및 블록벽의 표면에 하얀 가루가 나타나는 현상이다.

010

〈보기〉와 관련 있는 것을 (　) 안에 기호로 쓰시오. (4점)

보기

① 주먹장부맞춤　② 안장맞춤　③ 걸침턱 맞춤　④ 턱장부 맞춤

(가) 평보와 ㅅ자보에 쓰인다. (　　)
(나) 지붕보와 도리, 층보와 장선 등의 맞춤에 쓰인다. (　　)
(다) 토대나 창호 등의 모서리 맞춤에 쓰인다. (　　)
(라) 토대의 T형 부분이나 토대와 멍에의 맞춤, 달대공의 맞춤에 쓰인다. (　　)

✓ 정답 및 해설

(가) 평보와 ㅅ자보에 쓰인다. : ② 안장맞춤
(나) 지붕보와 도리, 층보와 장선 등의 맞춤에 쓰인다. : ③ 걸침턱 맞춤
(다) 토대나 창호 등의 모서리 맞춤에 쓰인다. : ④ 턱장부 맞춤
(라) 토대의 T형 부분이나 토대와 멍에의 맞춤, 달대공의 맞춤에 쓰인다. : ① 주먹장부맞춤

011

도배공사에서 도배지에 풀칠하는 방법 3가지를 쓰시오. (3점)

①　②　③

✓ 정답 및 해설 **도배지 풀칠 방법**

① **봉투바름** : 도배지 주위에만 풀칠을 하고 중앙 부분은 풀칠을 하지 않으며 종이에 주름이 생길 때에는 위에서 물을 뿜어둔다.
② **온통바름** : 도배지의 모든 부분에 풀칠을 하는 바름법으로, 풀칠시 중앙 부분부터 주변 부분으로 순차적으로 풀칠한다.
③ 재벌정바름 : 정배지 바로 밑에 바르는 것으로 정배지가 어느 정도 투명일 때에는 재배지는 깨끗한 흰 종이를 쓰고, 이음새의 위치도 일정한 간격으로 한다.

한 번에 합격하기

실내건축기사 실기 시공실무

2020. 4. 16. 초 판 1쇄 발행
2022. 4. 1. 개정증보 1판 1쇄 발행

지은이 | 정하정
펴낸이 | 이종춘
펴낸곳 | BM ㈜도서출판 성안당
주소 | 04032 서울시 마포구 양화로 127 첨단빌딩 3층(출판기획 R&D 센터)
10881 경기도 파주시 문발로 112 파주 출판 문화도시(제작 및 물류)
전화 | 02) 3142-0036
031) 950-6300
팩스 | 031) 955-0510
등록 | 1973. 2. 1. 제406-2005-000046호
출판사 홈페이지 | **www.cyber.co.kr**
ISBN | 978-89-315-6469-3 (13540)
정가 | 23,000원

이 책을 만든 사람들
기획 | 최옥현
진행 | 김원갑
교정·교열 | 김원갑, 최주연
전산편집 | 이다혜
표지 디자인 | 박원석
홍보 | 김계향, 이보람, 유미나, 서세원
국제부 | 이선민, 조혜란, 권수경
마케팅 | 구본철, 차정욱, 나진호, 이동후, 강호묵
마케팅 지원 | 장상범, 박지연
제작 | 김유석